AF393339

Helmut Günzler (Hrsg.)

Akkreditierung und Qualitätssicherung in der Analytischen Chemie

Mit 45 Abbildungen und 13 Tabellen

Springer-Verlag Berlin Heidelberg GmbH

Herausgeber

Prof. Dr. Helmut Günzler
Bismarckstr. 4
D-69469 Weinheim

ISBN 978-3-662-11099-7

Die Deutsche Bibliothek – CIP-Einheitsaufnahme

Akkreditierung und Qualitätssicherung in der Analytischen
Chemie : mit Tabellen / Helmut Günzler (Hrsg.)
ISBN 978-3-662-11099-7   ISBN 978-3-662-11098-0 (eBook)
DOI 10.1007/978-3-662-11098-0

NE: Günzler, Helmut [Hrsg.]

Satz: Fotosatz-Service Köhler OHG, 97084 Würzburg
SPIN: 10095269   52/3020-543210 – Gedruckt auf säurefreiem Papier

Zum Geleit

Im Zusammenhang mit der Schaffung des Europäischen Binnenmarktes wurden die Begriffe Qualität, Akkreditierung und Zertifizierung als besonders wichtig hervorgehoben und als Instrumente der Entwicklung und Harmonisierung durch die Kommission der Europäischen Gemeinschaften bewußt eingesetzt. In der europäischen und internationalen Diskussion um diese Entwicklung hat sich Deutschland wenig beteiligt in dem Bewußtsein, daß dies in Deutschland nicht nötig sei und dabei auf Exporterfolge und klangvolle Markenzeichen verwiesen. Qualität wurde als gegeben hingenommen und weder begrifflich noch wissenschaftlich untersucht oder weiterentwickelt. Akkreditierung wurde als bürokratisches Hemmnis weitgehend abgelehnt.

Die anhaltenden Erfolge der japanischen Industrie und die gegenwärtige wirtschaftliche Lage weisen deutlich auf schwere Fehleinschätzungen zu diesen Themen in Deutschland hin. Qualität zu erzeugen, ist auch in Deutschland unter sich wandelnden ethischen Grundwerten und Einstellungen keineswegs mehr selbstverständliches Ziel der Arbeit, so daß der Entwicklung und Förderung des Qualitätsgedankens nicht weniger Aufmerksamkeit als in anderen Ländern gewidmet werden muß. Dies gilt nicht nur für Produzenten, sondern ausdrücklich auch für Dienstleister, was für die Arbeit von Laboratorien weitgehend zutrifft.

Die Akkreditierung ist als eine durch Normung geregelte Kompetenzbestätigung – vor allem für Laboratorien – zu verstehen. Über ihre Vor- bzw. Nachteile mag zu Recht trefflich diskutiert werden; unbestritten verschafft sie bereits jetzt national und international Wettbewerbsvorteile und ist daher nicht mehr wegzudenken. In einigen Bereichen werden Aufträge – auch staatlicherseits in Deutschland – nur noch an akkreditierte Stellen vergeben.

Seit etwa fünf Jahren ist die Akkreditierung im gesetzlich nicht geregelten Bereich durch deutsche Akkreditierstellen möglich. Zahlreiche Gründe trugen dazu bei, daß in Deutschland nicht wie bei den übrigen Teilnehmern am Europäischen Binnenmarkt ein einheitliches zentrales, sondern ein dezentrales sektorspezifisches Akkreditiersystem entstand. Wesentliches Merkmal ist ferner die Trennung der Akkreditierung in einen gesetzlich geregelten und in einen gesetzlich nicht geregelten Bereich, so daß das deutsche Akkreditiersystem schwer durchschaubar und auch teuer ist. Auf der anderen Seite hat die fachliche Gliederung mit zur Feststellung bei der internationalen Evaluation im April 1994 durch Auditoren von WELAC beigetragen, daß alle evaluierten Akkreditierstellen (DATech, DEKITZ, DAP) hohe fachliche Kompetenz besitzen.

Der Deutsche Akkreditierungsrat wurde 1991 als Dachorgan aller deutschen Akkreditierstellen geschaffen. Er koordiniert die gesetzlich geregelten bzw. nicht geregelten Seiten und sorgt für die Bildung und Vertretung einer einheitlichen deutschen Meinung zu nationalen und internationalen Vorschlägen und Entwicklungen. Die Trägergemeinschaft für Akkreditierung (TGA) koordiniert unter diesem Dach die Akkreditierstellen im nicht geregelten Bereich, die mit ihr vertraglich verbunden sind. Beide Organisationen bemühen sich um eine Weiterentwicklung des deutschen Systems unter Stärkung der fachlichen Basis, streben aber auch eine Vereinfachung des Systems an.

In der derzeitigen schnellen Entwicklung im Bereich Qualitätsmanagement und Akkreditierung ist es schwer, den aktuellen Stand zu ermitteln und Wesentliches von Unwichtigem zu unterscheiden. Dem Herausgeber und den Autoren des vorliegenden Buches gebührt daher Dank, daß sie den Leser mit den genannten Denkstrukturen und Systemen vertraut machen, ihm eine Hilfe für die Beurteilung der Arbeit zahlreicher Organisationen geben und Einblicke in europäische und internationale Zusammenhänge vermitteln. Es hilft somit den Laboratorien, gezielter im Binnenmarkt zu agieren und auch außerhalb Deutschlands Leistungen anzubieten, denn die Öffnung der nationalen Märkte ist schließlich wechselseitig. In diesem Sinne möge dem Buch Erfolg beschieden sein.

Prof. Dr. H.-U. Mittmann
Vorsitzender des Deutschen Akkreditierungsrates

Mitarbeiterverzeichnis

Berghaus, Hartwig
Bundesministerium für Wirtschaft, Postfach 14 02 60, 53123 Köln, FRG

Böshagen, Ulrich
EBM Wirtschaftsverband, Postfach 32 12 30, 40427 Düsseldorf, FRG

Cofino, Wim P.
Free University, Institute for Environmental Studies, De Boelelaan 115,
NL-1081 HV Amsterdam, Niederlande

Danzer, Klaus
Lehrstuhl für Analytik, Institut für Anorganische und Analytische Chemie,
Friedrich-Schiller-Universität, Steiger 3, 07743 Jena, FRG

De Bièvre, Paul
CEC-Joint Research Centre, Institute for Reference, Materials
and Measurement (IRMM), Steenweg op Retie, B-2440 Geel, Belgien

Griepink, Bernard
Commission of the European Communities, Rue de la Loi, 200,
B-1049 Bruxelles, Belgien

Günzler, Helmut
EURACHEM/Deutschland, Bismarckstraße 4, 69469 Weinheim, FRG

Koch, Karl Heinz
Krupp Hoesch Stahl AG, Chemische Analytik/Technik, 44120 Dortmund,
FRG

Mechelke, Georg J.
Deutsche Akkreditierungsstelle Mineralöl GmbH (DASMIN), Steinstraße 7,
20095 Hamburg, FRG

Mittmann, H.-U.
DAR-Deutscher Akkreditierungsrat, c/o BAM-Bundesanstalt für
Materialforschung und -prüfung, Unter den Eichen 87, 12203 Berlin, FRG

Quevauviller, Philippe
CEC-Directorate General for Science, Research and Development,
Rue de la Loi, 200, B-1049 Bruxelles, Belgien

Schlesing, Hendrik
SERAL Erich Alhäuser GmbH, Industriegebiet Struth,
56235 Ransbach-Baumbach, FRG

Slyton, Joseph L.
Groundwater Protection Division, Environmental Protection Agency,
401 Main Street, Washington, DC 204602, USA

Trovato, Ramona
Groundwater Protection Division, Environmental Protection Agency,
401 Main Street, Washington, DC 204602, USA

Wegscheider, Wolfhard
Technische Universität Graz, Technikerstraße 4, A-8010 Graz, Österreich

Inhaltsverzeichnis

1	Bedeutung von Zertifizierung und Akkreditierung im europäischen Markt	1
1.1	Einleitung	1
1.2	Das Globale Konzept der EG-Kommission für Prüfung und Zertifizierung	1
1.2.1	Von der neuen Konzeption zur Harmonisierung und Normung zum Globalen Konzept	1
1.2.2	Die Philosophie des Globalen Konzeptes (Vertrauensbildung)	2
1.2.3	Die Instrumente zur Vertrauensbildung	4
1.3	Das Ergebnis der Ratsberatungen zum Globalen Konzept	5
1.3.1	Zur Ratsentschließung vom 21. Dezember 1989	5
1.3.2	Der Modulbeschluß des Rates vom 13. Dezember 1990	5
1.4	Die Zertifizierungsinhalte von neuen EG-Harmonisierungs-richtlinien	7
1.4.1	Die praktische Anwendung des modularen Konzeptes	7
1.4.2	Die Rolle der notifizierten Stelle	8
1.4.3	CE-Kennzeichnung	10
1.5	Die Ausstrahlung des Globalen Konzeptes der EG-Kommission in den privatwirtschaftlichen Bereich	11
1.5.1	Gründung von EOTC	11
1.5.2	Weitere europäische Gruppierungen in den Bereichen Zertifizierung und Akkreditierung	12
1.6	Bewertung der europäischen Zertifizierungs-/Akkreditierungs-politik	13
1.7	Nationale Konsequenzen aus der europäischen Zertifizierungs- und Akkreditierungspolitik	14
2	Das deutsche Akkreditierungssystem: Das Konzept von DAR und TGA	17
2.1	Einleitung	17
2.2	Der Waren- und Handelsverkehr in Europa	17
2.3	Ziele, Aufgaben und Struktur des Deutschen Akkreditierungsrates (DAR) und der Trägergemeinschaft für Akkreditierung (TGA)	19
2.3.1	Prüfung, Zertifizierung und Akkreditierung	19
2.3.2	Das globale Konzept zur Prüfung und Zertifizierung in Europa	20

2.3.3　Ziele der Zertifizierung 21
2.3.4　Harmonisierte Prüfverfahren 21
2.3.5　Das BDI-Modell 23
2.4　Normen zur Akkreditierung und Zertifizierung 27
2.4.1　Die grundlegende Normenserie EN 45 000 27
2.4.2　Qualitätsmanagementsysteme 28
2.4.3　Die Normenreihe ISO 9000 28
2.4.4　Verknüpfung zwischen beiden Normenreihen 30
2.4.5　Zusammenarbeit zwischen geregeltem und nichtgeregeltem
　　　　Bereich 31
2.4.6　Die Bedeutung der Evaluierung der Akkreditierungssysteme . 31

3　Qualitätssicherung in der Analytischen Chemie 33
3.1　Vom Wesen der Qualitätssicherung 33
3.2　Qualitätspolitik und Qualitätsmanagement 35
3.2.1　Qualitätspolitik und Qualitätsstrategie eines Unternehmens .. 35
3.2.2　Qualitätssicherung und Qualitätsmanagement 36
3.2.3　Total Quality Management (TQM) 38
3.2.4　Qualitätskosten 38
3.3　Qualitätsprüfung, Qualitätslenkung, Qualitätsplanung 40
3.4　Qualitätssicherung in der Analytischen Chemie 41
3.4.1　Die Bedeutung der Qualitätssicherung für die chemische
　　　　und in der chemischen Analytik 41
3.4.2　Folgerungen für die Qualitätssicherung
　　　　in Analytischen Laboratorien 43
3.4.2.1 Erstellung eines Qualitätssicherungshandbuches 43
3.4.2.2 Personalqualifikation und Geräteausstattung 46
3.5　QS-Maßnahmen in der analytischen Praxis 48
3.5.1　Prüfmittelüberwachung 48
3.5.2　Prüflenkung 50
3.5.3　Prüfdurchführung (Prüfanweisungen) 50
3.5.4　Analytische QS-Maßnahmen 50
3.5.4.1 Kontrollanalysen 50
3.5.4.2 Referenzmaterialien 52
3.5.4.3 Ringuntersuchungen 53
3.5.4.4 Interne Qualitätsaudits 53
3.6　Prozeßfähigkeit und Maschinenfähigkeit 54
3.7　Zertifizierung von Qualitätssicherungssystemen
　　　　und Akkreditierung analytischer Laboratorien 56
　　　　Literatur 58

4　Richtige Probenahme: Voraussetzung für richtige Analysen .. 61
4.1　Stellung der Probenahme im analytischen Prozeß 61
4.2　Keine „richtige" Probenahme ohne klare Problemsicht 62
4.3　Wann geht es ohne Probenahme? 63
4.4　Probenahmeplanung 64

4.5   Aspekte der durch die Probenahme bedingten
        Meßunsicherheit   65
4.5.1   Integrationsfehler   66
4.5.2   Materialisationsfehler   67
4.6   Schlußfolgerungen   68
        Literatur   69

5   Die Bedeutung der Statistik für die Qualitätssicherung   71
5.1   Fehlerarten bei analytischen Messungen   71
5.2   Systematische Fehler   72
5.3   Zufallsfehler   74
5.3.1   Häufigkeitsverteilungen von Meßwerten   74
5.3.2   Fehlerfortpflanzung   76
5.3.3   Vertrauensintervalle und Unsicherheitsbereiche   77
5.4   Signifikanzprüfungen   79
5.4.1   Tests für Meßreihen   81
5.4.2   Vergleich zweier Standardabweichungen   82
5.4.3   Vergleich mehrerer Standardabweichungen   82
5.4.4   Vergleich zweier Mittelwerte   83
5.4.5   Vergleich mehrerer Mittelwerte   84
5.5   Statistische Qualitätssicherung   84
5.5.1   Statistische Qualitätskriterien   84
5.5.2   Attributprüfung   86
5.5.3   Sequenzanalyse   87
5.5.4   Qualitätsregelkarten   89
5.6   Kalibration von Analysenverfahren   93
5.6.1   Lineare Kurvenanpassung   95
5.6.2   Nachweis- und Erfassungsgrenze   98
5.6.3   Validierung von Kalibrationsverfahren   99
        Literatur 102

6   Validierung analytischer Verfahren 105
6.1   Entwicklung analytischer Verfahren und Aufgaben
        der Basisvalidierung 106
6.2   Validierung: Definitionen 108
6.3   Umfang und zeitliche Abfolge der Validierung 111
6.4   Verfahrenskenngrößen 114
6.5   Zusammenhang zwischen Zweck des Verfahrens
        und dem Umfang der Validierung 114
6.6   Häufigkeit der Validierung 115
6.7   Spezielle Technik der Validierung 117
6.7.1   Genauigkeit und Richtigkeit 117
6.7.2   Kalibration 117
6.7.3   Wiederfindungsstudien 119
6.7.4   Methodenvergleich 122

6.7.5   Robustheit   123
6.8   Schlußfolgerungen   128
        Literatur   128

7   Rückführbarkeit von chemischen Meßwerten
        auf die SI-Einheit Stoffmenge   131
7.1   Rückführbarkeit chemischer Messungen: Probleme   133
7.2   Physikalische und chemische Messungen:
        Gibt es prinzipielle Unterschiede?   137
7.3   Rückführbarkeit von Messungen: Gibt es Präzedenzfälle? . . .   138
7.4   Rückführbarkeit chemischer Messungen: gegenwärtiger Stand   141
7.5   Die Knotenpunkte in einem System zur Rückführbarkeit . . .   146
7.6   Der Sinn und Zweck der Rückführbarkeit
        von Mengenmessungen   152
7.7   Kriterien für die Rückführbarkeit von Mengenmessungen . . .   153
7.8   Schlußfolgerungen   156

8   Referenzmaterialien für die Qualitätssicherung   157
8.1   Einleitung   157
8.2   Definitionen   158
8.3   Anforderungen an die Herstellung von Referenz-
        und zertifizierten Referenzmaterialien   158
8.3.1   Auswahl   158
8.3.2   Vorbereitung   159
8.3.3   Homogenität   160
8.3.4   Stabilität   160
8.3.5   Wie erhält man Referenzwerte?   161
8.3.6   Wie erhält man zertifizierte Werte?   162
8.4   Der Einsatz von Referenz- und zertifizierten Referenzmaterialien
        in der chemischen Analyse   163
8.4.1   Die Rolle der Referenzmaterialien   163
8.4.1.1 Anwendung der RM in statistischen Kontrollprogrammen . .   163
8.4.1.2 Anwendung der Referenzmaterialien in Ringversuchen   165
8.4.2   Die Rolle der zertifizierten Referenzmaterialien   167
8.4.2.1 Zur Kalibrierung   167
8.4.2.2 Zum Erzielen der Richtigkeit   168
8.4.2.3 Andere Einsatzmöglichkeiten von ZRM   168
8.4.3   Lieferanten   168
8.4.4   ZRM für die Umweltanalytik   169
8.4.5   ZRM für die Lebensmittelanalytik   170
8.4.6   ZRM für die Klinische Chemie   170
8.4.7   Andere zertifizierte Referenzmaterialien   171
        Literatur   171

9   Ringversuche als Element der Qualitätssicherung   173
9.1   Einleitung   173

9.2   Die verschiedenen Arten von Ringversuchen   173
9.3   Studien über die Leistungsfähigkeit eines Labors
         in der Akkreditierungspraxis   175
9.3.1   Die Zielsetzungen der Teilnahme an Laborvergleichsstudien . .   175
9.3.2   Beurteilung der Leistungsfähigkeit eines Labors   176
9.3.3   Die Durchführung von Laborvergleichsstudien   180
9.4   Laborvergleichsstudien und die Qualität der Durchführung
         eines Tests   180
         Literatur   182

10   Akkreditierungskompetenz:
         Anforderungen an Akkreditierungsstellen   183
10.1   Normengrundlage   183
10.2   Organisation und Qualitätsmanagementsystem   183
10.3   Akkreditierungsregelungen   184
10.4   Arbeitsweise   185
10.5   Sektorkomitees   186
10.6   Begutachtung   186
10.7   Begutachter   188
10.8   Entscheidung über die Akkreditierung   189
10.9   Sorgfalts- und Schutzpflichten   189
10.10   Überwachung   190
10.11   Akkreditierung und Normung   191
10.12   Nationale und internationale Anerkennungsvereinbarungen . .   192

11   Die Bedeutung der Akkreditierung im Vergleich mit GLP . . .   193
11.1   Einleitung   193
11.2   GLP – Gute Laborpraxis   193
11.2.1   Entstehung   193
11.2.2   Rechtliche Grundlagen   194
11.2.3   GLP-Grundsätze   195
11.2.4   GLP-Bescheinigung   199
11.2.5   Personal   200
11.2.6   Zeitbedarf   200
11.3   Akkreditierung   201
11.4   Vergleich GLP/Akkreditierung   202
11.5   Zusammenfassung und Ausblick   205

12   EURACHEM
         Organisation zur Förderung der Qualitätssicherung
         in der Analytik und der Akkreditierung analytischer
         Laboratorien in Europa   207

13   Die Akkreditierung umweltanalytischer Laboratorien
         in den USA   213
13.1   Einleitung   213

13.1.1   Monitoring-Systeme 213
13.1.2   Herausforderungen 215
13.1.3   Fragen der Datenqualität 217
13.2   Die Entwicklung der Strategie 218
13.2.1   Hintergrund 218
13.2.2   Anfängliche Perspektiven 219
13.2.3   Beurteilung der Notwendigkeit eines nationalen
         Akkreditierungsprogramms für umweltanalytische Labors ... 220
13.2.4   Die Beurteilung von Alternativen zu einer nationalen
         Akkreditierung umweltanalytischer Labors 220
13.2.5   Die Elemente eines Akkreditierungsprogramms
         für umweltanalytische Laboratorien 222
13.2.6   Umfang des Programms 223
13.2.7   Die Schlußfolgerungen und Vorschläge der CNAEL 223
13.2.8   Nächste Schritte 223
13.3   Programmentwicklung 223
13.3.1   Die Festlegung des Standards 223
13.3.2   Umfang des Programms 224
13.3.3   Die Aufgabe und die Verantwortung des Bundes 225
13.3.4   Prüfungsausschuß der EPA 226
13.3.5   Die staatliche Durchführung des Programms 226
13.3.6   Gegenseitige Anerkennung 228
13.4   Schlußfolgerung 228

Anhang
Auswahl einiger Organisationen auf dem Gebiet der Akkreditierung,
Zertifizierung und des Meß- und Prüfwesens in Deutschland
und Europa 229

Sachverzeichnis 233

1 Bedeutung von Zertifizierung und Akkreditierung im europäischen Markt

Hartwig Berghaus

1.1 Einleitung

Der Zertifizierungspolitik der Europäischen Gemeinschaften kommt eine Schlüsselfunktion beim Aufbau des europäischen Binnenmarktes zu.

Die Zertifizierungspolitik ist einmal Bestandteil der Harmonisierungspolitik, das heißt der EG-Rechtsangleichung mittels EG-Harmonisierungsrichtlinien. Die Richtlinien enthalten nämlich neben einheitlichen Beschaffenheitsanforderungen auch einheitliche Zertifizierungsverfahren. Die europäische Zertifizierungspolitik geht aber über die Harmonisierung hinaus, weil sie auch den freiwilligen, rechtlich nicht geregelten Bereich erfaßt.

Ziel der europäischen Zertifizierungs- und Akkreditierungspolitik ist es, die gegenseitige Anerkennung von Prüfungen und Bescheinigungen zu erleichtern und damit kostspielige Mehrfachprüfungen zu ersparen. Dazu bedarf es vertrauensbildender Maßnahmen mit einem möglichst hohen Grad an Transparenz.

Im folgenden werden neben den theoretischen Grundlagen der europäischen Zertifizierungspolitik auch die praktischen Konsequenzen dieser Politik für die EG-Mitgliedsländer und Drittländer beschrieben.

1.2 Das Globale Konzept der EG-Kommision für Prüfung und Zertifizierung

1.2.1 Von der neuen Konzeption zur Harmonisierung und Normung zum Globalen Konzept

1985 hat sich der Rat für ein neues Harmonisierungskonzept entschieden, das in seiner Entschließung zur Harmonisierung und Normung vom 7. Mai 1985 enthalten ist[1]. Danach sollen EG-Harmonisierungsrichtlinien nicht mehr – wie bislang – alle technischen Details enthalten, vielmehr sollen sie sich auf die wesentlichen technischen Anforderungen beschränken und die technischen Details der europäischen Normung überlassen.

Die „neue Konzeption" enthält auch ein eigenes Kapitel zu Fragen der Zertifizierung (Anhang II B VIII der genannten Ratsentschließung). Dieses

---

[1] Abl. Nr. C136 vom 04.06.1985

Günzler, H. (Hrsg.)
Akkreditierung und Qualitätssicherung
in der Analytischen Chemie
© Springer-Verlag Berlin Heidelberg 1994

Kapitel ist mit „Bescheinigungen über die Übereinstimmung" (gemeint ist: mit den Anforderungen der jeweiligen Richtlinie) überschrieben.

Der Rat war sich bei Verabschiedung der neuen Konzeption bewußt, daß die Inhalte seiner Entschließung zur Zertifizierung bei weitem nicht ausreichend waren, daß es vielmehr weiterer Bemühungen und Entscheidungen bedürfe. So hat er die Kommission aufgefordert, die „neue Konzeption" durch Schritte bei der Bewertung der Konformität zu ergänzen und die Kommission um vorrangige Behandlung dieses Dossiers unter Beschleunigung aller einschlägigen Arbeiten gebeten.

In Erfüllung dieses Auftrags hat die EG-Kommission seit 1986 an einem umfassenden Konzept für Prüfung und Zertifizierung gearbeitet. Die Arbeiten wurden im Juli 1989 mit einer Mitteilung an den Rat abgeschlossen. Sie trägt den Titel: „Ein Globales Konzept für Zertifizierung und Prüfwesen" und folgenden Untertitel: „Instrument zur Gewährleistung der Qualität bei Industrieerzeugnissen"[2].

Das Dokument wurde in den Jahren 1989 und 1990 in den Gremien des Rates beraten. Diese Beratungen mündeten in zwei Entscheidungen ein. Dies sind:

– die Entschließung des Rates zu einem Gesamtkonzept für die Konformitätsbewertung vom 21.12.1989[3]
– der Beschluß des Rates über die in den technischen Harmonisierungsrichtlinien zu verwendenden Module für die verschiedenen Phasen der Konformitätsbewertungsverfahren vom 13.12.1990[4].

1.2.2 Die Philosophie des Globalen Konzeptes (Vertrauensbildung)

Zielrichtung des Globalen Konzeptes für Zertifizierung und Prüfung ist die Erleichterung der gegenseitigen Anerkennung von Prüfungen und Zertifikaten auch außerhalb des harmonisierten Bereiches. Dies sind einmal Produktbereiche, wo nicht oder noch nicht harmonisiert ist, wo es also noch nach wie vor unterschiedliche Beschaffenheitsanforderungen in den einzelnen Mitgliedstaaten gibt, sowie zweitens im rein privatwirtschaftlichen Bereich, d. h. da, wo lediglich privatrechtliche Beziehungen zwischen zwei oder mehreren Rechtssubjekten bestehen. Weil das Konzept der Kommission sowohl den rechtlich geregelten als auch den freiwilligen Bereich erfaßt, hat sie es als *Globales Konzept*" bezeichnet.

Die gegenseitige Anerkennung von Prüfungen und Zertifikaten setzt – so die EG-Kommission in ihrer Mitteilung an den Rat – *Vertrauen* voraus: Vertrauen in Kompetenz und Qualität, und zwar

– Vertrauen in die Qualität der *Produkte*
– Vertrauen in die Qualität und Kompetenz der *Hersteller* dieser Produkte

---

2 Abl. Nr. C267 vom 19.10.1989
3 Abl. Nr. C10 vom 16.01.1990
4 Abl. Nr. L380 vom 31.12.1990

– Vertrauen in die Qualität von *Prüf- und Zertifizierungsstellen* sowie der Stellen, die Prüf- und Zertifizierungsstellen *akkreditieren.*

Das Vertrauen soll durch *Transparenz* von Kompetenz und Qualität gestärkt werden.

Im *harmonisierten* Bereich, also in dem Bereich, wo es EG-Harmonisierungsrichtlinien gibt, ist die gegenseitige Anerkennung von in einem Mitgliedstaat durchgeführten Prüfungen und ausgestellten Zertifikaten in allen anderen Mitgliedstaaten automatisch gegeben. Die gegenseitige Anerkennung ist gewissermaßen integraler Bestandteil jeder EG-Harmonisierungsrichtlinie.

Dabei wurde das Vertrauen in die Kompetenz der Prüf- und Zertifizierstellen bislang gewissermaßen als vorhanden unterstellt. Dies war nach Auffassung der Kommision wenig befriedigend. Sie sprach sich deshalb für eine Änderung aus: Zwar solle auch in Zukunft die Benennung der nationalen Zertifizierungsstellen im Rahmen von EG-Harmonisierungsrichtlinien allein Sache der Mitgliedstaaten bleiben, die Mitgliedstaaten sollten aber im Rahmen der neuen, auf der Basis der neuen Konzeption verabschiedeten EG-Harmonisierungsrichtlinien die politische Verantwortung dafür übernehmen, daß die von ihnen benannten Prüf- und Zertifizierungsstellen auch die in den jeweils in den Anlagen zu den Richtlinien formulierten Mindestanforderungen tatsächlich – und zwar kontinuierlich – erfüllen.

Die Vertrauensbildung erschien der Kommission noch dringlicher da, wo nicht oder noch nicht harmonisiert ist, wo also weiterhin unterschiedliche Rechtsvorschriften in den einzelnen Mitgliedstaaten bestehen. Der Europäische Gerichtshof hat in seinem berühmten Urteil „Biologische Producten" [5] entschieden, daß im Herkunftsland eines Produktes auf der Basis der rechtlichen Anforderungen des Bestimmungslandes durchgeführte Prüfungen von der Zertifizierungsstelle des Bestimmungslandes akzeptiert werden müssen und keine erneute Prüfung im Bestimmungsland verlangt werden kann, wenn die Prüfung im Herkunftsland gleichwertig ist und die Prüfergebnisse der Zertifizierungsstelle des Bestimmungslandes vorgelegt werden.

Hier stellt sich natürlich die Frage: Was ist eine gleichwertige Prüfung? Der Europäische Gerichtshof hat sich mit dieser Frage nicht näher beschäftigt, wohl aber die EG-Kommission. Sie sieht das Erfordernis der Gleichwertigkeit insbesondere dann als gegeben an, wenn die Prüfungen von *akkreditierten Prüfstellen* auf der Basis einschlägiger international anerkannter Bewertungskriterien erfolgen.

Im *privatwirtschaftlichen* Bereich läßt sich die gegenseitige Anerkennung von Prüfungen und Zertifikaten weder durch Rechtsvorschriften, noch durch den EuGH erzwingen. Die Kommission hält aber auch hier Rahmenbedingungen für erforderlich, um die gegenseitige Anerkennung von Prüfungen und Zertifikaten auch im privatwirtschaftlichen Bereich zu erleichtern.

---

5 Rechtssache 272/80 Urteilssammlung 1981, Seite 3277

1.2.3 Die Instrumente zur Vertrauensbildung

Was die Instrumente zur Herstellung des notwendigen Vertrauens und seiner Transparenz angeht, so geht die Kommission in ihrer Mitteilung von folgendem aus:

Zu den Instrumenten gehören einmal die europäischen *Produktnormen*, welche die Hersteller möglichst bei ihren Erzeugnissen anwenden sollen. Denn wer Produkte entsprechend den europäischen Normen herstellt, hat die Vermutung auf seiner Seite, daß die Erzeugnisse den in den EG-Richtlinien enthaltenen materiellen Anforderungen entsprechen.

Zu den Instrumenten gehören zum zweiten Maßnahmen der *Qualitätssicherung*, deren sich die Unternehmen möglichst bedienen sollen. Die internationalen Qualitätssicherungsnormen der ISO-Serie 9000 sind von CEN/ CENELEC auf der Basis eines Mandates der EG-Kommission in europäische Normen der Serie EN 29000 überführt worden. Sie sind damit Bestandteil des nationalen Normenwerks (DIN EN 29000).

Die Kommission empfiehlt den Herstellern, nicht nur interne Qualitätssicherungssysteme aufzubauen, sondern sich möglichst an den europäischen Normen der Serie EN 29000 zu orientieren sowie ihre Qualitätssicherungssysteme im Interesse der Transparenz auch möglichst durch eine unabhängige dritte Stelle zertifizieren zu lassen.

Zu den Instrumenten gehört drittens die *Akkreditierung* von Prüf- und Zertifizierungsstellen. Die Kommission empfiehlt den Mitgliedstaaten, nicht nur das Instrument der Akkreditierung als solches einzusetzen, sondern bei sich zentrale Akkreditierungssysteme nach dem Muster Großbritanniens und Frankreichs aufzubauen.

Dabei soll die Akkreditierung möglichst auf der Basis der europäischen Normen EN 45000 erfolgen, die von CEN/CENELEC nach entsprechenden Vorarbeiten von Experten der Mitgliedstaaten und der EG-Kommission in Anlehnung an entsprechende internationale Arbeiten von ISO/IEC erstellt wurden.

Der Kommission schwebt vor, daß solche zentralen Akkreditierungsnetze der Mitgliedstaaten Abkommen über die gegenseitige Anerkennung abschließen mit der Folge, daß die Gleichwertigkeit von Prüfungen der Prüfstellen, die unter dem jeweiligen nationalen Netz akkreditiert sind, unterstellt wird.

Schließlich wird von der Kommission im Globalen Konzept der Aufbau einer *europäischen Infrastruktur für Zertifizierung* vorgeschlagen. Hierdurch soll der Abschluß freiwilliger Abkommen über die gegenseitige Anerkennung von Prüfungen und Zertifikaten im privatwirtschaftlichen Bereich gefördert werden.

Soweit zum wesentlichen Inhalt des „Globalen Konzeptes für Zertifizierung und Prüfung" der EG-Kommission aus dem Jahre 1989.

1.3 Das Ergebnis der Ratsberatungen zum Globalen Konzept

Was hat sich nun als Folge dieses Globalen Konzeptes bis heute ergeben?

Zunächst ist auf die beiden – bereits erwähnten – Entscheidungen einzugehen, die der Ministerrat im Anschluß an die Kommissionsmitteilung beschlossen hat.

1.3.1 Zur Ratsentschließung vom 21. Dezember 1989

In der Ratsentschließung vom 21. Dezember 1989 hat der Rat sich gewisse Leitlinien aus dem Globalen Konzept der EG-Kommission als politisches Programm zu eigen gemacht, ohne die Kommissionsmitteilung im einzelnen in der Sache diskutiert zu haben.

Die in der Entschließung vom 21. Dezember 1989 politisch eingesegneten Elemente des Globalen Konzeptes für die Konformitätsbewertung lassen sich wie folgt zusammenfassen:

- Der Rat empfiehlt die Förderung der allgemeinen Verwendung der Qualitätssicherungsnormen der Serie EN 29 000 und deren Zertifizierung.
- Er empfiehlt ferner die Anwendung der Normserie EN 45 000; das sind Normen, die Anforderungen an Prüf-, Zertifizierungs- und Akkreditierungsstellen enthalten.
- Der Rat spricht sich des weiteren für die Förderung des Aufbaus von Akkreditierungssystemen aus; gemeint sind zentrale nationale Systeme nach dem Vorbild etwa des britischen NAMAS.
- Der Rat befürwortet die Gründung einer Prüf- und Zertifizierungsorganisation, deren wesentliche Aufgaben darin bestehen sollen, im nichtgeregelten Bereich Vereinbarungen über die gegenseitige Anerkennung von Zertifizierungen und Prüfungen in die Wege zu leiten und den Rahmen hierfür abzugeben.
- Der Rat bittet die Kommission, die in den Mitgliedstaaten bestehende Infrastruktur für das Prüf- und Zertifizierungswesen zu überprüfen mit dem Ziel, ggf. Entwicklungsprogramme für die Länder aufzulegen, deren Infrastruktur unter dem angestrebten allgemeinen Gemeinschaftsniveau liegt.
- Schließlich hat der Rat Bereitschaft bekundet, mit Drittländern auf Gemeinschaftsebene Abkommen über die gegenseitige Anerkennung von Prüfungen und Zertifikaten zu schließen.

1.3.2 Der Modulbeschluß des Rates vom 13. Dezember 1990

Die zweite Entscheidung des Rates auf der Basis des Globalen Konzeptes der Kommission ist der Beschluß des Rates „über die in den technischen Harmonisierungsrichtlinien zu verwendenden Module" für die verschiedenen Phasen der Konformitätsbewertungsverfahren vom 13. Dezember 1990.

Konformitätsbewertungsverfahren im Rahmen des Gemeinschaftsrechts

	A. (Interne Fertigungskontrolle)	B. (Baumusterprüfung)	C. (Konformität mit Bauart)	D. (QS-Produktion)	E. (QS-Produkte)	F. (Prüfung bei Produkten)	G. (Einzelprüfung)	H. (umfassende QS)
ENTWURF	Hersteller – hält technische Unterlagen zur Verfügung der einzelstaatlichen Behörden A. a Einschaltung der benannten Stelle	Hersteller unterbreitet der benannten Stelle – technische Unterlagen – Baumuster Benannte Stelle – prüft Konformität mit grundlegenden Anforderungen – führt ggf. Prüfungen durch – stellt Baumusterprüfbescheinigungen aus					Hersteller – legt technische Unterlagen vor	EN 29 001 Hersteller – unterhält zugelassenes QS-System für Produktentwürfe Benannte Stelle – kontrolliert QS-System – prüft Konformität der Entwürfe [1] – stellt Entwurfsprüfbescheinigungen aus [1]
PRODUKTION	A. Hersteller – erklärt Konformität mit grundlegenden Anforderungen – bringt CE-Kennzeichnung an A. a Benannte Stelle – prüft bestimmte Aspekte des Produkts [1] – führt Stichproben durch [1]		Hersteller – erklärt Konformität mit zugelassener Bauart – bringt CE-Kennzeichnung an Benannte Stelle – prüft bestimmte Aspekte des Produkts [1] – führt Stichproben durch [1]	EN 29 002 Hersteller – unterhält zugelassenes QS-System für Produktion und Prüfung – erklärt Konformität mit zugelassener Bauart – bringt CE-Kennzeichnung an Benannte Stelle – erkennt QS-System an – überwacht QS-System	EN 29 003 Hersteller – unterhält zugelassenes QS-System für Überwachung und Prüfung – erklärt Konformität mit zugelassener Bauart bzw. grundlegenden Anforderungen – bringt CE-Kennzeichnung an Benannte Stelle – erkennt QS-System an – überwacht QS-System	Hersteller – erklärt Konformität mit zugelassener Bauart bzw. grundlegenden Anforderungen – bringt CE-Kennzeichnung an Benannte Stelle – prüft Konformität – stellt Konformitätsbescheinigung aus	Hersteller – führt Produkt vor – erklärt Konformität – bringt CE-Kennzeichnung an Benannte Stelle – prüft Konformität mit grundlegenden Anforderungen – stellt Konformitätsbescheinigung aus	Hersteller – unterhält zugelassenes QS-System für Produktion und Prüfung – erklärt Konformität – bringt CE-Kennzeichnung an Benannte Stelle – überwacht QS-System

1 Weitere Bestimmungen können in Einzelrichtlinien festgelegt werden. QS = Qualitätssicherheit; QS = System = Qualitätssystem

Bei den Zertifizierungsmodulen handelt es sich um Zertifizierungsbausteine, die in EG-Harmonisierungsrichtlinien – und nur hier – Anwendung finden sollen. Dazu gehören zum Beispiel die Konformitätserklärung des Herstellers (Modul A), die EG-Baumusterprüfung (Modul B) oder die EG-Prüfung (Modul F) (siehe Schaubild auf S. 6).

Diese Module können auch in „Kombinationen" Verwendung finden. Beispielsweise kann grundsätzlich eine Typenprüfung im Wege einer Baumusterprüfung notwendig sein. Die Zertifizierung des einzelnen Produktes kann anschließend beispielsweise alternativ erfolgen:

– entweder im Wege der Prüfung durch eine unabhängige dritte Stelle (EG-Prüfung) entsprechend Modul F oder
– durch den Hersteller selbst (ggf. mit der Maßgabe, daß dieser über ein drittzertifiziertes Qualitätssicherungssystem verfügt entpsrechend Modul D oder E).

Grundsätzlich sollen – so bestimmen es die Allgemeinen Leitlinien des Modulbeschlusses – dem Hersteller in EG-Harmonisierungsrichtlinien mehrere Zertifizierungsalternativen zur Auswahl stehen. Ferner sollen die Zertifizierungsformen in angemessener Relation zu den Risiken und Gefahren usw. stehen, die von dem Produkt ausgehen, das Gegenstand der Richtlinie ist. Ziel ist es, „zu große Belastungen" für den Hersteller zu vermeiden.

1.4 Die Zertifizierungsinhalte von neuen EG-Harmonisierungsrichtlinien

1.4.1 Die praktische Anwendung des modularen Konzeptes

Seit der Verabschiedung der neuen Konzeption im Jahre 1985, die das System des Verweises auf Normen als neue Harmonisierungsmethode eingeführt hat, konnten *zwölf* Richtlinien verabschiedet werden. Dies sind im einzelnen: Spielzeug, einfache Druckbehälter, Maschinen einschließlich der sogenannten beweglichen Maschinen, Bauprodukte, elektromagnetische Verträglichkeit, Gasverbrauchsgeräte, persönliche Schutzausrüstungen, nichtautomatische Waagen, medizinische Implantate, Telekommunikationsendgeräte, Warmwasserheizkessel, Medizinprodukte.

Alle diese Richtlinien enthalten einen umfangreichen – teilweise mehrere Seiten Anhänge umfassenden – Zertifizierungsteil. In ihnen ist jeweils beschrieben, wie die Konformität mit den wesentlichen Anforderungen (dies sind meistens Sicherheitsanforderungen) belegt werden kann. Die Zertifizierungsteile der Richtlinie gehören zu deren „essentials" ebenso wie der Anwendungsbereich (scope) und die wesentlichen technischen Anforderungen (essential requirements).

Die im Modulbeschluß des Rates vom 13. Dezember 1990 enthaltenen Allgemeinen Leitlinien sowie die einzelnen Zertifizierungsbausteine finden sich in den Richtlinien bereits weitgehend wieder, obwohl der größte Teil der Richtlinien entweder im Zeitpunkt der Beratung der Module bereits verabschiedet war oder parallel in den Gremien des Rates beraten wurde.

Erfüllt der Hersteller die Anforderungen einer EG-Harmonisierungsrichtlinie nach der neuen Konzeption durch eine *normkonforme* Bauweise, so kommt er häufig in den Vorteil vereinfachter Zertifizierungsverfahren. Baut er zum Beispiel Spielzeug entsprechend den einschlägigen europäischen Normen, ist die einfache Konformitätserklärung des Herstellers als Zertifizierungsform ausreichend. Baut er jedoch nicht entsprechend der Norm, bedarf es einer Baumusterprüfung durch eine unabhängige dritte Stelle.

1.4.2 Die Rolle der notifizierten Stelle

Bei den Zertifizierungsverfahren im Rahmen der Harmonisierungsrichtlinien nach der neuen Konzeption spielen die notifizierten Stellen eine wesentliche Rolle. Es kann sich hierbei um Zertifizierungs-, Prüf- oder Überwachungsstellen handeln. Diese Stellen über häufig unterschiedliche Funktionen aus (Baumusterprüfung, EG-Prüfung oder Qualitätssicherungsanerkennung und -überwachung). Die Stellen sind von den Mitgliedstaaten zu benennen; sie werden im Amtsblatt der EG veröffentlicht.

Wurde früher das Vertrauen in diese Stellen ohne weiteres unterstellt, so müssen die „notified bodies" jetzt bestimmten, in den Richtlinien meistens gleichlautend formulierten Mindestanforderungen genügen (s. beispielsweise SpielzeugRL Anhang III)[6] (abgedruckt auf S. 16).

Erfüllen die Stellen die Anforderungen der Normserie EN 45000, spricht die Vermutung dafür, daß sie den Anforderungen der Richtlinie tatsächlich entsprechen.

Ein deutscher Hersteller muß die Prüfung seines Produktes dabei nicht unbedingt bei einer der Prüfstellen durchführen lassen, die die Bundesregierung benannt hat. Er kann die Prüfung genauso bei einer Prüfstelle in einem anderen Mitgliedstaat vornehmen lassen. Nur muß es sich dabei um eine „notifizierte Stelle" handeln. Auch dem Hersteller beispielsweise aus den USA steht es frei, in welchem Mitgliedstaat er die Prüfung seines Produktes durchführen lassen will. Auf jeden Fall muß es sich aber um eine von einem Mitgliedstaat „benannte" Stelle handeln.

Auch können die von einem Mitgliedstaat notifizierten Stellen in den anderen Mitgliedstaaten Prüf- und Zertifizierungsleistungen anbieten. Dies ergibt sich schon aus dem Recht des freien Dienstleistungsverkehrs.

Diese Situation könnte zu einem lebhaften Wettbewerb zwischen den europäischen Prüf- und Zertifizierungsstellen führen, die den Status eines „notified body" haben. In diesem Wettbewerb dürften neben dem Renommee dieser Stellen auch ihre Prüfzeiten und Prüfkosten eine maßgebliche Rolle spielen.

Noch immer nicht abschließend ist die Frage geklärt, ob Herstellerlabors notifizierte Stelle werden können. Man wird dies verneinen müssen, jedenfalls

---

6 Abl. Nr. L187 vom 16.07.1988

im Grundsatz, da es den Herstellern an der erforderlichen Unabhängigkeit fehlen dürfte. Der Wortlaut der einschlägigen Anhänge der Richtlinien, in denen die Mindestvoraussetzungen definiert sind, welche notifizierte Stellen erfüllen müssen, ist relativ strikt und läßt für Auslegung wenig Raum.

Die in einem Mitgliedstaat durchgeführte Prüfung – darauf wurde schon hingewiesen – hat Wirkung für alle anderen Mitgliedstaaten. Durch die Harmonisierung im Wege von EG-Harmonisierungsrichtlinien werden also Doppel- und Mehrfachprüfungen vermieden. Hiervon profitiert der EG-Hersteller ebenso wie der Nicht-EG-Hersteller. Es gilt das GATT-Prinzip der Inländerbehandlung.

Es stellt sich in diesem Zusammenhang die Frage, ob ein Produkt aus einem Drittland nicht auch von einer in dem Drittland ansässigen Prüfstelle daraufhin geprüft werden kann, ob es den europäischen technischen Basisvoraussetzungen entspricht mit der Folge, daß sich eine weitere Prüfung in EG-Europa erübrigt.

Die Antwort ist grundsätzlich nein. Jedenfalls, solange es kein Abkommen über die gegenseitige Anerkennung von Prüfungen und Zertifikaten gibt. Partner eines solchen Abkommen wäre die EG-Kommission und die jeweilige Regierung des Drittlandes, wenn es sich um Prüfungen im *harmonisierten* Bereich handelt. Abkommenspartner können in diesem Fall nicht einzelne EG-Mitgliedstaaten – etwa die Bundesrepublik Deutschland – sein, selbst dann nicht, wenn das Erzeugnis im konkreten Fall nur in Deutschland eingeliefert werden soll. Im harmonisierten Bereich gibt es – das ist unbestritten – nur noch eine Gemeinschaftskompetenz.

Die Kommission ist grundsätzlich bereit, derartige Abkommen mit Drittländern zu schließen. Die schon mehrfach genannte Ratsentschließung vom 21.12.89 sieht für derartige Abkommen mit Drittländern folgende Kriterien vor:

- Die Prüf- und Zertifizierungsstellen der Drittländer müssen die gleiche Kompetenz besitzen und behalten, die für die Prüf- und Zertifizierstellen der Gemeinschaftsländer gefordert wird.
- Die gegenseitige Anerkennung wird auf Zertifikate und Zeichen solcher Stellen beschränkt, die von den in den jeweiligen Vereinbarungen bezeichneten Stellen erteilt werden.
- Es muß ein ausgewogenes Verhältnis bei den „benefits" feststellbar sein. Diese „benefits" beziehen sich auf die Konformitätsbewertung, nicht etwa auf die Handelsbeziehungen als solche.

Der Rat hat inzwischen der EG-Kommission ein Mandat erteilt, mit einer Reihe von Ländern in Verhandlungen einzutreten. Darunter befinden sich u.a. die USA und Japan.

Mit der US-amerikanischen Seite sind die Verhandlungen am weitesten fortgeschritten. Sie betrafen bisher insbesondere die Produkt*bereiche* der Richtlinien nach der Neuen Konzeption. Zu einem Abschluß ist es allerdings bisher nicht gekommen.

Bezüglich anderer Länder steht man noch ganz am Anfang.

1.4.3 CE-Kennzeichnung

Über die *CE-Kennzeichnung* – oder wie man häufig noch sagt: das CE-Zeichen – besteht in der Wirtschaft noch wenig Klarheit.

Die CE-Kennzeichnung hat etwas mit den technischen EG-Harmonisierungsrichtlinien zu tun, welche der Neuen Konzeption folgen. Die vom Rat bisher verabschiedeten Richtlinien wurden unter 1.4.1 bereits genannt.

Erzeugnisse, die *nicht* in den Anwendungsbereich einer oder mehrerer dieser Richtlinien fallen, werden von der CE-Kennzeichnungspflicht *nicht* erfaßt.

Die CE-Kennzeichnung bedeutet, daß das gekennzeichnete Erzeugnis den technischen Anforderungen einer oder mehrerer Richtlinien nach der Neuen Konzeption entspricht und die notwendigen Zertifizierungsverfahren durchlaufen hat, nicht mehr, aber auch nicht weniger.

Die CE-Kennzeichnung ist kein Hinweis auf Qualität, jedenfalls nicht im Sinne umfassender, vom Verbraucher erwarteter Qualität. Die CE-Kennzeichnung indiziert lediglich das Vorhandensein einer bestimmten *rechtlich* vorgegebenen Qualität.

Am Beispiel eines Staubsaugers läßt sich dies leicht erklären:

Ein mit CE gekennzeichneter Staubsauger deutet darauf hin, daß der Staubsauger sämtliche Anforderungen der EMV-Richtlinie genügt. Ab 1. 1. 1995 wird die CE-Kennzeichnung die zusätzliche Aussage enthalten, daß der Staubsauger auch den Anforderungen der Niederspannungs-Richtlinie erfüllt, denn ab diesem Zeitpunkt ist die CE-Kennzeichnung auch im Rahmen der Niederspannungs-Richtlinie obligatorisch.

Über andere für den Verbraucher aber ebenfalls sehr wichtige Qualitätsmerkmale, wie die Gebrauchstauglichkeit, die Lebensdauer, das Design usw. sagt die CE-Kennzeichnung demgegenüber nichts aus.

Die CE-Kennzeichnung richtet sich deshalb auch nicht an den Verbraucher, sondern an die Marktaufsichtsbehörden. Die Kennzeichnung soll ihnen die Marktkontrolle erleichtern.

Man charakterisiert die CE-Kennzeichnung am besten als Verwaltungszeichen. Sie ist eine Art Reisepaß für das gekennzeichnete Produkt. Das Erzeugnis hat dann die Vermutung auf seiner Seite, den durch eine oder mehrere EG-Richtlinien vorgeschriebenen Anforderungen zu genügen. Die Kennzeichnung erleichtert den Freiverkehr.

Die CE-Kennzeichnung wird nicht vergeben, man kann sich das Zeichen auch nirgendwo abholen.

Jeder Hersteller muß selber prüfen, ob das von ihm hergestellte Erzeugnis in den Geltungsbereich einer oder mehrerer Richtlinien nach der Neuen Konzeption fällt. Nur dann ist sein Erzeugnis – wie gesagt – kennzeichnungspflichtig. Liegen die entsprechenden Voraussetzungen vor, *muß* er von sich aus das Produkt mit CE kennzeichnen.

Bezüglich des Verhältnisses zu *anderen* Zeichen ist zu sagen, daß solche Zeichen dann nicht neben dem CE-Zeichen aufgebracht werden dürfen, wenn dadurch Dritte hinsichtlich der Bedeutung und des Schriftbildes der CE-Kennzeichnung irregeführt werden.

Unstrittig können beispielsweise nationale Normenkonformitätszeichen und auch das deutsche RAL-Gütezeichen neben der CE-Kennzeichnung verwendet werden.

Nicht ganz so einfach verhält es sich mit dem deutschen *GS-Zeichen*, welches auf der Grundlage einer freiwilligen Baumusterprüfung vergeben wird.

Der BMA wird die Frage des Nebeneinander von CE-Kennzeichen und GS-Zeichen durch Rechtsakt regeln. Zur Zeit wird eine schriftliche Stellungnahme des Ministeriums vorbereitet mit dem Ziel, der Wirtschaft mehr Sicherheit an die Hand zu geben.

Die Vorgabe des GS-Zeichens soll dann nicht möglich sein, wenn die inhaltliche Aussage des GS-Zeichens mit der der CE-Kennzeichnung identisch ist. Das heißt: Soweit sich das GS-Zeichen auf die Einhaltung der gleichen materiellen Anforderungen und auf die gleichen Konformitätsbewertungsverfahren stützt, wie sie für die CE-Kennzeichnung vorgeschrieben sind, soll das GS-Zeichen nicht mehr vergeben werden.

Das GS-Zeichen kann aber weiterhin in den Bereichen Verwendung finden, wo die Konformitätsbewertungsverfahren für das GS-Zeichen umfassenderer sind, als die durch EG-Richtlinien vorgeschriebenen. Dies ist beispielsweise bei Maschinen der Fall, denn die Maschinenrichtlinie verlangt für gewöhnliche Maschinen lediglich die Konformitätserklärung des Herstellers.

1.5 Die Ausstrahlung des Globalen Konzeptes der EG-Kommission in den privatwirtschaftlichen Bereich

Die EG-Kommission hat in ihrem Globalen Konzept den Aufbau einer europäischen Infrastruktur für Zertifizierung vorgeschlagen. Der Rat hat sich in seiner erwähnten Entschließung vom 21. Dezember 1989 diese Überlegung zu eigen gemacht und die Gründung einer *Prüf- und Zertifizierungsorganisation* auf europäischer Ebene empfohlen. Sie solle flexibel und unbürokratisch arbeiten. Ihre wesentliche Aufgabe bestehe darin, Vereinbarungen über die gegenseitige Anerkennung in die Wege zu leiten und den bevorzugten Rahmen (focal point) für die Ausarbeitung solcher Vereinbarungen im rechtlich nicht geregelten Bereich zu bilden.

1.5.1 Gründung von EOTC

Die Idee einer solchen im privatwirtschaftlichen Bereich operierenden europäischen Prüf- und Zertifizierungsorganisation (nicht Akkreditierungsorganisation) wurde von der EG-Kommission im Zusammenwirken mit EFTA und den europäischen Normenorganisationen CEN und CENELEC umgesetzt. Sie unterzeichneten am 25. April 1990 ein Memorandum of Understanding zur Gründung der Europäischen Organisation für Prüfung und Zertifizierung (European Organization for Testing and Certification – EOTC).

Nach einer Experimentierphase, die Ende 1992 auslief, hat sich EOTC als eine selbständige Organisation nach belgischem Recht etabliert.

EOTC hat eigene Verfahrensregeln entwickelt sowie Leitlinien für die *Sektorkomitees* und für die Anerkennung und Veröffentlichung von *Abkommensgruppen*. Ziel ist – wie bereits erwähnt – die gegenseitige Anerkennung von Prüfungen und Zertifikaten im nicht geregelten Bereich.

Das bedeutendste Sektorkomitee ist ELSECOM. Unter dieser Bezeichnung hat CENELEC seine sämtlichen Zertifizierungsaktivitäten im Bereich der Elektrotechnik zusammengefaßt. Insgesamt 10 agreement groups wurden entwickelt bzw. anerkannt oder sind auf dem Wege hierzu.

Noch wird EOTC zum weit überwiegenden Teil aus Mitteln der EG finanziert. Erst wenn diese öffentliche finanzielle Unterstützung eingestellt oder zumindest deutlich heruntergefahren wird, wird sich zeigen, welchen Wert EOTC für die herstellende und anwendende Wirtschaft tatsächlich besitzt. Noch hat die Mehrzahl der Wirtschaftsbereiche EOTC offenbar nicht zur Kenntnis genommen. Es sind die Behörden, Normungsorganisationen, nationalen Akkreditierer sowie Prüf- und Zertifizierungsstellen sowie deren europäische Zusammenschlüsse, die die Arbeitsweise und die Politik in EOTC bestimmen, am wenigsten jedoch die Industrie selbst, in deren Interesse die Gründung von EOTC eigentlich erfolgt ist. So darf man mit einiger Spannung die weitere Entwicklung von EOTC verfolgen.

1.5.2 Weitere europäische Gruppierungen in den Bereichen Zertifizierung und Akkreditierung

Im Gefolge des Globalen Konzepts und der Gründung von EOTC haben sich eine ganze Reihe von europäischen Institutionen im Bereich des Prüf-, Zertifizierungs- und Akkreditierungswesens konstituiert. Sie entwickeln inzwischen ein lebhaftes Eigenleben mit einer Papierflut, die nur noch wenige nationale Experten übersehen.

Im einzelnen handelt es sich um folgende Neugründungen:

– WELAC	= Western European Laboratory Accreditation Cooperation (Gründung 1990)
– EAC	= European Groups for the Accreditation of Certification (Gründung 1991)
– EUROLAB	= Organization for Testing in Europe (Gründung 1990)
– EURACHEM	= Cooperation for Analytical Chemistry in Europe (Gründung 1989)
– EQS	= European Committee for Quality Systems Assessment and Certification (Gründung 1989).

In diesen Kontext gehören auch die bereits genannten WECC (Western European Calibration Cooperation), die – eine Zusammenarbeit der nationalen Kalibrierdienste – allerdings schon seit 1975 existiert sowie ECITC = European Committee for Information Technologie Testing and Certification (Gründung 1988).

Der Vollständigkeit halber werden auch noch zwei weitere Organisationen genannt, die allerdings dem rechtlich geregelten (harmonisierten) Bereich zuzurechnen sind. Es sind dies:

EOTA = European Organization for Technical Approvals (Gründung 1990) sowie
WELMEC = Western European Legal Metrology Cooperation (Gründung 1989).

In EOTA arbeiten die für technische Zulassungen gemäß der Bauproduktenrichtlinie verantwortlichen nationalen Zulassungsstellen zusammen; WELMEC ist der Zusammenschluß der nationalen Zulassungs- und Vollzugsinstitutionen im Bereich des *gesetzlichen* Meßwesens.

1.6 Bewertung der europäischen Zertifizierungs-/Akkreditierungspolitik

Die Bemühungen von EG-Kommission und Rat um eine europäische Zertifizierungspolitik sind zu begrüßen. Sie verdienen auch grundsätzlich inhaltlich Anerkennung.

Im Rahmen der Harmonisierung durch EG-Harmonisierungsrichtlinien bilden die im Modulbeschluß des Rates vom 13.12.1990 enthaltenen „Allgemeinen Leitlinien" und Zertifizierungsbausteine für den europäischen Gesetzgeber verläßliche Grundlagen. Der Grundsatz, daß dem Hersteller grundsätzlich mehrere Zertifizierungsalternativen zur Auswahl stehen sollen, ist in den bisher verabschiedeten Richtlinien nach der neuen Konzeption bereits weitgehend verwirklicht.

In Ordnung ist auch, daß das Vertrauen in die von den einzelnen Mitgliedstaaten benannten Prüf- und Zertifizierungsstellen nicht mehr ohne weiteres unterstellt wird, sondern daß diese Stellen die in den Richtlinien definierten, im wesentlichen gleichlautenden Kriterien erfüllen müssen und die Mitgliedstaaten für ihr Vorhandensein die politische Verantwortung übernehmen.

Bedenklich ist demgegenüber die deutliche Tendenz, die Konformitätserklärung des Herstellers als Konformitätsbewertungsform in EG-Richtlinien zunehmend zurückzudrängen. In den jüngeren Harmonisierungsrichtlinien nach der neuen Konzeption wird die Konformitätserklärung des Herstellers an das Vorhandensein eines Qualitätssicherungssystems geknüpft, das von einer unabhängigen dritten Stelle anerkannt und überwacht wird. Dies ist keine zufällige Entwicklung. Dahinter stehen Brüsseler industriepolitische Intentionen. Man will die Verbreitung von Qualitätssicherungssystemen und deren Zertifizierung nicht nur über den Markt, sondern auch über die EG-Harmonisierung erreichen.

Der Aufbau betriebsinterner *Qualitätssicherungssysteme* ist sicher im Interesse der Unternehmen, denn Fehler*vermeidung* ist weniger teuer als Fehlerentdeckung und deren Beseitigung. Dies erkennen jetzt auch zunehmend deutsche Unternehmer.

Nur: Bedarf es auch einer durchgängigen Zertifizierung? wie es die Kommission propagiert und wie es der Markt immer häufiger verlangt? Im nichtgeregelten Bereich kann diese Politik zu neuen *faktischen* Handelshemmnissen führen, dann nämlich, wenn das Vorhandensein eines drittzertifizierten Qualitätsmanagement-(sicherungs)systems geradezu Marktzugangsvoraussetzung wird. Diese Entwicklung ist leider auf einigen europäischen Teilmärkten zu beobachten. So können deutsche Unternehmen immer häufiger Produkte, die keinen öffentlich rechtlichen Produktanforderungen unterliegen, in Großbritannien nur noch unter der Voraussetzung erfolgreich anbieten, daß sie den Nachweis eines drittzertifizierten Qualitätssicherungssystems erbringen. Hier können zwar Abkommen über die gegenseitige Anerkennung von Qualitätssicherungszertifikaten helfen, aber auch diese müssen ihre Tauglichkeit erst noch beweisen.

Zum *CE-Zeichen* ließe sich vieles kritisch anmerken. Es würde den Rahmen dieses Beitrags sprengen.

Die zahlreichen, inzwischen schon kaum noch zu übersehenden Aktivitäten der im Schatten von EOTC neu gegründeten europäischen *Organisationen* wie WELAC, EAC, EUROLAB, EURACHEM usw. muß man wohl kritisch sehen. Hier ist eine mächtige Bürokratie im Entstehen, die sich viel zu viel mit sich selbst beschäftigt. Besonders bedenklich ist, daß jede dieser Gründungen entweder bereits eigene Arbeitsgruppen gebildet hat oder dabei ist zu bilden, die ähnliche oder gleichlautende Themen behandeln. Dies führt zu einem lebhaften Eurotourismus im Bereich des Prüf-, Zertifizierungs- und Akkreditierungswesens, ohne daß Hersteller und Anwender (Verbraucher), die von der gegenseitigen Anerkennung von Prüfungen und Zertifizierungen profitieren sollen, von diesen Aktivitäten – bislang wenigstens – positive Impulse verspüren. Schlimmer noch, große Teile der europäischen Industrie hat diese Aktivitäten noch gar nicht zur Kenntnis genommen.

Es erscheint unabweisbar, daß EAC, EURACHEM, EUROLAB, WECC und WELAC ihre Aktivitäten bündeln und teilweise sogar fusionieren. Dies würde die Transparenz erhöhen, Kosten sparen und damit sicher auch die Akzeptanz verbessern. Mit der inzwischen begonnenen Initiative einer Zusammenführung der Aktivitäten von WELAC und WECC wird ein vielversprechender Anfang gemacht.

1.7 Nationale Konsequenzen aus der europäischen Zertifizierungs- und Akkreditierungspolitik

Die europäische Zertifizierungspolitik hat in der Bundesrepublik Deutschland bereits deutliche Spuren hinterlassen:

- Auch in Deutschland wird zunehmend strikt zwischen *Prüfen* und *Zertifizieren unterschieden*. Zwar können beide Tätigkeiten unter einem Dach erfolgen; sie müssen dann aber organisatorisch voneinander getrennt sein.

- Auch deutsche Prüf- und Zertifizierstellen arbeiten zunehmend auf der Grundlage der Normenserie EN 45 000, das gilt für staatliche Stellen ebenso wie für private, für unabhängige gleichermaßen wie herstellereigene Stellen.
- *Qualitätsmanagementmaßnahmen* und deren Zertifizierung spielen in der unternehmerischen Praxis auch in Deutschland eine immer bedeutendere Rolle. Ursächlich hierfür war und ist sehr häufig der vom internationalen Marktgeschehen zunehmend ausgehende Druck, ein innerbetriebliches Qualitätsmanagementsystem und dessen Zertifizierung nachzuweisen. Erst im Gefolge dieser vom Ausland an sie herangetragenen Forderung nach Qualitätsmanagementsystemen haben die Unternehmen häufig bemerkt, daß diese Maßnahmen ein erfolgreiches Mittel zur Verbesserung der Qualität ihrer Produkte, zur strafferen und kostengünstigeren Ablauforganisation, zur Fehlervermeidung und damit zu geringeren Fehlerkosten und zur Verbesserung ihrer Position im Markt darstellen.
- Auch in Deutschland wurde ein *Akkreditierungssystem* errichtet. Dieses System wird von Bund, Ländern und der Wirtschaft gemeinsam getragen. Das deutsche System unterscheidet sich allerdings wegen seiner Trennung in den geregelten und ungeregelten Bereich einerseits und wegen seiner sektoriellen Ausrichtung andererseits grundlegend von den Systemen anderer Länder. Die gemeinsame Klammer von rechtlich geregeltem und nicht geregelten Bereich bildet der *Deutsche Akkreditierungsrat* (DAR). Die verschiedenen privaten sektoriell ausgerichteten Akkreditierstellen sind durch die *Trägergemeinschaft für Akkreditierung* GmbH (TGA) verbunden. Im rechtlich geregelten Bereich spielt die Zentralstelle der Länder für Sicherheitstechnik (*ZLS*) eine herausragende Rolle. Sie nimmt Akkreditierungen im Bereich der gesetzlich geregelten Gerätesicherheit vor. Das neue Gerätesicherheitsgesetz macht die Benennung von deutschen Prüf- und Zertifizierstellen gegenüber Brüssel davon abhängig, daß diese Stellen akkreditiert sind.
- Zu EUROLAB und EURACHEM wurden entsprechende deutsche Spiegelgremien ins Leben gerufen. Diese firmieren als EUROLAB/ bzw. EURACHEM/Deutschland (vgl. Kap. 12).

Anhang III

Bedingungen, denen die zugelassenen Stellen entsprechen müssen
(Artikel 9 Absatz 1)

Die von den Mitgliedstaaten bestimmten Einrichtungen müssen die folgenden Mindestvoraussetzungen erfüllen:

1. Erforderliches Personal sowie entsprechende Mittel und Ausrüstungen;

2. Technische Kompetenz und berufliche Integrität des Personals;

3. Unabhängigkeit der Führungskräfte und des technischen Personals von allen Kreisen, Gruppen oder Personen, die direkt oder indirekt am Spielzeugmarkt interessiert sind, hinsichtlich der Durchführung der Prüfungsverfahren und der Erstellung von Berichten, der Ausstellung von Bescheinigungen und der Überwachungstätigkeiten gemäß dieser Richtlinie;

4. Einhaltung des Berufsgeheimnisses;

5. Abschluß einer Haftpfllichtversicherung, sofern die Haftung nicht vom Staat durch inländisches Recht geregelt wird.

Die Voraussetzungen nach den Nummern 1 und 2 werden von den zuständigen Stellen der Mitgliedstaaten regelmäßig geprüft.

Dieser Beitrag wurde in ähnlicher Form in „Zertifizierung und Akkreditierung von Produkten und Leistungen der Wirtschaft" Hrsg. W. Hansen (3-446-17108-8) 1992 im Carl Hanser-Verlag veröffentlicht.

2 Die Akkreditierung chemischer Laboratorien

Das deutsche Akkreditierungssystem: Das Konzept von DAR und TGA auf der Akkreditierungsbasis der Normenserie EN 45 000 ff.

Ulrich Böshagen

2.1 Einleitung

Seit der Jahreswende 1992/93 ist der EG-Binnenmarkt im formalen Sinne realisiert. Dies entspricht dem politisch im Jahre 1986 in der Einheitlichen Europäischen Akte gefaßten Ziel. In dem Art. 7a der EEA sind die Felder definiert, die den Binnenmarkt ausmachen. Hierzu zählt der freie Waren- und Handelsverkehr. Das deutsche Akkreditierungssystem ist ein System, das diesen freien Waren- und Handelsverkehr fördern will. Wie darzulegen sein wird, hat sich die Erarbeitung einer Norm geändert und damit auch die Festlegung einer Produktanforderung. Wesentliches Ziel des europäischen Binnenmarktes ist es, Produktanforderungen vergleichbar zu machen und die Grundlagen des Vergleichs – die Arbeit in den Prüflaboratorien – zu synchronisieren. Teil dieser Synchronisierungsarbeit ist die Entwicklung des deutschen Akkreditierungssystems, das einerseits auf die europäischen Neuerungen Rücksicht nehmen will, andererseits jedoch in Deutschland gewachsene Strukturen nach Möglichkeit erhalten soll. Transparenz in das deutsche System und in das Nebeneinander und Zusammenwirken von geregeltem und nicht-geregeltem Bereich, sowie Akzeptanz für dieses System in Europa sind die Leitlinien des deutschen Akkreditierungssystems.

2.2 Der Waren- und Handelsverkehr in Europa

Die Einheitliche Europäische Akte verknüpft die Realisierung des Binnenmarktes mit 4 wesentlichen Zielen (Artikel 7a EWG-Vertrag). Eines dieser Ziele ist der freie Waren und Handelsverkehr. Darunter versteht die EG-Kommission den weitgehend ungehemmten Austausch von Waren und Dienstleistungen, die Anerkennung einmal erfolgter Prüfungen in einem anderen Land und das Vertrauen der Mitgliedsstaaten, Verbraucher und Abnehmer in die Prüfverfahren anderer Länder. Abgesehen von vereinzelten und zwingenden Ausnahmen, die auf nationale Besonderheiten zurückgehen, gelten in der EG nunmehr folgende Grundsätze:

Wenn ein Erzeugnis in einem Mitgliedsstaat rechtmäßig hergestellt und in Verkehr gebracht worden ist, ist nicht einzusehen, warum es nicht auch in jedem anderen Mitgliedstaat der Gemeinschaft ungehindert verkauft werden könnte. Diese Freiverkehrsbescheinigung ist der ursprüngliche und wesent-

Günzler, H. (Hrsg.)
Akkreditierung und Qualitätssicherung
in der Analytischen Chemie
© Springer-Verlag Berlin Heidelberg 1994

liche Sinn des CE-Zeichens; nicht mehr und nicht weniger. Wie später darzulegen sein wird, hat sich die Einschätzung des CE-Zeichens weiterentwickelt bis hin zur verabschiedeten CE-Zeichenrichtlinie.

Die Behinderung des freien Warenverkehrs und das Entstehen technischer Handelshemmnisse haben verschiedene Ursachen. Zum einen sind es abweichende Auffassungen hinsichtlich der Mittel, die zum Schutz der öffentlichen Gesundheit, der Sicherheit oder der Umwelt einzusetzen sind. So können die Normen für bestimmte Maschinen an die Eigenverantwortung der Arbeitnehmer appellieren oder auf den vollen Schutz gegen jede Fahrlässigkeit ausgerichtet sein.

Drei Arten nicht-tarifärer Handelshemmnisse sind zu unterscheiden: Zur 1. Gruppe gehören die Hemmnisse, die sich aus unterschiedlichen nationalen Industrienormen ergeben und von deren Berücksichtigung die Einfuhr, der Verkauf oder die Verwendung eines Erzeugnisses abhängen. Diese von Institutionen des privaten Rechts festgelegten Normen für Leistungsmerkmale, Form, Funktionieren, Qualität, Kompatibilität oder andere Merkmale eines Erzeugnisses sind nicht rechtsverbindlich, sondern nach der ständigen Rechtsprechung des Bundesgerichtshofes „Empfehlungen". Sie können gleichwohl den Handelsverkehr auf sehr nachhaltige Art und Weise behindern.

Eine weitere Gruppe von Hemmnissen entsteht durch unterschiedliche einzelstaatliche Vorschriften, die Normen ähnlich sind, aber durch in Bezugnahme rechtsverbindlich geworden sind.

Derartige Vorschriften werden in der Regel aus Gründen des Allgemeinwohls, zum Schutze der Gesundheit, Sicherheit oder Umwelt erlassen. So wird in vielen Ländern der Gemeinschaft die Zusammensetzung bestimmter Nahrungsmittel gesetzlich geregelt, so daß die Vermarktung von Einfuhrerzeugnissen, die diese Bestimmungen nicht erfüllen, gegen das Gesetz verstößt.

Die 3. Gruppe von Hindernissen schließlich wird durch Prüfmethoden und Zertifizierungsverfahren geschaffen, die die Übereinstimmung eines Erzeugnisses mit den einschlägigen nationalen Vorschriften oder den Industrienormen in ihrer jeweils aktualisierten Form gewährleisten sollen. Ein Handelhemmnis ist immer dann gegeben, wenn das Einfuhrland neben der Zertifizierung durch das Ursprungsland eine erneute sicherheitstechnische Prüfung oder Zertifizierung vorschreibt. Dies verursacht zusätzliche Kosten und einen zeitlichen Mehraufwand, wie er in freien Märkten nicht besteht.

Die andere Seite ist darin zu sehen, daß sich für den amerikanischen und japanischen Hersteller die Chancen im europäischen Binnenmarkt steigern: Sie sehen sich nicht mehr mit 12 Einzelmärkten konfrontiert, sondern mit einem einheitlichen Gemeinschaftsmarkt und dessen größeren Absatzchancen. Dies erhöht unweigerlich den Preisdruck für deutsche Produkte. Konkreter gefaßt läßt sich feststellen, daß die ausländischen Anbieter sich zunehmend weniger um die zum Teil grundlegenden Unterschiede und nationalen Besonderheiten der Mitglieder des EG-Binnenmarktes kümmern müssen. Sicherlich werden noch auf unabsehbare Zeit Sprachunterschiede bleiben. Die positiven Effekte durch Marktvereinheitlichungen bieten jedoch ein spürbares Gegengewicht, das auch zu Lasten deutscher Hersteller in die Waagschale fällt.

2.3 Ziele, Aufgaben und Struktur des Deutschen Akkreditierungsrates (DAR)

2.3.1 Prüfung, Zertifizierung und Akkreditierung

Wie bereits von Berghaus in Kapitel 1 unter Punkt 2.2 zu den Grundzügen und der Zielrichtung des GLOBALEN KONZEPTS FÜR ZERTIFIZIERUNG UND PRÜFUNG gesagt, ist es das Ziel der europäischen Prüf- und Zertifizierungspolitik, zu einer Einheitlichkeit, Transparenz und Vergleichbarkeit der Prüf- und Zertifiziersysteme in den Mitgliedsstaaten der Europäischen Union zu kommen. Hierzu sind die nationalen Systeme auf ihre wesentlichen Elemente zurückzuführen und diese Kernelemente der nationalen Systeme müssen vergleichbar und austauschbar konstruiert werden. Hierdurch soll, wie dargelegt, nicht nur das jeweilige Prüf- und Zertifizierverfahren schlanker gestaltet werden, es sollen im gleichen Zuge Wiederholungsprüfungen im anderen Lande vermieden werden, was nicht nur durch technische Angleichung erzielt werden kann, sondern – vorgelagert – durch eine umfassende Vertrauensbildung in die Prüf- und Zertifizierarbeiten eines anderen Landes.

Die Kommission der Europäischen Union setzt ihre Zertifizierungspolitik zur Verbesserung und Erleichterung des Waren- und Handelsverkehrs ein. Sie will auf diesem Wege Doppelprüfungen, konstenträchtige Abweichungen und zusätzliche Bürokratie abbauen und vermeiden. Selbst wenn ein ausländischer Hersteller beispielsweise in Übereinstimmung mit den technischen Standards des Importlandes liefert und die Konformität zusätzlich mit dem Zertifikat einer Prüfstelle seines Heimatlandes belegt, ist keineswegs gewährleistet, daß es seine Produkte im belieferten Land ohne weiteres vermarkten kann. Auch in solchen Fällen verlangen die Behörden des Importlandes oft und gerne die Wiederholung der Prüfung im Inland und ein inländisches Konformitätszertifikat. Dies treibt die Kosten in die Höhe und wirkt sich negativ auf die Wettbewerbsfähigkeit aus. Gerade im Maschinenbau gibt es hierzu zahlreiche Beispiele, anhand deren sich belegen läßt, daß der Endpreis eines Produktes durch ein abweichendes Vorgehen spürbar erhöht wird.

Bei dieser umfassenden und generell angelegten Politik zur Verbesserung des Waren- und Handelsverkehrs spielt die Trennung und Unterscheidung in den privatrechtlichen und den gesetzlich geregelten Bereich eine wesentliche Rolle. Die Grenzlinie zwischen beiden Bereichen verläuft jedoch in jedem Mitgliedsstaat der Europäischen Union unterschiedlich und hat sich traditionell auf unterschiedliche Ansatzpunkte gestützt.

Neben den CEN-Normen zur Zertifizierung, die sich an internationalen Empfehlungen (DIN ISO 9000 ff.) orientieren, sehen die Richtlinienentwürfe selbst Formen der Produktprüfung der Zertifizierung vor. Ausgangspunkt und Basis der Konformitätsbescheinigungen ist für die deutsche Industrie die Herstellererklärung.

In ihr bestätigt der Hersteller in Eigenverantwortung die Übereinstimmung seines Produktes mit der einschlägigen technischen Regel in ihrer gültigen Fassung.

In Abhängigkeit von der Gefährlichkeit eines Produktes tritt die Baumusterprüfung, die stichprobenartige Prüfung der Produktion oder die Fremdprüfung eines jeden Produktes (Zertifizierung) hinzu. Letzteres ist die Praxis bei den überwachungsbedürftigen Anlagen nach § 24 Gewerbeordnung.

Die Kommission hat zur Akkreditierung vorgeschlagen, daß die Voraussetzungen in materieller, personelle und institutioneller Hinsicht an eine Prüfstelle vereinheitlicht werden und europaweit gleiches gilt. Dies soll die Konformitätsbescheinigung für ein Produkt erleichtern und gleiche Voraussetzungen an die Prüfung eines Produktes stellen. Ziel ist es auch, im Sinne der Artikel 30 und 36 des EG-Vertrages Produkte, die in einem Land sicherheitstechnisch geprüft worden sind, in einem anderen Land ohne erneute Prüfung handelsfähig zu machen. Ein weiteres Ziel der europäischen Politik besteht darin, das Vertrauen in die Prüfungen, die in anderen Ländern vorgenommen worden sind, zu stärken.

Die Verwirklichung dieses Ziels gestaltet sich in der Bundesrepublik auch deshalb schwierig, da wir über ein differenziertes System sicherheitstechnischer Prüfungen durch staatliche und private Prüfstellen und durch Beliehene verfügen. Zu diesem differenzierten Bild zählt auch die Prüfung der Sachverständigen, die von den Handelskammern bestellt worden sind. Da andere Länder vorwiegend staatliche Systeme aufweisen, muß verhindert werden, daß auf dem Rücken der Europäisierung unser bewährtes System dualer sicherheitstechnischer Prüfungen, in dem nicht nur der Staat tätig wird, verloren geht.

Es besteht auch keine Notwendigkeit, mit dem Blick auf die Prüfsysteme anderer Mitgliedsstaaten übereilt bei uns im eigenen Land Neuerungen durchzusetzen. Akkreditierung ist kein neuer Markt und kein neues, renditeträchtiges Geschäftsfeld. Es geht in erster Linie darum, unsere bestehende Struktur und Organisation der Prüfungen transparent und vergleichbar mit den Strukturen anderer Länder zu machen.

2.3.2 Das globale Konzept zur Prüfung und Zertifizierung in Europa

Das Ziel des freien Waren- und Handelsverkehrs setzt auf der einen Seite gleiche Voraussetzungen und gleiche Richtlinien für die Beschaffenheit der Produkte voraus. Auf der anderen Seite wird diese Idee erst durch eine gemeinsame Zertifizierungspolitik abgerundet. Die einheitlichen Prüf- und Verwaltungsverfahren sind als Basis für das Vertrauen anzusehen, daß in die Maßnahmen eines anderen Mitgliedsstaates gesetzt werden soll.

In der Entschließung des Rates vom 21. 12. 1989 zu einem Gesamtkonzept für die Konformitätsbewertung werden die Schlußfolgerungen aus dem globalen Konzept für Zertifizierung und Prüfwesen – Instrument zur Gewährleistung der Qualität bei Industrieerzeugnissen – vom Rat befürwortet.

In dem globalen Konzept (Mitteilung der Kommission an den Rat vom 15. 06. 1989 – 89/C 267/03) wird ausgeführt, daß die Beseitigung der technischen Grenzen für Erzeugnisse, wie sie im Weißbuch im Rahmen einer neuen

Strategie geplant ist, gleichzeitig durch die Harmonisierung und die gegenseitige Anerkennung der nationalen Vorschriften und Normen ergänzt werden muß. Die Ziele des globalen Konzeptes werden von der Kommission wie folgt beschrieben: Die Prüfung von Erzeugnissen auf ihre Übereinstimmung mit technischen Spezifikationen, die ihre Qualität bestimmen, entspricht entweder den Forderungen zwingender Vorschriften oder einem Marktbedürfnis. Im ersten Fall schreiben die Behörden Konformitätsnachweis vor, die der Hersteller unter Umständen aus Gründen des Gesundheits- oder Umweltschutzes, der Sicherheit usw. zu erbringen hat, bis er die Erzeugnisse in den Verkehr bringen kann. Im zweiten Fall werden sie von den Käufern bei Abschluß eines Geschäftes verlangt und haben folglich vertraglichen und faktischen Charakter.

2.3.3 Ziele der Zertifizierung

Ziel der Zertifizierung ist es – wie das globale Konzept der damaligen EG-Kommission zur Zertifizierung sagt – die notwendige Abrundung der harmonisierten Normen zu ermöglichen: Auch die Prüfverfahren und die Arbeit einer Prüfstelle sollen vereinheitlicht werden. Nur so kann einheitlich die Konformität eines Produktes mit den einschlägigen Normen oder anderen sicherheitstechnischen Regeln gewährleistet und bestätigt werden. Über die Harmonisierung der Normen und die Vereinheitlichung der Prüfverfahren kommt man zur kostengünstigeren Abwicklung der Konformitätsverfahren mit dem Ziel, Doppelprüfungen zu vermeiden. So führt die Bereitstellung harmonisierter Instrumente der Konformitätsbewertung sowie die Annahme eines gemeinsamen Grundprinzips für ihre Anwendung dazu, die Verabschiedung künftiger technischer Harmonisierungsrichtlinien über das Inverkehrbringen von Industrieerzeugnissen zu erleichtern und so die Vollendung des Binnenmarktes auf dem Feld des freien Waren- und Handelsverkehrs zu fördern.

Diese Konformität soll ohne Festlegung von Vorschriften erfolgen, die den Hersteller unnötig belasten, statt dessen sollen eindeutige und verständliche Verfahren erreicht werden.

2.3.4 Harmonisierte Prüfverfahren

Ein Ärgernis und ein Hemmnis des freien Waren- und Handelsverkehrs war die Feststellung, das unterschiedliche Prüfverfahren und von Land zu Land unterschiedliche Prüfmethoden der nationalen Gewohnheit entsprachen. Prüfungen, die in einem Lande anerkannt waren, wurden im Nachbarland nicht akzeptiert. Dies führte zu Doppelprüfungen und einem erheblichen Mehraufwand. Zur Vermeidung dieser zusätzlichen Kosten ist daher festgelegt worden, die Grundlagen der Prüfverfahren anzugleichen und zu harmonisieren. Diese harmonisierten Voraussetzungen für sicherheitstechnische Prüfungen können dann dazu führen, daß auch die Prüfergebnisse vergleichbar sind und sie nicht nach Überschreiten einer Grenze wiederholt werden müssen.

Harmonisierte Prüfverfahren haben viele Voraussetzungen: Eine Angleichung der institutionellen, materiellen und personellen Voraussetzungen an eine Prüfung, aber auch einen Erfahrungsaustausch, der das Know-how berücksichtigt und einbezieht, das an anderer Stelle gewachsen ist. Harmonisierte Prüfverfahren sind weiterhin die Voraussetzung dafür, daß beim Abnehmer und Verbraucher Vertrauen in die Prüfungen eines anderen Landes entstehen kann, was eine unabdingbare Voraussetzung dafür ist, erneute Prüfungen zu vermeiden.

Hinzu kommt, daß wir bei uns ein differenziertes System staatlicher und privater Prüfungen und Prüfverfahren kennen, da sich an der Durchführung sicherheitstechnischer Prüfungen auch private Institutionen mit großen Erfolg beteiligen.

Die deutschen Akkreditierungen sind davon geprägt gewesen, daß einerseits im gesetzlich geregelten und europaweit harmonisierten Bereich Prüfstellen für ihre Arbeit anerkannt waren. Europaweit harmonisiert bedeutet dabei, daß europäische Gesetze und Verordnungen einheitlich in den Mitgliedstaaten umgesetzt worden sind. Sie wurden, soweit sie europäisch tätig wurden, für ihre Arbeit in Brüssel notifiziert, d. h. von den Mitgliedstaaten als zuständige Stellen in Brüssel gemeldet.

Daneben bestand und besteht jedoch in der Bundesrepublik Deutschland ein großer privatwirtschaftlicher Prüf- und Zertifizierbereich, in dem der Hersteller freiwillig und ohne daß ein Gesetz ihn dazu zwingt, sein Produkt einer Prüfung unterzieht, sei es in einem herstellereigenen Labor, sei es unter Hinzunahme der Prüfung durch einen Dritten. Über dieses in Deutschland seit langer Zeit praktizierte und funktionierende System privater Prüfungen und freiwilliger Produktauszeichnung mit den verschiedensten Zeichen, die zum Teil eine hohe Reputation und einen bemerkenswerten Marketingwert erreicht haben und dem gesetzlich geregelten Bereich, mit seinen gesetzlichen Zeichen spricht man vom dualen Prüfsystem in Deutschland.

Beispiele für freiwillige Zeichen sind:

- Gütezeichen nach dem RAL-System,
- Normkonformitätszeichen,
- Marken- und Prüfzeichen.

Beispiele für gesetzliche Zeichen sind:

- Bauartzulassungs-Zeichen,
- Prüfzeichen nach § 29 – Straßenverkehrs-Zulassungsordnung und
- Zeichen über Betreiber-Erlaubnisse.

Ein klassisches Zeichen, das zwischen beiden Systemen liegt, ist das GS (Geprüfte Sicherheit)-Zeichen nach § 3 des Gerätesicherheitsgesetzes. Dieses Zeichen wird freiwillig erworben, die zum Führen des Zeichens erforderliche Prüfung und ihre Voraussetzungen sind jedoch gesetzlich geregelt.

2.3.5 Das BDI-Modell

Um diesen Gegebenheiten des dualen Systems in Deutschland gerecht zu werden, mußte dieses System im europäischen Sinne transparent und vergleichbar gestaltet werden. Die Ausgestaltung des deutschen Akkreditierungswesens ist daher seit gut zehn Jahren ein Thema, mit dem sich im Anschluß an die Vorgaben der europäischen Politik durch die Kommission der Europäischen Union zahlreiche Unternehmensverbände und Institutionen der Wirtschaft eingehend befaßt haben. Die ursprüngliche Idee war es, das gesamte Akkreditierungssystem unter ein staatliches Dach zu stellen. Begründung hierfür war es im wesentlichen, daß auch die Akkreditierungssysteme der europäischen Partnerländer in starkem Maße staatliche Strukturen aufweisen. Die Wirtschaftsverbände lehnten jedoch die Aufgabe der ausgeprägten und funktionierenden privatrechtlichen Prüfungen und Akkreditierungen ab und waren seitdem bemüht, ein Zusammengehen zwischen privatwirtschaftlich organisierten Akkreditierungsstellen und den Laboratorien des geregelten Bereichs in ein einheitliches Akkreditierungssystem zu bringen. Die Wirtschaft hat sich daher dafür ausgesprochen, daß der Staat nicht alleine die Akkreditierungskompetenz haben soll.

Vor diesem Hintergrund begann Ende der 80er Jahre die Überlegung, auch im privatrechtlichen Bereich ein Instrument der Vertrauensbildung zu schaffen, um auf die Entwicklungen aus Brüssel zu reagieren. Das sogenannte „BDI" oder „TGA"-Modell, das im Kern im November 1988 vom BDI-Sonderausschuß Technik und Recht entwickelt wurde, enthält bereits die Elemente des deutschen Akkreditierungssystems, die heute realisiert worden sind, die Trägergemeinschaft für Akkreditierung als das Instrument und der Zusammenschluß aller privatrechtlichen Akkreditierungen als Teil des gemeinsamen deutschen Akkreditierungsrates, in dem in gleichem Umfang der Staat für den geregelten Bereich der Akkreditierung mitwirkt (Abb. 1). Der Ausschuß empfahl damals eine privatrechtliche, pluralistische Akkreditierungsstelle mit Beteiligung der betroffenen Kreise einer staatlichen und zentralistischen Institution vorzuziehen.

Im August 1990 wurde die TGA – Trägergemeinschaft für Akkreditierung GmbH – als Teil des neu aufzubauenden deutschen Akkreditierungssystems gegründet. Gründungsgesellschafter dieser TGA sind 12 Spitzenverbände der Wirtschaft, die selbst kein kommerzielles Interesse an Akkreditierung haben. Die Sicherheit dieser TGA-GmbH wird im Hauptausschuß der TGA geleistet, wo die fachlichen Anliegen der Branchen koordiniert werden, auch um dadurch die europaweit geforderte Transparenz zu begünstigen.

Dieser Hauptausschuß koordiniert die branchenbezogenen Sektoren, die für den Maschinenbau, die Elektrotechnik, die Chemie und andere Bereiche die Akkreditierung in eigener Regie durchführen (Abb. 2).

Neben dem Hauptausschuß, der ehrenamtlich arbeitet, widmet sich die Geschäftsführung der Tagesarbeit. Entsprechend den Anforderungen aus den zugrundeliegenden Normen bilden der Schiedsausschuß, der Struktur- und Überwachungsausschuß sowie die Gesellschafterversammlung bzw. deren

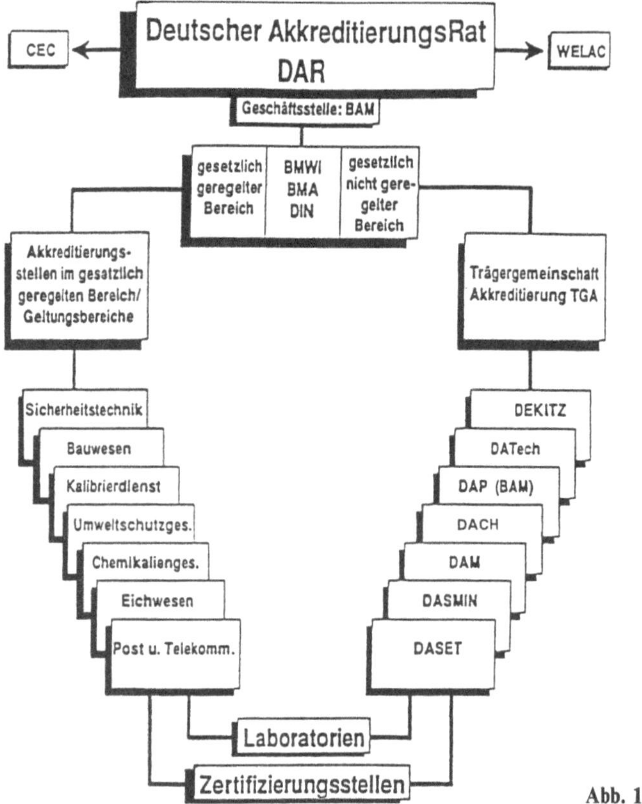

Abb. 1

Aufsichtsrat die weiteren und notwendigen Gremien zur Flankierung dieser Arbeit. Damit ist eine Akkreditierung im Sinne dieses Systems im nicht-geregelten Bereich nur möglich, wenn eine Akkreditierungsstelle als Sektor in das Gesamtsystem der TGA eingebunden ist. Da die TGA ihrerseits mit dem geregelten Bereich im DAR zusammenarbeitet, ist es nach ausgesprochener Akkreditierung den Prüfstellen erlaubt, hierfür den Bundesadler zu führen (Abb. 3).

Abschließend sind noch einmal die Hauptaufgaben der TGA und ihres Hauptausschusses im System zu nennen:

- Koordinierung der Tätigkeit der Akkreditierungsstellen im System der TGA, z. B. durch Koordinierung der Erarbeitung von fachlichen Akkreditierungsanforderungen,
- Erstellung von allgemeinen Richtlinien für die Akkreditierungsstellen sowie von einheitlichen Akkreditierungsdokumenten,
- Bestellung des Vorsitzenden des Schlichtungsausschusses und des Schiedsgerichts der TGA,
- Organisation der nationalen und internationalen Vertretung der TGA, wenn allgemeine Fragen der Akkreditierung zu beantworten sind,

Der DAR empfiehlt seinen Mitgliedern folgendes allgemeine Ablaufschema eines Akkreditierungsverfahrens:

ANTRAGSVERFAHREN

a) Anfrage
b) Vorgespräch
c) Antrag auf Akkreditierung
d) Bestätigung des Akkreditierungsantrags
e) Antragsprüfung
f) Akkreditierungsvertrag

BEGUTACHTUNGSVERFAHREN

a) Auswahl der Begutachter im Einverständnis mit dem Antragsteller
b) Beauftragung der Begutachter
c) Fachliche Prüfung der Antragsunterlagen
d) Begutachtung vor Ort:
* Überprüfung der Konformität mit der DIN EN 45000-Reihe und
* Überprüfung der fachlichen Kompetenz auf Grundlage spezieller technischer Kriterien der Akkreditierungsstelle
e) Begutachtungsbericht

AKKREDITIERUNG

a) Prüfung der Begutachtungsergebnisse und Akkreditierungsentscheidung
b) Akkreditierungsurkunde
c) Veröffentlichung im Register

ÜBERWACHUNGSVERFAHREN

Überwachung akkreditierter Stellen und Verlängerung der Akkreditierung erfolgt entsprechend den Regelungen der Akkreditierungsstellen.

Abb. 2

- Beurteilung der ordnungsgemäßen Arbeit der Akkreditierungsstellen aufgrund der Überwachung durch den Struktur- und Überwachungsauschuß sowie
- die Koordinierung der Vertretung der Akkreditierungsstellen im deutschen Akkreditierungsrat.

Die wesentlichen Sektoren, die Akkreditierungsstellen gebildet haben, sind das Deutsche Akkreditierungssystem Prüfwesen, die Deutsche Akkreditierungsstelle Technik, die Deutsche Koordinierungsstelle für die IT-Normenkonformitätsprüfungen und -zertifizierungen sowie die Deutsche Akkreditierungsstelle Chemie und andere mehr.

Während die TGA im wesentlichen die eigenständige Akkreditierungsarbeit die Sektoren koordiniert, akkreditiert sie an einer Stelle selbst: Sie akkreditiert Qualitätsmanagement- und Personalzertifizierer.

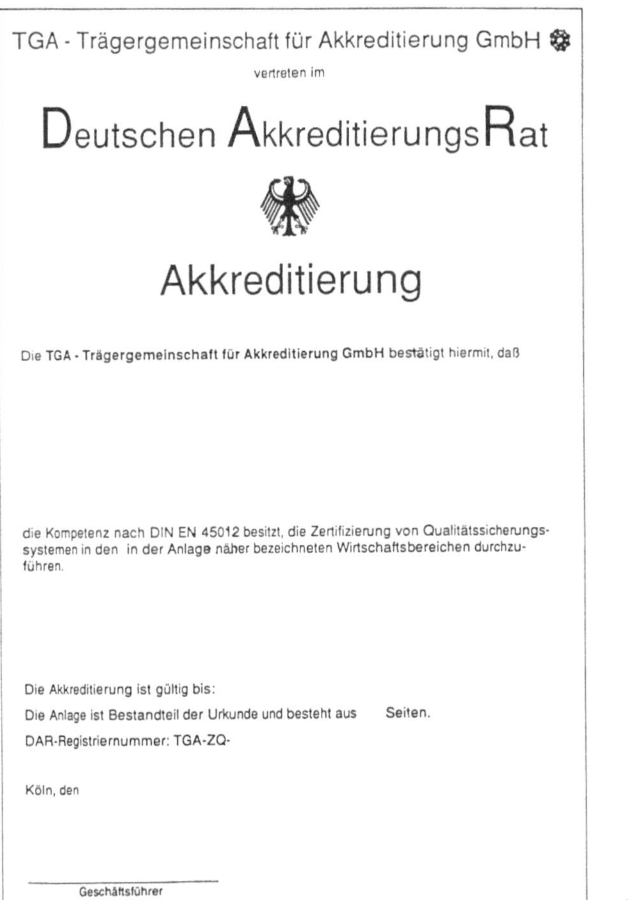

Abb. 3

Die TGA ist damit eine Säule des gemeinsamen DAR, dessen wesentliche zweite Säule aus den Akkreditierungsstellen im staatlichen Bereich besteht. Ständige Mitwirkende im DAR sind neben den Vertretern dieser beiden
Säulen Vertreter des Bundesministeriums für Wirtschaft, des Bundesministeriums für Arbeit und Sozialordnung und des Deutschen Instituts für Normung e.V.

Der DAR hat zwei wesentliche Aufgaben:

Die Koordinierung beider Bereiche, des geregelten und des nicht geregelten
Bereichs sowie die Gewährleistung der Transparenz des Gesamtsystems nach
außen, das heißt vor allem nach Brüssel und zum einheitlichen Wirtschafts-
raum hin. Dazu gehören im einzelnen:

1. Die Koordinierung der in Deutschland erfolgenden Tätigkeiten auf dem
   Gebiet der Akkreditierung und Anerkennung von Prüflaboratorien,
   Zertifizierungs- und Überwachungsstellen,

2. die Wahrnehmung der deutschen Interessen in nationalen, europäischen und internationalen Einrichtungen, die sich mit allgemeinen Fragen der Akkreditierung bzw. der Anerkennung beschäftigen und
3. das Führen eines zentralen deutschen Akkreditierungs- und Anerkennungsregisters.

Der DAR arbeitet als eine von Bund, Ländern und der deutschen Wirtschaft getragene Arbeitsgemeinschaft. Er hat keinen Rechtsstatus. Seine Geschäftsstelle führt die Bundesanstalt für Materialforschung und -prüfung.

Im Sinne des Globalen Konzepts zur Prüfung und Zertifizierung bedeutet die Akkreditierung auch eine Verdichtung der Prüfung auf die Frage, ob ein dazu berechtigtes Labor auf der Grundlage der richtigen Normen und Regeln gearbeitet hat. Dies vermeidet die Wiederholung einer Einzelprüfung in aller Regel.

2.4 Normen zur Akkreditierung und Zertifizierung

2.4.1 Die grundlegende Normenserie EN 45 000

Diese Verdichtung auf die Frage, ob eine hierzu berechtigte Prüfstelle nach den einschlägigen Regeln gearbeitet hat, bildet den Kern der Arbeit nach der Normenserie DIN EN 45 000 ff.

Im Mai 1990 sind als Deutsche Normen erschienen:

- DIN EN 45 001   Allgemeine Kriterien zum Betreiben von Prüflaboratorien
- DIN EN 45 002   Allgemeine Kriterien zum Begutachten von Prüflaboratorien
- DIN EN 45 003   Allgemeine Kriterien für Stellen, die Prüflaboratorien akkreditieren
- DIN EN 45 011   Allgemeine Kriterien für Stellen, die Produkte zertifizieren
- DIN EN 45 012   Allgemeine Kriterien für Stellen, die Qualitätssicherungssysteme zertifizieren
- DIN EN 45 013   Allgemeine Kriterien für Stellen, die Personal zertifizieren
- DIN EN 45 014   Allgemeine Kriterien für Konformitätserklärungen von Anbietern.

Diese Normen bilden den Grundstock, wenn es zukünftig um den Kompetenznachweis für Prüf- und Zertifizierungstätigkeit geht. In der staatlichen wie privaten Ebene haben erste Umsetzungen begonnen, wie verschiedene Bemühungen um die verbesserte Strukturierung des Akkreditier- und Anerkennungswesens zeigen.

Diese Normen beschreiben im einzelnen, unter welchen Voraussetzungen ein Labor arbeitet und wie eine europaweit gleiche Praxis im Prüfablauf erzielt werden kann (Abb. 2).

2.4.2 Qualitätsmanagementsysteme

Die Idee der Qualitätsmanagementsysteme (QMS) und ihrer Zertifizierung kommt schwerpunktmäßig aus Großbritannien. Dort ist teilweise die Produktprüfung durch eine Betrachtung des Systems ersetzt worden, in dem das Produkt hergestellt wird. Eine Optimierung des Herstellungsprozesses ist eines der wesentlichen Ziele eines effektiven Qualitätsmanagementsystems. Zum Teil geben Richtlinien die Möglichkeit, neben der Produktprüfung auch eine Zertifizierung des Qualitätsmanagementsystems bei der Herstellung vorzunehmen. Die Deutsche Gesellschaft zur Zertifizierung von Qualitätsmanagementsystemen (DQS) bietet die Möglichkeit, den Produktionsablauf prüfen und zertifizieren zu lassen.

Wichtig ist, daß auch ein optimiertes Qualitätsmanagementsystem (dieser Begriff hat den früheren Begriff des Qualitätssicherungssystems (QSS) in der Norm ISO 9000 ff. abgelöst) nichts an der Herstellerhaftung nach der EG-Richtlinie über die Produkthaftung vom 25. 07. 1985 und an dem deutschen Produkthaftungsgesetz vom 01. 01. 1990 ändert. Auch mit optimierten Systemen bleibt es bei der Haftung des Herstellers oder des Importeurs.

Qualitätsmanagementsysteme und ihre Optimierung und Zertifizierung spielen eine wesentliche Rolle bei vernetzter Produktion und bei just in time Lieferungen, wo unter Umständen der Abnehmer auf eine erneute Eingangsprüfung der zugelieferten Teile verzichten möchte.

2.4.3 Die Normenreihe ISO 9000

Neben der grundlegenden Normenserie 45 000 ff für die Kriterien, das Bestehen und den Ablauf in einem Prüflabor hat die Normenreihe ISO 9000 ff. grundlegende Bedeutung erzielt. Beide Normenreihen beschreiben etwas grundsätzlich anderes und sind voneinander zu trennen. Gleichwohl wird später auch die Stelle beschrieben werden, an der es eine Verknüpfung zwischen beiden Normreihen gibt.

Im einzelnen handelt es sich um:

ISO 9000   General introductory guide to quality management and quality assurance standards.

ISO 9001   Quality systems-Assurance model for design development, production, installation and servicing capability.

ISO 9002   Quality systems-Demonstration of production and installation capability.

ISO 9003   Quality systems-Demonstration of final inspection and test capability.

ISO 9004   Quality systems-Guide to generic quality system elements.

Die internationalen Normen der Reihe ISO 9000 sind seit 1987 unverändert, sowohl in zahlreiche nationale Normensysteme (DIN ISO 9000 ff), wie auch in das europäische Normensystem unter der Bezeichnung EN 29 000 aufgenommen worden. Keine internationale Norm hat je binnen so kurzer Zeit eine so breite Anwendung gefunden wie gerade diese.

Ursache hierfür ist die Entwicklung der Industriepolitik in Großbritannien. Anfang der 80er Jahre wurde der Gedanke an die Optimierung von Qualitätsmanagementsystemen mit staatlicher Hilfe in den Vordergrund gerückt. Diese herstellerinterne Produktionsoptimierung führte zu einem Zertifikat, das von staatlichen Qualitätsmanagementsystem-Prüfern verliehen wurde. Dies war die Geburtsstunde von Zertifikaten über QS-Systeme. Bei der Optimierung von Qualitätsmanagementsystemen geht es um eine Verbesserung des Produktionsablaufs, während wir in Deutschland gute Qualitätserfahrungen mit der Verbesserung des Produktes und der Fehlerreduktion beim Produkt gemacht haben. Beide Ansätze widersprechen sich nicht, vielmehr können sie sich ergänzen. Aus deutscher Sicht ist lediglich einer Betrachtung zu widersprechen, die eine optimierte Produktion und einen zertifizierten Produktionsablauf an die Stelle der gewohnten und bewährten Produktverbesserung setzen möchte. Auch die europäische Produkthaftung und ihre Umsetzung in nationales Recht geben den klaren Hinweis, daß die Fehlerlosigkeit eines Produktes weiterhin Maßstab für Haftungsfragen ist.

Qualität umfaßt viele Einzelpunkte, dazu gehört sicherlich auch die Optimierung des Produktionsablaufs, die interne Prüfung nach Rationalisierungsmöglichkeiten im technischen Sinne, die Einbeziehung der Personen, die mit diesem Prozeß befaßt sind, woraus sich die Vorstufe zu einem umfassenden Total Quality Management (TQM) ergibt.

Wesentliches Element der ISO-Reihe 9000 ist die Dokumentation des hausinternen Qualitätsmanagementsystems. Dieser Ablauf wird in ISO 9001 in 20 Punkte untergliedert:

Normenvergleich EN 29 000

Kapitel	EN 29001	EN 29002	EN 29003	Kapitel	EN 29001	EN 29002	EN 29003
Verantwortung d. obersten Leitung	1	2	3	Prüfungen	1	1	2
Qualitätsmanagementsysteme	1	1	3	Prüfmittel	1	1	2
Vertragsüberprüfungen	1	1		Prüfstatus	1	1	2
Designlenkung (Lenkung d. Projektierung)	1			Lenkung fehlerhafter Produkte	1	1	2
Lenkung der Dokumente	1	1	2	Korrekturmaßnahmen	1	1	

1 = Unverkürzte Forderung
2 = Weniger scharf als EN 29001
3 = Weniger scharf als EN 29002

Normenvergleich EN 29 000 (Fortsetzung)

Kapitel	EN 29 001	EN 29 002	EN 29 003	Kapitel	EN 29 001	EN 29 002	EN 29 003
Beschaffung	1	1		Handhabung, Lagerung, Verpackung, Versand	1	1	2
Vom Auftraggeber beigestellte Produkte	1	1		Qualitätsaufzeichnungen	1	1	2
Identifikation u. Rückverfolgbarkeit von Produkten	1	1	2	Interne Qualitätsaudits	1	2	
Prozeßlenkung (in Produktion u. Montage) (Lenkung d. Ausführung)	1	1		Schulung	1	2	3
Kundendienst	1			Statistische Methoden	1	1	2

Weltweit wird eine Detaillierung dieser Normenreihe hin zu einem Branchenbezug diskutiert. Mehrheitlich haben sich jedoch die technischen Komitees in der ISO genauso wie europäische und nationale Normgremien, die sich damit befassen, für die Beibehaltung des branchenabstrakten Aufbaus der Normenreihe ausgesprochen.

2.4.4 Verknüpfung zwischen beiden Normenreihen

Zwar bezieht sich die Normenreihe EN 45 000 auf die Laboratorien, während die Normenreihe ISO 9000 sich auf den Produktionsablauf beim Hersteller bezieht, an einer Stelle gibt es jedoch ein Ineinandergreifen beider Normenreihen: Soweit der Hersteller sein eigenes Produktionssystem optimieren möchte und die Normenreihe ISO 9000 zugrunde legt, muß er auch prüfen, ob er bei seiner Produktion Laboratorien im eigenen Hause einschaltet. Dies ist häufig der Fall, sei es für Zwischenprüfungen oder sei es für die Endprüfungen seines Produkts. In diesem Falle setzt ein zertifiziertes Qualitätsmanagementsystem beim Hersteller voraus, daß die Laboratorien ihrerseits den internationalen Standards entsprechen und akkreditiert sind. Dies ist die einzige Stelle, an der beide – im übrigen streng zu trennende – Normenreihen einen Berührungspunkt haben.

2.4.5 Zusammenarbeit zwischen geregeltem und nichtgeregeltem Bereich

Soweit die Arbeit zwischen beiden Bereichen über das Zusammenwirken im deutschen Akkreditierungsrat hinausgeht, ist festzustellen, daß bereits in den branchenbezogenen Sektoren und in ihren Lenkungsausschüssen Vertreter staatlicher Akkreditierungsstellen mit Vertretern aus dem nichtgeregelten Bereich eng und erfolgreich zusammenarbeiten. Technische Abläufe fragen nicht danach, ob der Anlaß für die Zertifizierung oder Akkreditierung in einem Gesetz oder in einer Verordnung steht oder ob dies auf den freiwilligen Wunsch eines Herstellers zurückzuführen ist. Daher ist von Anfang an die sachliche Zusammenarbeit zwischen beiden Bereichen effektiver und tiefer gewesen, als dies vor dem Hintergrund grundsätzlicher Überlegungen zum Aufbau des dualen Systems deutlich werden konnte.

2.4.6 Die Bedeutung der Evaluierung der Akkreditierungssysteme

Wie dargelegt, ist die Vertrauensbildung in die Arbeit eines anderen Landes im Bereich des Prüf- und Zertifizierwesens ein wesentliches Ziel des Globalen Konzepts und der Politik der Kommission der Europäischen Union.

Um dieses hohe Ziel der Vertrauensbildung und der Transparenz in das Akkreditierungssystem eines anderen Landes zu fördern, sind im Rahmen der europäischen Zusammenarbeit Arbeitsgruppen gebildet worden, die die fachlichen Kriterien eines Systems, einer Zertifizierungs- oder Akkreditierungsstelle beurteilen können und für den notwendigen Gleichklang der Arbeit sorgen. Diese Fachleute eines anderen Landes, die sich das System und die damit zusammenhängenden Gliederungen ansehen, haben als Grundlage für ihre Evaluierung die vorhandenen Normenreihen sowie hierzu ergangene Richtlinien, die in europäischen Arbeitskreisen vertieft und verbessert werden. Unter Evaluierung der Akkreditierungssysteme versteht man das Überprüfen der Funktionsfähigkeit und das Einhalten der gemeinsamen grundlegenden Regeln durch Sachverständige eines anderen Landes.

Dieser Beitrag wurde in ähnlicher Form in „Zertifizierung und Akkreditierung von Produkten und Leistungen der Wirtschaft" Hrsg. W. Hansen (3-446-17108-8) 1992 im Carl Hanser-Verlag veröffentlicht.

3 Qualitätssicherung in der Analytischen Chemie

Karl Heinz Koch

3.1 Vom Wesen der Qualitätssicherung

Qualität, Prüftechnik und Fortschritt bilden einen Dreiklang (Abb. 1), der mitbestimmend dafür ist, den Herausforderungen des Marktes auch zukünftig zu begegnen. Daher ist die Beschäftigung mit der optimalen Zusammenfassung und Abstimmung aller qualitätsrelevanten Einzelfunktionen in einem Unternehmen, der „Qualitätskultur", ein ständiges Ziel. Maßnahmen zur Qualitätssicherung sind ein wesentlicher Bestandteil zukunftsorientierten industriellen Handelns. In steigendem Maße wird der Markt von drei Parametern bestimmt: Preis, Qualität und Flexibilität (Abb. 2). Die Sicherstellung der Qualität von marktfähigen Produkten wird damit Bestandteil der Qualitätspolitik industrieller Unternehmen.

Qualität, definiert als „Gesamtheit von Eigenschaften und Merkmalen eines Produktes oder einer Tätigkeit, festgelegte Erfordernisse zu erfüllen" (DIN 55350, Tl. 11), muß in dem hier betrachteten Zusammenhang quantifizierbar sein. Grundlagen für diese Quantifizierung schafft die Qualitätsprüfung im Rahmen der Qualitätssicherung. An diesen qualitätssichernden Maßnahmen hat die chemische Analytik bedeutenden, in vielen Fällen über-

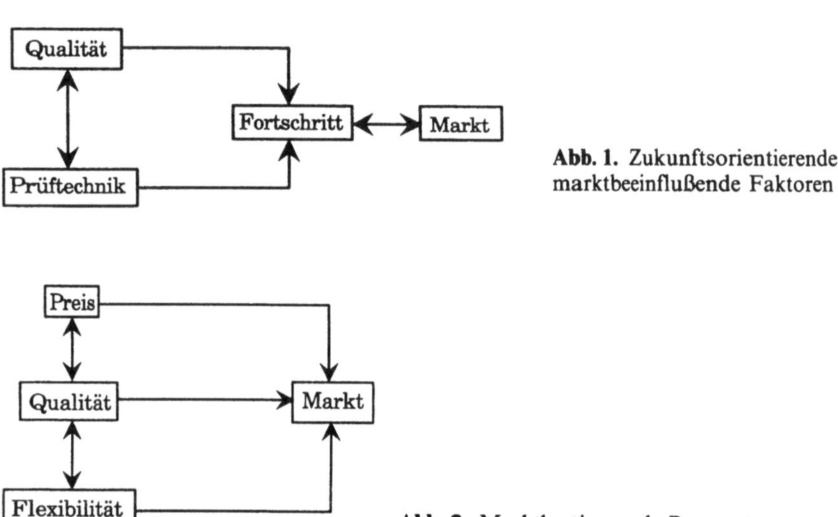

Abb. 1. Zukunftsorientierende marktbeeinflußende Faktoren

Abb. 2. Marktbestimmende Parameter

Günzler, H. (Hrsg.)
Akkreditierung und Qualitätssicherung
in der Analytischen Chemie
© Springer-Verlag Berlin Heidelberg 1994

ragenden und entscheidenden Anteil [1]. Um diesem im Spannungsfeld von Qualitätspolitik und Ökonomie gestellten produktorientierten Prüfaufgaben gerecht werden zu können, bedarf es der dokumentierten und nachprüfbaren Integration qualitätssichernder Maßnahmen in das gesamte analytische Geschehen [2].

Die Veränderung im Rechtsempfinden und die damit verknüpften Änderungen der Rechtslage sind weitere Ursachen für diese Aktivitäten. Die Umkehr der Beweislast bei der Haftung des Produzenten für seine Erzeugnisse [3] (Produkthaftungsgesetz vom 01.01.1990) und das gewandelte Umweltbewußtsein haben dazu geführt, daß Fragen der „Qualitätssicherung" bei der Erzeugung und Verwendung von Werkstoffen oder Maschinen in die breite Öffentlichkeit getragen worden sind.

Qualitätssicherungskonzepte umfassen unterschiedliche Unternehmensbereiche und müssen möglichst früh ansetzen, da eine Korrektur von Fehlern oder Abweichungen vom Produktionsziel in einer Endkontrolle weder den Produzenten noch den Kunden zufriedenstellt. Im internationalen Wettbewerb kommt der Qualität von Produkten und Dienstleistungen zunehmend eine entscheidende Bedeutung zu. Qualität wird damit zum Wettbewerbsinstrument der Unternehmen (z. B. Werbeslogan: „Wir schaffen Qualität"!). Der Aufwand für Qualitätssicherungsmaßahmen ist allerdings erheblich, da Qualitätssicherungssysteme produkt- und unternehmensspezifisch aufgebaut sein müssen. Nur so kann „sichergestellt" werden, daß „Qualität" kein Zufallsergebnis bleibt.

Die Grundbegriffe der Qualitätssicherung bedürfen zur Vermeidung von sprachlichen Irrtümern und Mißverständnissen der eindeutigen Definition; sie sind Gegenstand der bereits genannten Norm DIN 55350, Tl. 11 [4] und der DIN ISO 8402 (Entwurf). Danach gelten folgende Definitionen (z.T. sinngemäß zitiert).

Qualitätsmanagement:	Alle Tätigkeiten der Gesamtführungsaufgabe, welche die Qualitätspolitik, Ziele und Verantwortungen festlegen sowie diese durch Mittel wie Qualitätsplanung, Qualitätssicherung und Qualitätsverbesserung im Rahmen des Qualitätsmanagement-Systems verwirklichen.
Qualitätspolitik:	Die grundlegenden Absichten und Zielsetzungen einer Organisation zur Qualität, wie sie von ihrer Leitung formell erklärt werden.
Qualitätsplanung:	Auswählen, Klassifizieren und Gewichten der Qualitätsmerkmale sowie schrittweises Konkretisieren aller Einzelforderungen an die Beschaffenheit zu Realisierungsspezifikationen.
Qualitätslenkung:	Die vorbeugenden, überwachenden und korrigierenden Tätigkeiten bei der Realisierung der Einheit (das können sein: Ergebnisse von Tätigkeiten und Prozessen) mit dem Ziel, die Qualitätsforderung zu erfüllen.

Qualitätssicherung: Alle geplanten und systematischen Tätigkeiten, die innerhalb des Qualitätsmanagement-Systems verwirklicht sind, und die wie erforderlich dargelegt werden, um angemessenes Vertrauen zu schaffen, daß eine Einheit die Qualitätsforderung erfüllen wird.

Qualitätssicherungssystem (neuerlich: Qualitätsmanagement-System):   Die Organisationsstruktur, Verantwortlichkeiten, Verfahren, Prozesse und erforderlichen Mittel für die Verwirklichung des Qualitätsmanagements.

Qualitätsprüfung: Feststellen, inwieweit eine Einheit (z. B. materielle Produkte oder Dienstleistungen) die Qualitätsforderung erfüllt.

Oder anders ausgedrückt:

System von Prüfverfahren, mit dem erreicht werden soll, daß eine vorgegebene Qualität eingehalten wird.

3.2 Qualitätspolitik und Qualitätsmanagement

3.2.1 Qualitätspolitik und Qualitätsstrategie eines Unternehmens

Die Qualität eines Produktes stellt heute mehr denn je eine Herausforderung für das Topmanagement eines Unternehmens dar, da sie über Produktivität und Gewinn nicht nur in der Gegenwart sondern auch in der Zukunft (mit)-entscheidet. Die Unternehmensleitung muß daher im Rahmen ihrer Qualitätspolitik dafür sorgen, daß *alle* qualitätsrelevanten Aktivitäten aufeinander abgestimmt ablaufen, um ein optimales Gesamtergebnis zu gewährleisten. Die Qualitätspolitik wird damit fundamentaler Bestandteil der Unternehmenspolitik, für deren Realisierung die Unternehmensleitung unmittelbar verantwortlich ist. Dieser Sachverhalt findet seinen Niederschlag in den entsprechenden Normen. Die oben zitierte Norm DIN 55 350 (Tl. 11) [4] wird in diesem Punkt ergänzt durch die Aussage der DIN ISO 9004 [5], in der es u. a. heißt:

„Die oberste Leitung sollte alle nötigen Maßnahmen ergreifen, um sicherzustellen, daß die Qualitätspolitik des Unternehmens verstanden, verwirklicht und aufrechterhalten wird."

Um die Ziele der Qualitätspolitik verwirklichen zu können, bedarf es einer Qualitätsstrategie, die sich in bestimmten Grundhaltungen des Unternehmens ausdrückt. Dazu gehören Formulierungen, aus denen jeder Mitarbeiter die Bedeutung des qualitätsbewußten Handelns ableiten kann. Das Wecken und Aufrechterhalten dieses Bewußtseins wird in der Wettbewerbssituation unserer Industriegesellschaft zu einer der wichtigsten Führungsaufgaben der Zukunft.

Die Grundhaltungen, in denen sich die Qualitätsstrategie eines Unternehmens widerspiegeln, umfassen natürlich auch Aussagen zur Einhaltung von Terminen und Kundendienstleistungen. Die Erwartungshaltung des Kunden wird zum Maßstab des Qualitätsbegriffes eines Unternehmens, wobei „Qualität" das Ergebnis der kooperativen Leistung aller Mitarbeiter ist. Die Qualität entwickelt sich so zur Schlüsselfunktion für die Existenz und Zukunftssicherung der Unternehmen. Durch bekundete und erkennbare Förderung des Qualitätsgedankens durch das Management werden personelle Widerstände gegen QS-Maßnahmen am wirksamsten vermieden oder abgebaut. Fachbereichsübergreifende Kommunikation und moderne Entscheidungstechniken sind die Instrumente zur Vermeidung von Fehlentwicklungen und von Fehlern.

Die Qualitätspolitik unterliegt einem ständigen Verbesserungsprozeß [6]. Dieser permanente Vorgang zwingt zur stetigen Beschäftigung mit Qualitäts- und Produktivitätsfragen, zur Kreativität und Innovation, um den sich immer wieder neu stellenden Forderungen des Marktes begegnen zu können. Dabei sind unternehmerische Erfolge langfristig abhängig von zufriedenen Kunden, zufriedenen Mitarbeitern und flexiblen Organisationsstrukturen.

3.2.2 Qualitätssicherung und Qualitätsmanagement

Die Qualitätssicherung umfaßt die Gesamtheit der Tätigkeiten des Qualitätsmanagements, der Qualitätsplanung, der Qualitätslenkung und der Qualitätsprüfungen. Die industrielle Qualitätssicherung war früher produktbezogen, sie ist es schwerpunktartig heute noch, aber inzwischen im allgemeinen prozeßbezogen organisiert. Weitsichtig geführte Unternehmen gehen zu systembezogener Qualitätssicherung über, bei der Fehlerursachen eindeutig definiert und fachbereichsübergreifend ausgeschaltet werden. Die zuletzt genannte Vorgehensweise setzt ein zentrales Qualitätswesen mit entsprechender Kompetenz voraus, das koordinierende Funktion hat und die Aufgabe des internen Auditierens im Unternehmen wahrnimmt.

Produktqualität „entsteht" also in allen Unternehmensfunktionen, wobei jede Funktion die Verantwortung für ihren Teilbereich, ihr Qualitätselement, zu übernehmen hat. In den produktionsvorbereitenden Bereichen wie Marketing, Planung und Entwicklung wird dabei der Akzent auf die Fehlerverhütung gesetzt. Die aus dieser Form der Qualitätssicherung folgende Einkaufspolitik stellt die Qualitätsfähigkeit der Lieferer in den Mittelpunkt der Betrachtung. Zertifikate von dritter Seite über die qualitätsgesicherte Erzeugung des infrage stehenden Produktes können im Geschäftsvertrieb ein äußerst nützliches Mittel sein.

Zusammenfassend kann folgendes festgestellt werden: Qualität entsteht aus dem perfekten Zusammenwirken der Faktoren Mensch, Maschine, Methode und Material (Abb. 3). Die wirkungsvolle Qualitätssicherung muß bei allen vier Bereichen ansetzen. Beigestellte Materialien können einer lückenlosen oder stichprobenartigen Prüfung unterzogen werden. Bei der skizzierten neuen Einkaufspolitik findet eine Zusicherung der Qualität statt, wobei eine regelmäßige Überprüfung der Qualitätssicherung des Zulieferers vorgesehen wird (Auditierung). Maschinen und Methoden in der Produktion sind geprägt

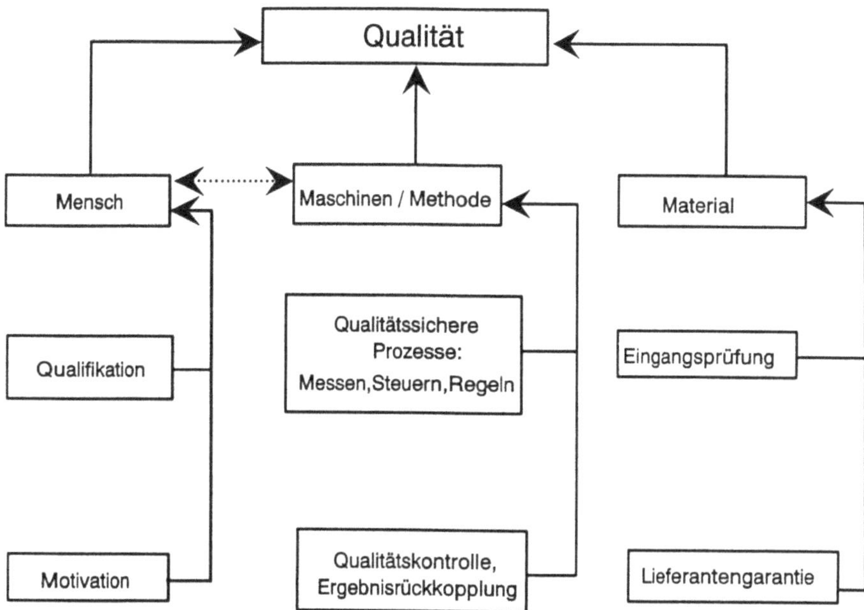

Abb. 3. Zusammenwirken der Faktoren Mensch, Maschine, Methode und Material [7]

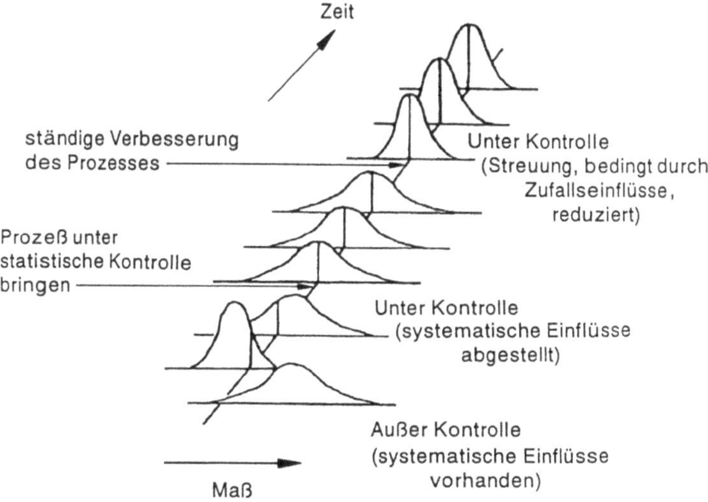

Abb. 4. Auswirkung der Prozeßregelung

durch eine rechnergestützte Meß- und Regeltechnik, die ein hohes Maß an
Fertigungssicherheit garantiert. Die statistische Prozeßregelung ermöglicht
heute die qualitätsabhängige on-line-Steuerung von Prozessen (Abb. 4). Der
Mensch ist in diesem Zusammenhang der größte Unsicherheitsfaktor. Er be-
dient, überwacht und wartet die Maschinen und Anlagen, prüft die Qualität
der Produkte und trifft Entscheidungen. Dabei können ihm natürlich Irrtümer

unterlaufen. Daher müssen allen Beschäftigten in einem Unternehmen die nötigen Kenntnisse vermittelt werden, damit sie ihre Aufgabe qualitätsbewußt erfüllen können. Dieser Aufwand führt über eine größere Kooperationsbereitschaft und eine stärkere Identifikation mit der Aufgabe zu größerer Zufriedenheit des Einzelnen, größerer Wirtschaftlichkeit des Betriebes und damit zur höheren Absicherung von Arbeitsplätzen [7].

3.2.3 Total Quality Management (TQM)

Auf der Suche nach geeigneten Managementinstrumenten, um den vorstehend beschriebenen Herausforderungen gerecht werden zu können, wurde der Begriff und die Methode des Total Quality Management (TQM) geschaffen, das sich als qualitätsbewußtes ganzheitliches Führen begreifen läßt [8].

Die Ziele des TQM sind [8]:

- Ertragssicherung durch Qualitätsorientierung
- Wettbewerbsfähigkeit durch Differenzierung über Qualität
- gezieltes Steigern der Kundenzufriedenheit
- Einbeziehung und Motivation der Mitarbeiter
- Beherrschung der Produkte, Dienstleistungen und Prozesse (zero defect)
- absolutes Einhalten zugesagter Termine und Mengen (just-in-time)
- Abbau von Verlusten durch Fehlleistungen, Ausschuß, Nach- und Mehrarbeiten
- bessere Nutzung der menschlichen, technischen und organisatorischen Resourcen.

Mit dem auf allen Ebenen geschaffenen Qualitätsbewußtsein entsteht gesellschaftliche Verantwortung, so daß Fragen der Umweltverträglichkeit und der Sicherheit aktiv angegangen und gelöst werden. Die praktische Umsetzung des TQM ist charakterisiert durch:

- Kundenorientierung
- Mitarbeiterorientierung
- gesellschaftliche Orientierung
- Schaffung wirksamer Programme zur TQM-Realisierung

Auf diesem Wege wird die gesellschaftliche Orientierung ein Teil des Qualitätsmanagements. Zur Vertiefung dieser Aussagen und methodischen Möglichkeiten sei auf die weiterführende Literatur verwiesen [9–13].

3.2.4 Qualitätskosten

In jedem produzierenden Unternehmen gibt es neben den Aufwendungen für Rohstoffe, Betriebsmittel, Personal usw. Kosten, die zur Erzielung der geforderten Qualität entstehen, die Qualitätskosten. Sie lassen sich je nach ihren Ursachen in vier Gruppen einteilen (Abb. 5).

- Kosten zur Fehlerverhütung
- Prüfkosten

Abb. 5. Zusammensetzung der Qualitätskosten [7]

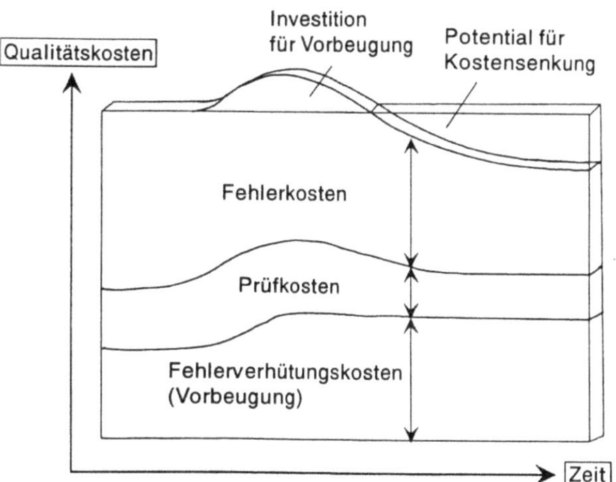

Abb. 6. Abhängigkeit der Qualitätskosten von den Fehlerkosten

- Kosten, die im eigenen Betrieb durch Fehler direkt verursacht werden (interne Fehlerkosten)
- Kosten, die beim Abnehmer durch Fehler verursacht werden (externe Fehlerkosten)

Die Höhe dieser Qualitätskosten sind durch bessere Produktions- und Regelverfahren, genauere Meßmethoden, aber auch durch stärkeres Engagement, größeres Verantwortungsbewußtsein und eine bessere Ausbildung und Information der Mitarbeiter beeinflußbar. Die Gesamt-Qualitätskosten lassen sich durch eine überproportionale Verminderung der Fehlerkosten absenken (s. Abb. 6).

3.3 Qualitätsprüfung, Qualitätslenkung, Qualitätsplanung

Nach der gegebenen Darstellung stellt sich die Qualitätssicherung als umfassende Aufgabe in einem Unternehmen dar, die sich funktional in Qualitätsplanung, Qualitätslenkung und Qualitätsprüfung gliedern läßt (Abb. 7). Im Rahmen der Qualitätsplanung werden unter Berücksichtigung technischer Gegebenheiten und der Kundenforderungen die einzuhaltenden Qualitätsmerkmale definiert und gewichtet. Die Qualitätsprüfung ermöglicht die Feststellung, ob ein Produkt oder eine Dienstleistung die Qualitätsforderung erfüllt und gliedert sich in ihrem Ablauf in Prüfplanung, Prüfausführung und Prüfdatenverarbeitung. Die Qualitätslenkung schließlich nutzt die aus der Qualitätsprüfung stammenden Prüfdaten zur Überwachung der „Qualitätserzeugung" und leitet gegebenenfalls korrigierende Maßnahmen bei einem laufenden Fertigungsprozeß ein.

Aus dieser kurzen Charakterisierung folgt, daß bei einer umfassenden Qualitätssicherung das Hauptaugenmerk der Qualitätsprüfung zu gelten hat, da sie mit ihren Einzelfunktionen alle Fertigungsschritte in einem Unternehmen oder eines Produktionszweiges umspannt. Als Beispiel zeigt Abb. 8 den Ablauf der Qualitätsprüfung bei der Stahlherstellung. Gleichzeitig wird hierbei deutlich, daß der chemischen Analytik eine besondere Rolle im Rahmen einer qualitätsgesicherten Erzeugung zukommt.

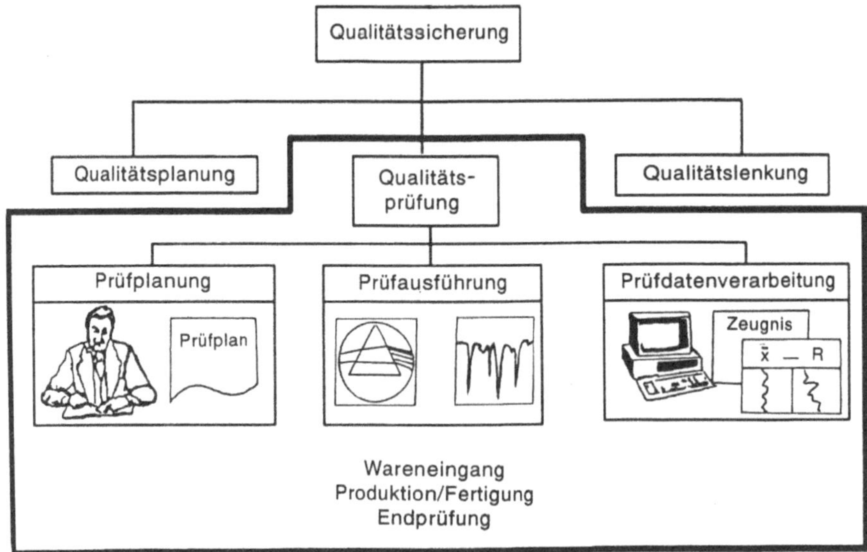

Abb. 7. Organisation der Qualitätssicherung

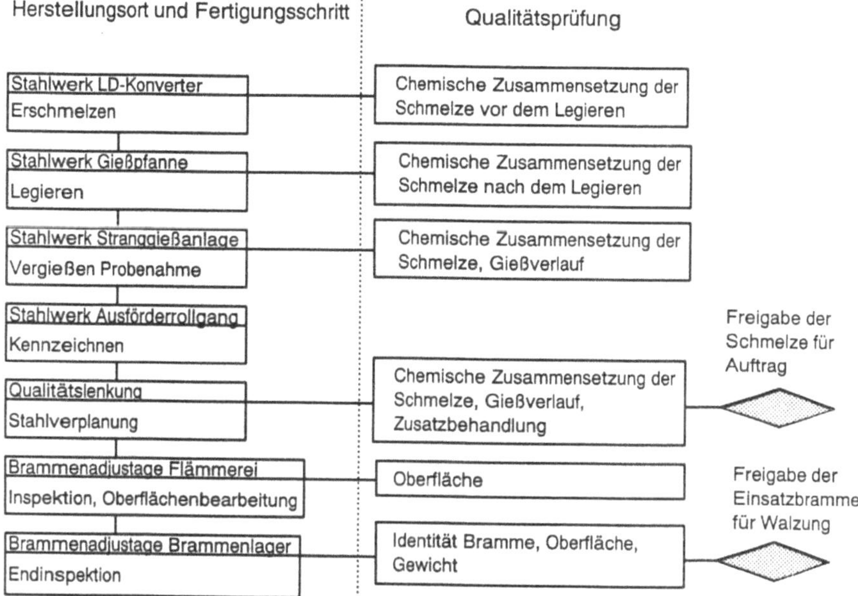

Abb. 8. Qualitätsprüfung bei der Stahlherstellung

3.4 Qualitätssicherung in der Analytischen Chemie

3.4.1 Die Bedeutung der Qualitätssicherung für die chemische und in der chemischen Analytik

Die qualitätssichernde und qualitätsgesicherte Anwendung von Prüfverfahren und damit die Sicherstellung der Richtigkeit der Prüfergebnisse sind Themen [14], die für viele Fachgebiete, so auch für die chemische Analytik von zunehmender und grundsätzlicher Bedeutung geworden sind.

Dabei sind die chemische Analytik und die Qualitätssicherung in zweifacher Weise miteinander verknüpft. Einerseits ist die Analytik integrierter Bestandteil der Qualitätssicherung und liefert die Daten, die im Rahmen der Qualitätssicherung zur Sicherstellung der gewünschten Eigenschaften benötigt werden [15]. Andererseits müssen diese Analysendaten selbst durch entsprechende integrative QS-Maßnahmen abgesichert werden [16].

Es gibt seit wenigen Jahren eine Reihe von internationalen Richtlinien und Normen, in denen die Anforderungen an die Kompetenz und Akzeptanz von Prüflaboratorien niedergelegt worden sind. Hier sind vor allem zu erwähnen

- ISO Guide 25: „General requirements for the technical competence of testing laboratories" und
- ISO Guide 38: „General requirements for the acceptance of testing laboratories"

Die konsequente Ergänzung dieser Richtlinien stellt ISO Guide 49: „Guidelines for development of a Quality Manual for a testing laboratory" dar. Der darin beschriebene Rahmen für die Abfassung eines Qualitätssicherungshandbuches enthält als wesentlichen Teil die zu stellenden Anforderungen an die zu treffenden Festlegungen über die Anwendung und Überwachung von Meß- und Prüfeinrichtungen (Prüfmittel) sowie die Führung der dazugehörigen Datenakten [17].

Dieser Prozeß der Abfassung von Qualitätssicherungshandbüchern für chemisch-analytische Laboratorien ist in vollem Gange bzw. konnte in recht vielen Fällen bereits abgeschlossen werden.

Eine weitere Grundlage für QS-gerechte Arbeitsweisen stellen folgende europäische Normen dar (s. auch Kapitel 2 [18]):

- EN 45 001   Allgemeine Kriterien zum Betreiben von Prüflaboratorien
- EN 45 002   Allgemeine Kriterien zum Begutachten von Prüflaboratorien
- EN 45 003   Allgemeine Kriterien für Stellen, die Prüflaboratorien akkreditieren.

Diese Normen ergänzen die Normenreihen DIN ISO 9000 [5, 19] bzw. DIN EN 29000, die den Leitfaden zur Auswahl und Anwendung der Normen zu Qualitätsmanagement, Elementen eines Qualitätssicherungssystems und zu Qualitätssicherungs-Nachweisstufen darstellen.

Im Rahmen der Qualitätssicherung von Produkten ist im allgemeinen die chemische Untersuchung in die produktorientierten Maßnahmen zur Qualitätsprüfung, miteinbezogen. Die Ergebnisse der chemisch-analytischen Untersuchung sind – wie bereits erwähnt – ein Teil der Meßergenisse und Beurteilungskriterien, die in das Qualitätssicherungssystem einfließen und mit zu einer koordinierten Qualitätssicherung beitragen, sie können sogar in einzelnen Phasen und Produktionsprozessen von *entscheidender* Bedeutung sein.

Aus dieser Aufgabenstellung ergibt sich, daß Prüfverfahren eingesetzt werden müssen, die die Bestimmung der chemischen Zusammensetzung mit einer den jeweiligen Anforderungen entsprechenden Genauigkeit gewährleisten. Unter Umständen sind darüber hinaus noch zeitliche Forderungen zu berücksichtigen. Es versteht sich von selbst, daß stets die wirtschaftlichsten Verfahren, die allerdings den gestellten Anforderungen genügen müssen, angewendet werden.

Wie alle Prüfverfahren, sind auch chemische Analysenverfahren mit Fehlern behaftet. Der dabei auftretende Gesamtfehler setzt sich bekanntlich aus einem systematischen und einem zufälligen Anteil zusammen (s. Kapitel 5 [20]). Das Ziel der Bemühungen aller an der Herstellung eines Produktes Beteiligten muß die Minimierung der systematischen und der zufälligen Fehler sein. Dies setzt neben dem Vorhandensein der notwendigen technischen Einrichtungen eine entsprechend hohe Personalqualifikation und eine zielgerichtete Personalführung voraus, auf die nachfolgend eingegangen wird.

3.4.2 Folgerungen für die Qualitätssicherung in Analytischen Laboratorien

3.4.2.1 Erstellung eines Qualitätssicherungshandbuches

Die Ergebnisse chemisch-analytischer Untersuchungen sind – wie bereits erwähnt – ein bedeutender Teil der Meßergebnisse und Beurteilungskriterien, die zur produktorientierten Qualitätssicherung in einem Unternehmen beitragen.

Die der Qualitätssicherung im analytischen Laboratorium dienenden Maßnahmen und die dazugehörigen Gerätedaten usw. sind in aufgabenbezogenen Qualitätssicherungshandbüchern (QS-Handbüchern), deren Umfang und Inhalt die oben genannten Normen und Richtlinien beschreiben, niedergelegt. Da das QS-Handbuch, das die Funktion eines innerbetrieblichen Regelwerkes besitzt, Grundlage eines jeden Systemaudits ist, muß besonders darauf geachtet werden, daß aus diesem alle für ein Systemaudit relevanten Informationen zu entnehmen sind oder auf diese verwiesen wird.

Die Abfassung eines QS-Handbuches setzt damit entsprechende Fachkenntnisse über die Grundlagen und Erfordernisse der Qualitätssicherung voraus, um dem genannten Anspruch gerecht werden zu können. Von verschiedener Seite angebotene Seminare sollen helfen, bestehende Wissenslücken auf dem Gebiet der Qualitätssicherung zu füllen und die für die Abfassung eines QS-Handbuches erforderliche Hilfestellung zu geben.

Ein QS-Handbuch für Analytische Laboratorien umfaßt Abschnitte, wobei die nachstehende Untergliederung und Reihenfolge als Beispiel zu betrachten ist:

Revisionsverzeichnis

 0. Inhaltsverzeichnis
 1. Durchführungserklärung
 2. Geltungsbereich
 3. Grundlage des QS-Systems
 4. Räumlichkeiten und Einrichtungen
 5. Organisation
 6. Personalqualifikation
 7. Prüfmittelbeschaffung
 8. Prüfmittel
 9. Prüfmittelüberwachung
10. Prüflenkung
    - Probenahme
    - Kennzeichnung der Proben
    - Probetransport
    - Probenvorbereitung
    - Schnittstellen mit anderen Organisationseinheiten
11. Prüfdurchführung

12. Qualitätssicherung
    - Kontrollanalysen
    - Zertifizierte Referenzmaterialien
    - Ringuntersuchungen
    - Notfallstrategie
    - Interne Qualitätsaudits
13. Dokumentation
    - Prüfberichte
    - Änderungsdienst
14. Mitgeltende Dokumente, Vorschriften und Richtlinien

Die als Überschriften für die einzelnen Abschnitte verwendeten Begriffe sollen
nachfolgend kurz erläutert oder durch ein Musterbeispiel ergänzt werden:

Das *Revisionsverzeichnis* muß Aufschluß geben über den gültigen Stand
des QS-Handbuches. Aus ihm sind mit Angabe des Ausgabedatums die jeweils
gültige Fassung der einzelnen Abschnitte ersichtlich.

Bei dem für die Qualitätssicherung in dem beschriebenen Fachbereich
Verantwortlichen muß ferner eine Liste über diejenigen natürlichen oder juri-
stischen Personen vorliegen bzw. jederzeit eingesehen werden können, an die
ein *numeriertes* Exemplar des QS-Handbuches ausgegeben wurde. Eine Kopie
der Empfangsbescheinigung eines jeden Inhabers eines QS-Handbuches wird
zusammen mit der genannten Liste aufbewahrt. Das QS-Handbuch ist ver-
traulich zu behandeln und darf ohne ausdrückliche schriftliche Genehmigung
durch den ausgebenden Fachbereich weder ganz noch teilweise vervielfältigt
werden.

Das *Inhaltsverzeichnis* gibt die Gliederung des QS-Handbuches (QSH) wieder und unterliegt wie alle anderen Seiten dem Änderungsdienst.

In der einleitenden *Durchführungserklärung* wird der Gültigkeitsbereich
des QSH genannt; sie enthält ferner die Verpflichtungserklärung des zuständigen Unternehmensbereiches zur Einhaltung des beschriebenen QS-Systems.
Eine Formulierung dieser Erklärung könnte lauten:

Im vorliegenden Qualitätssicherungshandbuch (QSH) ist im einzelnen das
für das Analytische Laboratorium innerhalb .... gültige Qualitätssicherungssystem (QSS) beschrieben. (Die Abteilung oder Der Direktions-
bereich) .... verpflichtet sich, daß in dem vorliegenden QSH beschriebene QSS anzuwenden. Dazu sind die Mitarbeiter des Analytischen Laboratoriums angewiesen, ihre Aufgaben unter Beachtung der im QSS enthaltenen
Pflichten zu erfüllen.

Dann folgt die Bezeichnung des betroffenen bzw. verantwortlichen Fachbereiches und die Unterschrift des oder der Verantwortlichen.

Anschließend wird der *Geltungsbereich* im Unternehmen und die *Grundlage* des QS-Systems erläutert.

Zum Geltungsbereich wird im allgemeinen ausgeführt, daß das eingeführte
Qualitätssicherungssystem dazu dient, einen hohen Qualitätsstandard bei
allen Prüfaufgaben zu bewirken und aufrecht zu erhalten. Es ist Teil der Qualitätspolitik des Analytischen Laboratoriums, sofern es eine selbständige Ein-

richtung ist, oder des Unternehmens, zu dem das Analytische Laboratorium als Fachbereich gehört.

Das QS-Handbuch beschreibt die Elemente des für die chemische Prüfungen eingeführten Qualitätssicherungssystems (QS-System) und ihre Verwirklichung in den einzelnen Arbeitsbereichen. Alle Mitarbeiter sind verpflichtet, die für ihren Tätigkeitsbereich festgelegten Regelungen dieses Handbuches zu befolgen. Die Verantwortung für die Durchführung der Prüfungen gemäß QS-Handbuch trägt der Leiter des Fachbereiches. Das QS-Handbuch enthält grundsätzliche Aussagen über Prüfanweisungen und Dokumentationen und ferner die Beschreibungen der speziellen Prüfmethoden und Verfahrensweisen, die dazu dienen, die Qualität der Prüfarbeit sicherzustellen.

Die Arbeit des Analytischen Laboratoriums darf dabei keinen Einflüssen ausgesetzt sein, die das technische Urteil beeinträchtigen können, noch dürfen außenstehende Personen oder Organisationen auf die Untersuchungs- und Prüfergebnisse Einfluß nehmen. Die Vergütung des Personals darf weder von der Anzahl der durchgeführten Prüfungen noch von deren Ergebnis abhängig sein.

Die Grundlage des in einem QS-Handbuch beschriebenen QS-Systems bilden die Normenreihe DIN ISO 9000 bis 9004 [18], EN 29 000 bis 29 004 bzw. EN 45 000 ff. [18]. Darüber hinaus werden die im Chemikaliengesetz (Gesetz zum Schutz vor gefährlichen Stoffen – ChemG vom 16. September 1980, BGBl I, S. 1718 ff., geändert am 15. September 1986, BGBl I, S. 1505 ff.) verankerten Grundsätze der Guten-Labor-Praxis (GLP-Grundsätze) [21] berücksichtigt.

In weiteren Abschnitten finden sich Erläuterungen zu den genutzten *Räumlichkeiten und Einrichtungen* und zur *Organisation* des betroffenen Fachbereiches (Organigramm).

Die Ausführungen zu den *Räumlichkeiten und Einrichtungen* sollten folgende allgemeine Feststellungen enthalten:

„Die genutzten Räumlichkeiten, für die entsprechende Gebäudepläne vorliegen, orientieren sich an bzw. entsprechen den vom Hauptverband der gewerblichen Berufsgenossenschaften erlassenen Richtlinien für Laboratorien bzw. der Arbeitsstättenverordnung, so daß eine störungsfreie Durchführung der Untersuchungen gewährleistet ist.

Es wird durch geeignete Maßnahmen sichergestellt, daß Umgebungseinflüsse die vorausgesetzte Qualität der analytischen Arbeit nicht beeinträchtigen. Für besondere Arbeiten sind Abzüge vorhanden, die in speziellen Fällen auch das Arbeiten z. B. mit Säuren oder mit organischen Lösemitteln zulassen. Die Beleuchtung der Arbeitsräume entspricht den Regeln und garantiert ein blendfreies Arbeiten. Die Vorratshaltung und Aufbewahrung von Chemikalien sowie die Kennzeichnung und Lagerung von Gefäßen entsprechen den GLP-Regeln bzw. den entsprechenden Verordnungen. Neben der Laborleitung sorgen Sicherheitsbeauftragte mit für die Einhaltung der Arbeitsicherheitsvorschriften. Durch Hinweise wird Vorsorge getroffen, daß Unbefugte keinen Zugang zu den chemischen Prüfräumen haben".

Der Abschnitt über die geforderte *Personalqualifikation* enthält die für jede organisatorische Ebene geltenden Qualitätskriterien und wird ergänzt durch eine Dokumentation über die nach Tätigkeitsfeldern geordneten Stellenbeschreibungen der Mitarbeiter und Qualifikationsnachweise über berufliche Weiterbildungs- und Schulungsmaßnahmen (s. 3.4.1.2).

Schließlich enthält das QSH Angaben zur *Dokumentation* der Prüfberichte und zum Änderungsdienst. Die Untersuchungsergebnisse werden in Abstimmung mit den Auftraggebern als schriftlicher Bericht auf dem Postwege oder mittels Telex, Telefax oder durch EDV-gestützten Datentransfer übermittelt. Diese Prüfberichte werden in den einzelnen Fachabteilungen für eine bestimmte Zeit schriftlich oder auf einem Datenträger aufbewahrt. Die Dauer der Aufbewahrung hängt von der Art des geprüften Materials ab. Angaben darüber sind im allgemeinen in einer in den zuständigen Laborabteilungen vorliegenden Dokumentation enthalten.

Jedes QS-Handbuch unterliegt einschließlich aller damit in Zusammenhang stehenden Dokumentationen und Betriebsanweisungen einem Änderungsdienst. Alle Unterlagen werden jährlich einmal geprüft und gegebenenfalls auf den neuesten Stand gebracht. Verantwortlich für diesen Änderungsdienst ist der verantwortliche Leiter des Analytischen Laboratoriums. Er kann zu seiner Unterstützung die jeweils unmittelbar betroffenen Mitarbeiter in diese Aufgabe einbeziehen. Nach Abschluß der Überprüfung bzw. Abfassung der Änderungen informiert er die zentrale Stelle für die Qualitätssicherung im Unternehmen und alle betroffenen Stellen seines Zuständigkeitsbereiches über das Ergebnis der Überprüfung bzw. leitet den genannten Stellen die geänderten Blätter des QS-Handbuches zu. Diese Änderungen werden dokumentiert, und ein Exemplar der Altfassungen aufbewahrt.

Die erfolgten Änderungen werden in dem Revisionsverzeichnis ausgewiesen. Am Schluß des QSH werden mitgeltende *Dokumente, Vorschriften und Richtlinien* aufgeführt, d. h. die im Text bzw. nachfolgenden Literaturverzeichnis aufgeführten ISO/IEC-Guides [22, 23], DIN/ISO- und EN-Normen [24] sowie VDI/VDE/DGQ-Richtlinien [25] und gegebenenfalls interne Verfahrensanweisungen.

Die im QSH niedergelegten verschiedenen analytischen Maßnahmen werden im folgenden Kapitel (5) behandelt.

3.4.2.2 Personalqualifikation und Geräteausstattung

Der Erfolg qualitätssichernder Maßnahmen wie die zweifelsfreie Anwendung moderner Analysentechnik setzt entsprechend qualifizierte – und motivierte – Fachkräfte voraus. Die geforderte Personalqualifikation (s. 3.4.1.1) wird neben der beruflichen Ausbildung durch eine aufgabenbezogene interne und externe Weiterbildung, deren Umfang dokumentarisch festgehalten wird und jederzeit nachprüfbar sein muß, erreicht. Die Anwendung hochtechnisierter Prüfverfahren durch unerfahrene oder für ihre Aufgaben nicht qualifizierte Mitarbeiter könnte aufgrund der erhaltenen „falschen" Ergebnisse und der damit verknüpften Fehleinschätzungen zu ernsthaften Problemen für Industrie und Gesellschaft führen. Der „prüfende" Mensch ist hier als Glied einer Kette zu sehen, die sich von der Werkstoffentwicklung im Dienste des technischen Fortschritts bis zur qualitätsgesicherten Erzeugung marktgerechter Produkte spannt.

Gleichrangig mit der Qualifikation des Personals ist die instrumentelle Ausstattung des Laboratoriums zu werten. Ihrer Aufgabenstellung entsprechend besteht daher das ständige Bemühen darin, die Einrichtungen dem modernsten Stand der Technik anzupassen. Dies führt zu einer hochspezialisierten analytischen Ausrüstung nach den Erfordernissen der Produkte und zu einem besonderen Wissens- und Erfahrungsstand des gesamten Personals. Die Organisation und die Ausrüstung des Analytischen Laboratoriums (s. 3.4.2.1) muß aber nicht nur eine optimale Auftragsabwicklung ermöglichen, sondern – wie bereits ausgeführt – den Forderungen der Qualitätssicherung und gegebenenfalls gesetzlichen Vorschriften Rechnung tragen (z. B. bei der Prüfmittelüberwachung, der Durchführung von Kontrollanalysen u. a.). Letzteres kann für die Laboratorien eine Erweiterung des Tätigkeitsfeldes oder völlig neue Aufgaben darstellen, wobei unter Umständen neue Methoden und Techniken zu entwickeln sind.

Die apparativen Fortschritte sind in zweifacher Hinsicht bedeutsam für die Sicherstellung der Analysenergebnisse: Zum einen erfolgt durch den Einsatz der instrumentellen Methoden eine Einschränkung der Arbeitsschritte im Vergleich zu chemischen Verfahren auf einen Bruchteil, was zwangsläufig eine Einschränkung von zufälligen und systematischen Fehlern bedeutet. Zum anderen führt der EDV-Einsatz zu einer weiteren Sicherung der Ergebnisse durch Vermeidung von Ablese-, Rechen- und Übertragungsfehlern.

In Erkenntnis dieser Bedeutung muß zunächst der *Prüfmittelbeschaffung* große Aufmerksamkeit geschenkt werden. Vor der Beschaffung eines Analysen- oder Laborgerätes (Prüfmittels) erfolgt eine Einschätzung der Lieferanten auf „Qualitätsfähigkeit". Die Auswahl geschieht anhand der für das jeweilige Prüfmittel zutreffenden Kriterien. Das kann u. U. umfangreiche analytische Untersuchungen beim Prüfmittelhersteller anhand unternehmenseigener Proben bedeuten.

Alle Prüfmittel sind bei Lieferung einer Eingangsprüfung zu unterziehen. Diese Eingangsprüfung besteht mindestens aus einer Sichtprüfung auf Beschädigung, einer Prüfung auf Einhaltung der Anforderungen entsprechend der Bestellung und, soweit erforderlich, einer Prüfung der mitgelieferten Dokumentation. Prüfmittel, die den Anforderungen nicht genügen, dürfen nicht in den Bestand übernommen werden.

Die für Prüfzwecke benötigten Chemikalien werden von anerkannten Herstellern aufgrund von Qualitätsangaben bezogen. Die Zuverlässigkeit der Chemikalien wird über die Erfassung der Blindwerte der Analysenverfahren laufend ermittelt.

Alle Analysen- und Laborgeräte (Prüfmittel), die in der qualitätsgesicherten Analytik Verwendung finden, werden in geeigneter Weise in dem QS-Handbuch erfaßt. Diese Aufzeichnungen umfassen folgende Angaben:

- Bezeichnung des Prüfmittels
- Hersteller, Typ, Seriennummer
- Baujahr
- Arbeitsbedingungen
- Apparative Änderungen (Art, Ausführender, Zeitpunkt)
- Analytische Anwendungsbereiche
- Wartungsunterlagen und Angaben zu Wartungsintervallen.

Die als Dokumentation zu einem QS-Handbuch erstellten Gerätedateien
werden im allgemeinen produkt- und anwendungsbezogen geordnet. Sie beinhalten die Gerätedaten, Arbeitsbedingungen und analytischen Anwendungsbereiche. Wartungspläne und Wartungsnachweise gehören zu den Unterlagen über die Prüfmittelüberwachung (s. 3.5.1).

Neben den heute in der „instrumentellen" Analytik üblichen Geräten und
Systemen werden u. a. auch normgerechte Laborgeräte benutzt, wie z. B.

Aräometer	nach DIN 12790 und 12791,
Büretten	nach DIN 12700,
Erlenmeyerkolben	nach DIN 12380,
Meßkolben	nach DIN 12664,
Meßzylinder	nach DIN 12680 und 12685,
Papierfilter	nach DIN 12448,
Pipetten	nach DIN 12687, 12689 und 12691,
Rund- und Stehkolben	nach DIN 12347,
Thermometer	nach DIN 12775, 12778, 12781, 12784, 12785 und 12789,
Tiegel	nach DIN 12904.

Die für die chemischen Prüfungen eingesetzten analytischen Waagen werden
nach den zu fordernden Präzisionskriterien beschafft und regelmäßig kontrolliert. In einer Dokumentation zu diesem Abschnitt sind alle Waagen nach
folgenden Kriterien zu erfassen:

- Hersteller, Typ, Seriennummer
- Baujahr
- Aufstellungsort
- Kontrollplan und Kontrollnachweis.

3.5 QS-Maßnahmen in der analytischen Praxis

3.5.1 Prüfmittelüberwachung

Neben den Aufzeichnungen zu den Prüfmitteln enthält ein QS-Handbuch die
Nachweise, die die sachgerechte Nutzung der Prüfmittel belegen. Zu diesem
analytischen Fragenkreis gehört die Prüfmittelüberwachung, die Durchführung der Rekalibration der Prüfmittel (Abgleichen eines Prüfmittels mit Hilfe

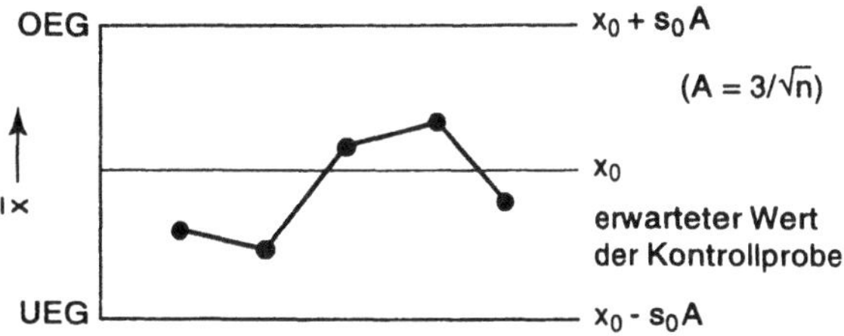

Korrektur wenn:
1.) $\bar{x}$ außerhalb der Eingriffsgrenzen liegt
2.) 7 aufeinanderfolgende $\bar{x}$-Werte auf einer Seite der
    Mittellinie fallen oder stetig steigen oder fallen.

Abb. 9. Prinzip einer Regelkette

Tabelle 1. Beispiel für die Dokumentation der regelmäßigen Kontrolle von Analysenwaagen

<table>
<tr><td colspan="6" align="center">Datenblatt Analysenwaage</td></tr>
<tr><td>Waagentyp</td><td colspan="5" align="center">XY</td></tr>
<tr><td>Seriennummer</td><td colspan="5" align="center">............</td></tr>
<tr><td>Wägebereich
Empfindlichkeit</td><td colspan="5" align="center">max. 110 g
............</td></tr>
<tr><td>Verwendete Kontrollgewichte</td><td colspan="3" align="center">Sollgewicht</td><td colspan="2" align="center">zul. Abweichung</td></tr>
<tr><td>Kontrollgewicht 1</td><td colspan="3" align="center">10,0000 g</td><td colspan="2" align="center">± 0,0010 g</td></tr>
<tr><td>Kontrollgewicht 2</td><td colspan="3" align="center">1,0000 g</td><td colspan="2" align="center">± 0,0003 g</td></tr>
<tr><td>Kontrollgewicht 3</td><td colspan="3" align="center">0,1000 g</td><td colspan="2" align="center">± 0,0002 g</td></tr>
<tr><td>Ergebnisse der Kontrollwägungen:</td><td></td><td></td><td></td><td></td><td></td></tr>
<tr><td>Datum</td><td>Gewicht 1</td><td>Gewicht 2</td><td>Gewicht 3</td><td>Freigabe</td><td>Unterschrift</td></tr>
<tr><td>15.01.19</td><td></td><td></td><td></td><td></td><td></td></tr>
<tr><td>15.02.19</td><td></td><td></td><td></td><td></td><td></td></tr>
<tr><td>15.03.19</td><td></td><td></td><td></td><td></td><td></td></tr>
<tr><td>15.04.19</td><td></td><td></td><td></td><td></td><td></td></tr>
<tr><td>......</td><td></td><td></td><td></td><td></td><td></td></tr>
<tr><td></td><td></td><td></td><td></td><td></td><td></td></tr>
<tr><td></td><td></td><td></td><td></td><td></td><td></td></tr>
<tr><td></td><td></td><td></td><td></td><td></td><td></td></tr>
</table>

von Rekalibrierproben), die Festlegung der Rekalibrierintervalle und der Kriterien für die Bewertung von analytischen Ergebnissen im Rahmen der Prüfmittelüberwachung umfaßt. Während die Beschreibung der Kalibrierverfahren (Eichung) einen Teil der Prüfanweisungen (Verfahrensbeschreibungen) darstellt, ist die Beschreibung der Rekalibrierverfahren Gegenstand einer eigenen Darstellung (Dokumentation). Der Kalibrierzustand der Prüfmittel wird

regelmäßig dokumentiert. Bei ungenügenden Arbeitsergebnissen werden
Maßnahmen zur Sperrung des Prüfmittels und seine anschließende Instand-
setzung getroffen. Die Ergebnisse der Rekalibration werden in Form von
Regelkarten dokumentiert [26] (Beispiel s. Abb. 9).

Die im Rahmen der QS eingesetzten Waagen werden in festgelegten Abständen mit Hilfe eines amtlich geeichten Gewichtssatzes überprüft. Die Kon-
trollergebnisse werden ebenfalls dokumentiert (Beispiel s. Tabelle 1).

3.5.2 Prüflenkung

Die Prüflenkung betrifft die Probenahme, die Kennzeichnung der Proben, den
Probentransport und die Probenvorbereitung. Sie wird beeinflußt durch die
Schnittstellen mit anderen Organisationseinheiten (auftraggebende Unternehmensbereiche oder externe Auftraggeber). Die Probenahme erfolgt entweder
durch den Auftraggeber oder das Analytische Laboratorium. In jedem Fall ist
hoher analytischer Sachverstand gefordert (s. auch Kapitel 4 [27]). Nur eindeutige Festlegungen und Verfahrensweisen als Bestandteil des QSH sowohl
für die Probenahme wie für die Kennzeichnung (Identifikation) und den
Transport der Proben garantieren einen reibungslosen Arbeitsablauf.

Die Probenvorbereitung erfolgt im allgemeinen ausschließlich durch das
Analytische Laboratorium. Sie geschieht stoff- und problemgerecht nach festgelegten Verfahren, die ebenfalls im QSH beschrieben sind.

3.5.3 Prüfdurchführung (Prüfanweisungen)

Im Rahmen der QS innerhalb des Analytischen Laboratoriums sind eindeutige
Prüfanweisungen (Beschreibungen der Analysenverfahren) für alle zu bestimmenden Komponenten in den der QS unterliegenden Materialien zu erstellen.
Sie enthalten Angaben zu den verwendeten Geräten und den notwendigen
Reagenzien, beinhalten die exakte Beschreibung des Analysenverfahrens einschließlich der Eichung (Kalibration) und Angaben zur Präzision und Richtigkeit des Verfahrens (Beispiel s. Abb. 10).

3.5.4 Analytische QS-Maßnahmen

3.5.4.1 Kontrollanalysen

Besondere Beachtung bei den analytischen QS-Maßnahmen muß der Sicher-
stellung der Prüfergebnisse geschenkt werden (Validierung [28]) (s. auch
Kapitel 6 [29]). Zu diesen Maßnahmen gehören neben der Minimierung der
Analysenfehler durch technische Entwicklungen und Personalschulung, der
Erstellung von Referenzmaterial und der Teilnahme an Ringuntersuchungen
die regelmäßige Durchführung von Kontrollanalysen. Bei allen analytischen
Untersuchungen werden als erste „Sicherungsmaßnahme" stets Doppel-

Dokumentation zum QSH-Analytisches Laboratorium	
Prüfanweisung für die Bestimmung von .... (Element/Matrix)	Kennziffer: ....

Zweck: ....

Grundlagen: (Stichwortartige Beschreibung der chem. oder physikalischen
        Grundlagen; evtl. Reaktionsgleichungen)

Reagenzien: ....

Durchführung: (Vollständige Beschreibung des Analysenverfahrens)

Titerstellung bzw. Aufstellung
der Analysenfunktion: (Vollständige Beschreibung des Verfahrens z. B.
        für die Titerstellung einer Maßlösung oder das
        Aufstellen der Analysenfunktion bei photo-
        metrischen oder spektrometrischen Unter-
        suchungen)

Zulässige Streuung: (Angabe der Standardabweichung der Wiederholbarkeit in
        Abhängigkeit vom Gehalt des Analyten)

Referenzmaterial: (Bezeichnung des für die Überprüfung des Verfahrens oder zur
        Aufstellung der Analysenfunktion benutzten Referenzmaterials)

Vorgehensweise bei Abweichungen: (Beschreibung der Verfahrensweise, z. B.
        Wiederholung der Analyse entsprechend der
        beschriebenen Durchführung)

Verantwortlich für die Durchführung: (Bezeichnung des verantwortlichen Vor-
        gesetzten)

Erstellt: (Unterschrift)   Geprüft: (Unterschrift)

| Erstausgabedatum:
Gültigkeitsbeginn: | Revisions-Nr.:
Datum: |

Abb. 10. Charakteristika eines Analysenverfahrens (Beispiel)

bestimmungen durchgeführt, deren Ergebnisse statistisch bewertet werden.
Weichen die Einzelwerte stärker als nach den Charakteristika des jeweiligen
Verfahrens zu erwarten voneinander ab, werden „Kontrollanalysen" durchgeführt. Treten bei diesen Kontrollanalysen unzulässige und nicht unmittelbar
aufklärbare Streuungen auf, wird u.U. das Prüfmittel für weitere Untersuchungen gesperrt (s. 3.4.1).

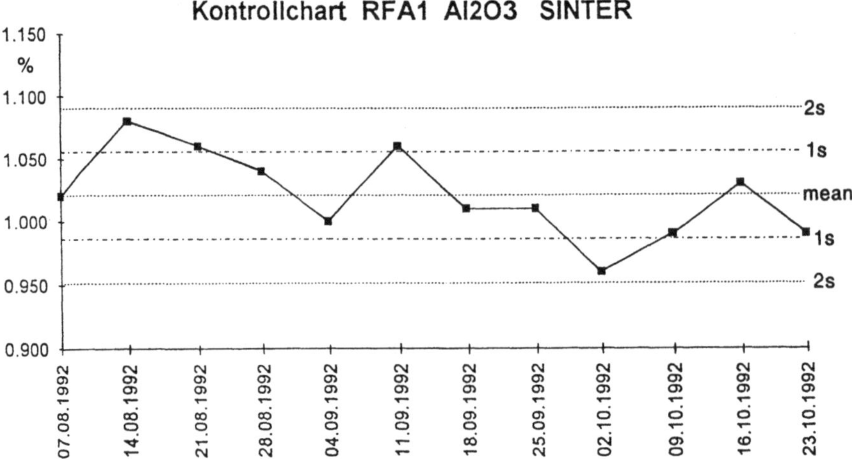

Abb. 11. Beispiel einer Qualitätsregelkarte in der Kontrollanalytik: Röntgenfluoreszenz-spektrometrische Al_2O_3-Bestimmung in einem Sinter

Als weitere Maßnahme werden mit Hilfe der festgelegten Prüfverfahren und/oder anerkannter Referenzverfahren an nach einem Zufallsgenerator ausgewählten Proben „Kontrollanalysen" zur Absicherung der Analysendaten durchgeführt [30]. Das bedeutet zwar einen erhöhten Arbeitsaufwand, der aber in Anbetracht seines Verhältnisses zu möglichen Schäden als notwendig erachtet werden sollte. Die Ergebnisse dieser Kontrollanalysen werden in Form von Qualitätsregelkarten dokumentiert (Beispiel s. Abb. 11).

In diesem Zusammenhang interessiert sicher ein Hinweis auf die für die Qualitätssicherung notwendigen Aufwendungen. Der Gesamtaufwand, der zur Sicherstellung der Analysenergebnisse einschließlich ihrer Kontrolle innerhalb der Laboratorien betrieben wird, umfaßt in den verschiedenen Laboratorien zwar einen unterschiedlichen Anteil; es kann davon ausgegangen werden, daß er bis zu 30 % der gesamten Labortätigkeit bzw. des Kostenaufwandes der Laboratorien beträgt. Aus dieser Tatsache folgt zwangsläufig, daß in ihrer Güte vergleichbare Analysen nur bei Verwendung vergleichbarer Systeme und dem Vorliegen entsprechender Erfahrungen erhalten werden können.

3.5.4.2 Referenzmaterialien

Bei der Sicherstellung von Analysenergebnissen kommt den Referenzmaterialien (RM) bzw. den zertifizierten Referenzmaterialien (ZRM) grundsätzliche Bedeutung zu (DIN 32811) (s. auch Kapitel 8 [31]). Zertifizierte Referenzmaterialien (ZRM), d.h. solche mit bestätigten Masseanteilen, werden von international anerkannten Verbänden oder Institutionen erstellt und herausgegeben (s. auch Kapitel 7 [32]). Die der Qualitätssicherung dienenden ZRM werden in den betreffenden Laboratorien verfügbar gehalten. Die mit ihnen erzielten Ergebnisse werden in der zuständigen Fachabteilung dokumentiert.

In den analytischen Laboratorien werden entsprechend der zitierten Norm Referenzmaterialien sowohl für die Eichung (Kalibration) („Kalibrationsstandards") als auch für Kontrollzwecke („Analysenkontrollproben") verwendet. Dennoch garantieren die zertifizierten Daten allein noch nicht die erfolgreiche, d. h. richtige Anwendung der Referenzmaterialien. Je nach dem zu untersuchenden Material oder dem anzuwendenden Untersuchungsverfahren bedarf es hier der sachverständigen Beurteilung und der problemgerechten Auswahl. Daraus folgt, daß die aufgabengerechte Anwendung eines (instrumentellen) Analysenverfahrens einschließlich der Kalibrationsstandards nach wie vor der berufsspezifisch ausgebildeten Fachkraft bedarf.

3.5.4.3 Ringuntersuchungen

Zur Kennzeichnung der Güte von Analysenverfahren, z. B. im Rahmen der Normung, und bei der Schaffung von zertifizierten Referenzmaterialien werden „Ringuntersuchungen" (Ringversuche) durchgeführt (s. auch Kapitel 9 [33]), deren Ergebnisse nach statistischer Auswertung als Bewertungsgrundlage dienen [34]. Im Zuge der Qualitätssicherung in den analytischen Laboratorien sind ebenfalls derartige Gemeinschaftsuntersuchungen notwendige Mittel [35].

Ziel dieser Gemeinschaftsarbeiten ist es, den Beteiligten einen Einblick in die eigene Leistungsfähigkeit und die Vergleichbarkeit der Analysenergebnisse zu vermitteln. Jeder Teilnehmer kann für sich aus den Ergebnissen dieser Ringuntersuchungen die Eignung seines Analysenverfahrens, den Ausbildungsstand seines Personals und die Zuverlässigkeit seiner apparativen Ausrüstung ableiten und damit u. a. den Nachweis seiner Kompetenz führen. Die jeweils ermittelten Ergebnisse stehen als Dokumentation zur Verfügung (Beispiel s. Tabelle 2).

3.5.4.4 Interne Qualitätsaudits

Interne Qualitätsaudits werden mit dem Ziel durchgeführt, den Istzustand des Qualitätssicherungssystems und des Ablaufes von Qualitätssicherungsmaßnahmen zu ermitteln und eine ständige Weiterentwicklung und Verbesserung zu erreichen. Daher wird das QS-System mindestens alle 2 Jahre auditiert. Arbeitsgrundlagen für die Audits sind das Qualitätssicherungshandbuch (QSH) zusammen mit Betriebshandbüchern. Betriebsunterlagen und Dokumentationen zum QSH.

Interne Qualitätsaudits werden von dem QS-Beauftragten des für die QS zuständigen Unternehmensbereiches geplant, vorbereitet und von Auditoren, die nicht dem zu überprüfenden Bereich zugeordnet sind, durchgeführt. Bei der Planung und der Aufstellung des Programms für das Audit werden Fachkräfte des Analytischen Laboratoriums hinzugezogen. Die Auditoren verfassen den Ergebnisbericht über das Audit mit gegebenenfalls vereinbarten Korrekturmaßnahmen. Die termingerechte Durchführung von Korrektur- und Verbesserungsmaßnahmen wird überwacht und gegebenenfalls in Wiederholungsaudits überprüft.

Tabelle 2. Ergebnisse eines Ringversuches zur Zertifizierung eines Referenzmaterials (Beispiel: Borhaltiger Chrom-Nickel-Stahl)

Laboratoriumsmittelwerte aus 4 Bestimmungen in m/m %											
Lab. Nr.	C	Si	Mn	P	S	Cr	Mo	Ni	B	Co	Cu	N
1	0,0148	0,5362	-	0,0248	0,0009	18,48	0,2330	10,24	0,8291	0,1407	0,1930	0,0183
2	0,0156	0,5410	1,451	0,0249	0,0010	18,48	0,2370	10,24	0,8375	0,1418	0,1956	0,0184
3	0,0157	0,5470	1,464	0,0252	0,0011	18,50	0,2391	10,25	0,8399	0,1430	0,1972	0,0185
4	0,0157	0,5495	1,465	0,0258	0,0011	18,52	0,2399	10,26	0,8470	0,1430	0,1995	0,0185
5	0,0158	0,5523	1,467	0,0262	0,0012	18,52	0,2425	10,31	0,8575	0,1431	0,2005	0,0187
6	0,0158	0,5543	1,467	0,0264	0,0012	18,56	0,2445	10,32	0,8729	0,1457	0,2018	0,0192
7	0,0162	0,5550	1,472	0,0265	0,0014	18,57	0,2452	10,32	0,8778	0,1465	0,2018	0,0194
8	0,0162	0,5675	1,474	0,0267	0,0015	18,61	0,2455	10,32	0,8870	0,1470	0,2020	0,0196
9	0,0163	0,5680	1,475	0,0268	0,0015	18,62	0,2456	10,34	0,9050	0,1482	0,2033	0,0196
10	0,0166	0,5749	1,475	0,0268	0,0015	18,62	0,2456	10,36	0,9102	0,1488	0,2038	0,0196
11	0,0167	0,5778	1,477	0,0270	0,0016	18,63	0,2458	10,36	0,9273	0,1488	0,2042	0,0197
12	0,0168	0,5791	1,479	0,0270	0,0017	18,63	0,2480	10,38	0,9283	0,1490	0,2050	0,0197
13	0,0171	0,5805	1,480	0,0274	0,0018	18,63	0,2508	10,39	0,9302	0,1490	0,2050	0,0203
14	0,0173	0,5835	1,480	0,0276	0,0018	18,64	0,2527	10,40	0,9344	0,1504	0,2058	0,0206
15	0,0178	0,5844	1,482	0,0281	0,0021	18,65	0,2535	10,40	0,9375	0,1513	0,2062	0,0207
16	0,0179	0,5870	1,483	0,0282	-	18,66	0,2542	10,40	0,9400	0,1548	0,2070	-
17	-	0,5880	1,486	0,0293	-	18,67	0,2548	10,42	-	0,1558	0,2095	-
18	-	0,5888	1,504	-	-	18,74	0,2560	10,44	-	-	0,2099	-
19	-	0,5940	1,526	-	-	18,77	0,2650	10,44	-	-	-	-
M_M	0,0164	0,5689	1,478	0,0267	0,0014	18,61	0,2473	10,35	0,8914	0,1475	0,2028	0,0194
s_M	0,0008	0,0181	0,016	0,0012	0,0004	0,08	0,0076	0,07	0,0401	0,0043	0,0045	0,0008

M_M = Arithmetisches Mittel der Laboratoriumsmittelwerte

s_M = Gemittelte Standardabweichung aus den Laboratoriumsmittelwerten

Zertifizierte Werte aufgrund der statistischen Bewertung der Einzelwerte (in m/m %):

Lab. Nr.	C	Si	Mn	P	S	Cr	Mo	Ni	B	Co	Cu	N
M_M	0,016	0,569	1,48	0,027	0,0014	18,61	0,247	10,35	0,89	0,148	0,203	0,019
s_M	0,001	0,018	0,02	0,001	0,0004	0,08	0,008	0,07	0,04	0,005	0,005	0,001

3.6 Prozeßfähigkeit und Maschinenfähigkeit

Bei der statischen Bewertung von Produktions- und Meßverfahren spielen neuerdings die Begriffe „Prozeßfähigkeit" und „Maschinenfähigkeit" eine zentrale Rolle. Die *Prozeßfähigkeit* sagt aus, daß der untersuchte Fertigungsprozeß (Analysenablauf) die an ihn gestellten Qualitätsforderungen dauerhaft zu erfüllen vermag, während die *Maschinenfähigkeit* Auskunft darüber gibt, daß eine Maschine oder ein Verfahren mit erkennbarer Gleichmäßigkeit innerhalb vorgegebener Toleranzen arbeitet.

Die Prozeßfähigkeit ist eine Indexzahl, die darüber Auskunft gibt, ob ein Prozeß in einem geforderten Rahmen ablaufen kann. Die Streuung und die

- nur zufällige Streuung
- normalverteilt

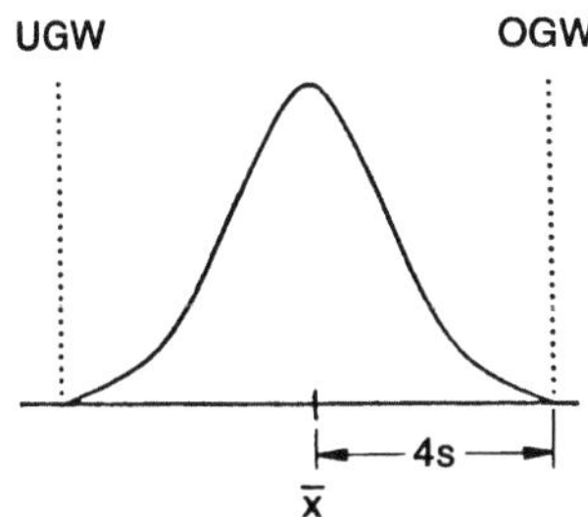

Mindestforderung: $\bar{x} \pm 4s$ in der Spezifikation
$= 99{,}994\,\%$

$$\Longrightarrow \quad \boxed{c_m = \frac{OGW - UGW}{6s} \geq 1{,}33}$$

bzw. mit Beachtung der Lage des Mittelwertes:

$$\boxed{c_{mk} = \min\left(\frac{OGW - \bar{x}}{3s} \;;\; \frac{\bar{x} - UGW}{3s} \right) \geq 1{,}33}$$

Abb. 12. Berechnung der Maschinenfähigkeit

Richtigkeit der Analysenergebnisse haben einen bedeutenden Anteil an der Lage dieser Indexzahl, die nicht kleiner als 1 sein sollte. Verbesserungen der Prozeßfähigkeit sind ebenso wie Verbesserungen der Maschinenfähigkeit ($>1{,}3$) durch geringere Standardabweichungen und Beseitigung von systematischen Abweichungen zu erreichen. Die Verfolgung der Fähigkeitsindizes über die Zeit ist ein geeignetes Mittel zum Nachweis und zur Absicherung der Qualität der Analytik und damit auch ein Beitrag zur Sicherung der Qualität der mit der Analysenerstellung verbundenen Prozesse [36].

Während die Maschinenfähigkeit eine kurzzeitige Betrachtung ist, setzt der Nachweis der Prozeßfähigkeit eine langfristige Untersuchung voraus. In beiden Fällen geht die Streuung des (analytischen) Verfahrens, ausgedrückt durch die Standardabweichung, als wesentliche Kennzahl in die Berechnungen der Indizes ein (s. Abb. 12 und 13) [37, 38]. Die Betrachtungsweise löst sich hierbei von dem rein analytischen Verfahren, da durch Festlegung eines oberen und unteren Grenzwertes eine Toleranz als Ergebnis eines technischen Prozesses vorgegeben wird, zu der die Streuung in einem angemessenen Verhältnis stehen muß. Damit gibt der Prozeßfähigkeitsindex Auskunft darüber, ob es möglich ist, den betrachteten Prozeß in der geforderten Weise zu führen.

Auch der Mittelwert der gemessenen Prüfgröße bekommt in diesem Zusammenhang eine besondere Bedeutung. Nur wenn dieser Mittelwert über einen bestimmten Zeitraum mit dem Sollwert übereinstimmt, ist der Prozeß führbar.

Die Leistungsfähigkeit einer Maschine oder eines Meßgerätes im Hinblick auf die Einhaltung vorgegebener Toleranzen wird durch die Maschinenfähig-

- Langzeitbetrachtung
- Zusammenwirken von Personal, Maschinen,
  Rohmaterial, Methoden und Arbeitsumwelt

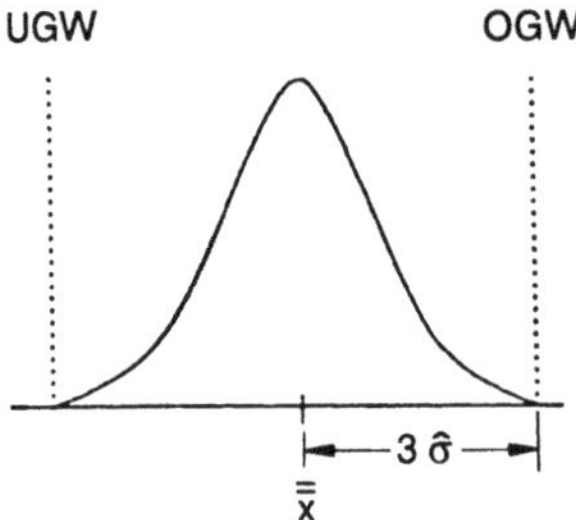

Mindestforderung: $\bar{\bar{x}} \pm 3\hat{\sigma}$ in der Spezifikation
= 99,73 %

$\Longrightarrow$ $\boxed{c_p = \dfrac{OGW - UGW}{6\,\hat{\sigma}} \geq 1,0}$

= Schätzwert $\hat{\sigma} = \dfrac{\bar{R}}{d_2}$ oder $\hat{\sigma} = \dfrac{\bar{s}}{c_4}$

d_2, c_4 hängen vom Stichprobenumfang ab.
Prozeßlagekoeffizient:

$\boxed{c_{pk} = \min \left(\dfrac{OGW - \bar{\bar{x}}}{3\,\hat{\sigma}} \; ; \; \dfrac{\bar{\bar{x}} - UGW}{3\,\hat{\sigma}} \right) \geq 1,0}$

Abb. 13. Berechnung der Prozeßfähigkeit

keit beschrieben. Mit der in die Rechnung eingehenden Streuung von 4 s (99,994 % aller Prüfwerte) sind hier die Anforderungen höher. Viele kurzfristig nacheinander ausgeführte Messungen sollen den Nachweis der bestmöglichen Leistung der Maschine oder des Meßgerätes erbringen. Systematische Fehler müssen vor der Untersuchung der Prozeß- und der Maschinenfähigkeit beseitigt werden.

3.7 Zertifizierung von Qualitätssicherungssystemen und Akkreditierung analytischer Laboratorien

Immer mehr Abnehmer industrieller Produkte im In- wie im Ausland erwarten von ihren Zulieferern nicht nur ein wirksames Qualitätssicherungssystem sondern auch einen entsprechenden Nachweis über die Wirksamkeit dieses Systems von einer neutralen Stelle. Aus diesem Grund wurden Gesellschaften im Interesse der deutschen Wirtschaft gegründet, die entsprechende Zertifikate erteilen. Neben der Zertifizierung von Qualitätssicherungssystemen ist dadurch Bedarf für die Akkreditierung von Prüflaboratorien, also auch von chemisch-analytischen Laboratorien entstanden. Die Grundlage dieser Aktivitäten bildet die bereits genannte europäische Normenreihe EN 45000, nach der unter der Akkreditierung eines Prüflaboratoriums die formelle Anerkennung der Kompetenz eines Prüflaboratoriums, bestimmte Prüfungen oder Prüfungsarten auszuführen, verstanden wird [39].

Ein Akkreditierungsverfahren beginnt mit einem Antrag an eine Akkreditierungsgesellschaft, in dem festgelegt wird, in welchem Umfang sich das Laboratorium akkreditieren lassen will. In diesem ersten Verfahrensstadium werden auch allgemeine Informationen über das Prüflaboratorium, z.B. über die Ausstattung mit Personal und Geräten, eingeholt. Zu diesem Zeitpunkt sollte bereits ein Qualitätssicherungshandbuch vorgelegt werden können. Ein Akkreditierer prüft im weiteren Verlauf des Verfahrens die Qualifikation des eingesetzten Personals, die apparativen Ausstattungen des Laboratoriums für die Durchführung der beantragten Verfahren, die Qualität der Prüfräume und vor allem die kompetente Durchführung der analytischen Untersuchungen (s. Kapitel 10 [40]). Diese Überprüfung erfolgt durch eine Begutachtung vor Ort, also durch eine Begehung von einem Auditoren oder mehreren Fachbegutachtern. Erfüllt das Labor aufgrund des Begutachtungsverfahrens die Voraussetzungen für die Akkreditierung, so erhält es eine Akkreditierungsurkunde.

Eine Akkreditierung darf aber nur dann ausgesprochen werden, wenn das Laboratorium auch einer laufenden Überwachung unterliegt. Aus diesem Grunde werden in regelmäßigen oder unregelmäßigen Zeitabständen die Laboratorien entweder formell oder auch durch Begehung nochmals überprüft. Eine Akkreditierung ist im Regelfall zeitlich befristet. Nach Ablauf der Befristung (beispielsweise fünf Jahre) ist eine erneute Akkreditierung möglich, wenn das Prüflaboratorium diese wünscht.

Es ist natürlich die freie Entscheidung jedes einzelnen Laboratoriums, sich akkreditieren zu lassen, denn es gibt keine zwingende Richtlinie des Staates. Allein der Markt ist der bestimmende Faktor. Viele Laboratorien haben aber auch die Werbewirksamkeit der Akkreditierung erkannt und unterziehen sich diesem Verfahren, um damit ihre analytische Qualität offenzulegen.

Die Akkreditierung von Prüflaboratorien im gesetzlich nicht geregelten Bereich besitzt aber auch noch einen beachtlichen wirtschaftlichen Aspekt. Wenn nämlich künftig alle Prüflaboratorien im gemeinsamen Markt von nationalen Akkreditierstellen nach den gleichen Kriterien (EN 45002) akkreditiert werden, besteht eigentlich kein zwingender Grund mehr, sowohl beim Hersteller als auch nochmals beim Empfänger die gleiche Prüfung eines Produktes auf Einhaltung der Qualitätsforderungen durchzuführen. Das bedeutet (theoretisch), daß die Hälfte aller Prüfkosten gespart werden könnten.

Die Vorteile, die sich aus der Akkreditierung eines Analytischen Laboratoriums ergeben, können wie folgt zusammengefaßt werden:

1. Qualifizierte Erfüllung von Kundenforderungen an die Wirksamkeit des QS-Systems,
2. Gestärkte Position bei der Auditierung des QS-Systems eines Unternehmens,
3. Gleichwertigkeit bei Schiedsanalysen im Warenverkehr (hier besteht z.B. ein grundsätzlicher Unterschied zu den mechanisch-technologischen und metallkundlichen Werkstoffprüfungen),

4. Qualifikationsnachweis im Hinblick auf die Erledigung firmenexterner Aufträge,
5. Qualifizierte Teilnahme an Ringversuchen zur Schaffung zertifizierter Referenzmaterialien (ZRM).

Im letztgenannten Fall handelt es sich um die beste und billigste Möglichkeit der Eigenkontrolle und der Überprüfung der eigenen Leistungsfähigkeit. Ferner bietet es die Möglichkeit, die eigene Kompetenz in das ZRM-Procedere einzubringen und das ZRM-Geschehen zu beeinflussen.

Auf das vielschichtige Zusammenwirken verschiedener auf dem Gebiet der Zertifizierung und Akkreditierung tätigen Organisationen kann an dieser Stelle nicht eingegangen werden. Dazu muß auf die entsprechende Literatur verwiesen werden (s. Kapitel 12 [41]).

Die Bedeutung, die die QS für die Analytik bereits besitzt oder in steigendem Maße erlangen wird, dürfte aus dem Vorstehenden unmittelbar einleuchten. Aufgrund des EG-Binnenmarktes werden unabhängige Gutachten über ein funktionierendes QS-System für jedes Unternehmen – und damit auch für die analytischen Laboratorien – an Bedeutung gewinnen. Nur durch strikte qualitätsgesicherte Arbeitsweise wird es gelingen, Qualitätsprobleme der Erzeugung und Anwendung von Produkten wie beim Erbringen von Dienstleistungen zu minimieren.

Literatur

1. Koch KH Kontrolle 1990 (Oktober), S 80/87
2. Funk W, Dammann V, Donnevert G Qualitätssicherung in der Analytischen Chemie. VCH Verlagsgesellschaft mbH, Weinheim 1992
3. Theuer A LABO 12/1990, S 7/13
4. DIN 55 350 (Teil 11): Begriffe der Qualitätssicherung und Statistik – Grundbegriffe der Qualitätssicherung
5. DIN/ISO 9 004: Qualitätsmanagement und Elemente eines Qualitätssicherungssystems, Leitfaden
6. Rehm S Kontrolle 1991 (November), S 71–75
7. Qualitätsstrategie – Die Grundlagen. Hrsg. Hoesch AG, Dortmund, 4. Aufl., Januar 1992
8. Bläsing JP Das qualitätsbewußte Unternehmen. Steinbeis-Stiftung für Wirtschaftsförderung, Stuttgart, 1992
9. Walton M Deming Management at Work. G. P. Putnam's Sons. New York, 1990
10. Crosby PB Qualität ist machbar. McGraw-Hill Book Company GmbH, Hamburg, 1986
11. Taguchi S, Byrne D Die Taguchi-Methode des Parameter Designs. Praxishandbuch Qualitätssicherung (Herausgeber Bläsing) Band 4. GFMT-Verlag, München, 1988
12. Bläsing JP Qualitätspolitik legt die Leitlinien der unternehmerischen Qualitätssicherung und die spezielle Qualitätsverantwortung fest. Praxishandbuch Qualitätssicherung (Herausgeber Bläsing) Band 4. GFMT-Verlag, München, 1988
13. Zink JK (Herausgeber): Qualität als Managementaufgabe. Total Quality Management. Verlag moderne Industrie, Landsberg, 1989
14. Thierig D, Thiemann E (1983) Arch. Eisenhüttenwes. 54, S 301/305
15. Czabon V (1992) Fresenius' J Anal Chem 342, S 760/763
16. Hartmann E (1992) Fresenius' J Anal Chem 342, S 764/768

17. Qualitätssicherungshandbuch und Verfahrensanweisungen DGQ-Schrift Nr. 12–62, 2. Auflage, 1991, Deutsche Gesellschaft für Qualität e.V. (DGQ), Frankfurt/M.; Beuth Verlag GmbH, Berlin
18. Böshagen: „Das deutsche Akkreditierungssystem: Das Konzept von DAR und TGA"; s. S. 17
19. DIN/ISO 9000: Leitfaden zur Auswahl und Anwendung der Normen zu Qualitätsmanagement, Elementen eines Qualitätssicherungssystems und zu Qualitätsnachweisstufen. DIN/ISO 9001: Qualitätssicherungs-Nachweisstufe für Entwicklung und Konstruktion, Produktion, Montage und Kundendienst. DIN/ISO 9002: Qualitätssicherungs-Nachweisstufe für Produktion und Montage. DIN/ISO 9003: Qualitätssicherungs-Nachweisstufe für Endprüfungen
20. Danzer: „Die Bedeutung der Statistik für die Qualitätssicherung"; s. S. 71
21. Merz W, Weberruß U, Wittlinger R (1992) Fresenius' J Anal Chem 342, S 779/782
22. ISO/IEC Guide 43: Development and operation of laboratory proficiency testing
23. ISO/IEC Guide 45: Guidelines for the presentation of test results
24. DIN ISO 10012, Teil 1 (Entwurf): Forderungen an die Qualitätssicherungen von Meßmitteln – Meßmittelmanagement
25. VDI/VDE/DGQ-Richtlinien, Blatt 1: Prüfanweisungen zur Prüfmittelüberwachung/ Einführung (1980)
26. Werner W (1992) Fresenius' J Anal Chem 342, S 783/786
27. Wegscheider W „Richtige Probenahme, Voraussetzung für richtige Analysen"; s. S. 61
28. Ebel S (1992) Fresenius' J Anal Chem 342, S 769/778
29. Wegscheider W „Validierung analytischer Verfahren"; s. S. 105
30. Koch KH (1982) Arch. Eisenhüttenwes. 53, 97–100
31. Griepink: „Referenzmaterialien für die Qualitätssicherung"; s. S. 157
32. DeBièvre: „Traceability of Measurements: Die Rückführbarkeit von chemischen Meßwerten auf die Si-Einheit Stoffmenge"; s. S. 131
33. Cofino: „Ringversuche als Element der Qualitätssicherung"; s. S. 173
34. DIN/ISO 5725: Präzision von Meßwerten – Ermittlung der Wiederhol- und Vergleichspräzision von festgelegten Meßverfahren durch Ringversuche
35. Grasserbauer M, Pfannhauser W, Wegscheider W (1987) ÖChemZ 88, 130–123
36. Thierig D (1991) Stahl und Eisen 111, Nr. 10, S 83/87
37. Ford AG, Köln: Statistische Prozeßregelung, Qual. Cont. EV 880 b, 1985
38. Ford AG, Köln: Q101, Qualitätssystem. Richtlinie (1988)
39. Staats G, Tröbs V (1992) CLB Chem Lab Biotechn 43, H. 4, S 194/197, H. 6, S 314/318
40. Mechelke: „Akkreditierungskompetenz: Anforderungen an Akkreditierungssystemen"; s. S. 183
41. Günzler H „EURACHEM – Organisation zur Förderung der Qualitätssicherung in der Analytik und der Akkreditierung analytischer Laboratorien in Europa"; s. S. 207

4 Richtige Probenahme: Voraussetzung für richtige Analysen

Wolfhard Wegscheider

Zusammenfassung

Probenahme kann nur in Zusammenhang mit einer eindeutigen Problemdefinition und einer klaren analytischen Fragestellung diskutiert werden. Durch die Systematik der EN 45 000-Serie ist vorgegeben, daß größere Probenahmeaufgaben nur von Überwachungslabors übernommen werden können, die auch die Berechtigung haben, Schlußfolgerungen von der Einzelprobe auf das Ganze zu ziehen.

In jenen Fällen, in denen die analytische Probe zugleich Grundgesamtheit ist, entfällt die Probenahme als Selektionsprozeß. Es gibt diesen Fall für sehr kleine Proben und dann wird der sog. Integrationsfehler gleich Null. Zu diesem Integrationsfehler tragen in der Regel Inhomogenitäten aus der diskreten Struktur der Materie, der Erhaltungsneigung (Autokorrelation) und der Periodizität eines Prozesses bei.

Es werden in verkürzter Form Strategien zur Reduktion dieser Fehlerkomponenten diskutiert.

4.1 Stellung der Probenahme im analytischen Prozeß

Analytische Qualität kann, ebenso wie Qualität [1] im allgemeinen Sinn, nur an der Zufriedenheit des Auftraggebers gemessen werden. Daher sind letztlich nicht nur Genauigkeit und Präzision für den Erfolg eines analytischen Labors ausschlaggebend, sondern auch noch zahlreiche andere Kriterien: Preis, Umgang mit den Kunden, Termintreue und freilich auch die Probenahme. Unabhängig davon, ob die Probenahme durch das akkreditierte Labor, durch den Auftraggeber selbst oder durch Dritte erfolgt, ist der Nutzen, den der Auftraggeber aus den analytischen Daten ziehen kann, untrennbar mit der Probenahme verbunden.

Allerdings sollte der Analytiker bedenken, daß die EN 45 001 ausdrücklich den Prüflaboratorien verbietet, Schlüsse von einzelnen Proben auf das Ganze zu ziehen und die sachgerechte Probenahme damit implizit den Überwachungs- und Zertifizierungsstellen vorbehält. Das „Ganze" kann je nach Problem vielerlei bedeuten, jedenfalls ist der gesamte Gegenstand einer Untersuchung damit gemeint, der in der klassischen Terminologie der Probenahmestatistik als „Grundgesamtheit" [2] (engl. population) bezeichnet wird,

Günzler, H. (Hrsg.)
Akkreditierung und Qualitätssicherung
in der Analytischen Chemie
© Springer-Verlag Berlin Heidelberg 1994

z. B. also ein Untersuchungsgebiet, ein Untersuchungszeitraum, ein Los, eine Charge, ein Lastzug, ein lagerstättenkundlich interessanter Horizont.

Diese Verankerung der Probenahmekompetenz bei Überwachungsstellen kann freilich nicht heißen, daß analytische Aspekte bei der Probenahme, insbesondere hinsichtlich der Haltbarkeit und Unverfälschtheit der Analyten, keine Rolle spielen. Sie soll vielmehr andeuten, daß nicht jeder, der im Labor einen bestimmten Analyten in einer Matrix messen kann, auch von vornherein zu einer sachgerechten und repräsentativen Probenahme befähigt ist, die weiterreichende Schlüsse auf die Grundgesamtheit zuließe.

Probenahme muß als die stoffliche Verbindung des Analytikers zum Auftraggeber verstanden werden, als Verbindung der analytischen Resultate mit dem anstehenden Problem: je besser diese Verbindung ist, umso eher bietet das Labor tatsächlich Problemlösungen und nicht nur (mehr oder weniger) richtige Daten. Das Endergebnis einer Analyse beinhaltet die Unsicherheit aus der Probenahme genauso wie die Unsicherheit aus der eigentlichen Messung [3]; dasselbe gilt für systematische Fehler, denn es ist im Endeffekt egal, ob der systematische Fehler bei der Probenahme oder bei der Analyse eingetreten ist. Daher bedarf die Probenahme derselben Akribie, Aufmerksamkeit und Genauigkeit wie die Analytik. Ist die Probe fehlerhaft, also mit einem systematischen Fehler behaftet, so ist der beste Analytiker unfähig, diesen Fehler zu erkennen, geschweige denn diesen zu korrigieren.

Während die Probenahme bei kommerziellen und technologischen Fragestellungen von unmittelbarer Relevanz ist, da sonst ein konkretes Geschäft oder eine gerade anstehende Entwicklung nicht gemacht werden kann, ist die Bedeutung in anderen Bereichen, etwa der Umweltanalytik, Lebensmittelkontrolle, etc. zwar keineswegs geringer, jedoch ist dabei weniger Selbstkontrolle möglich. In diesem Fall gibt es nämlich keine direkte Rückmeldung (und daher auch keine unmittelbare Korrektur) einer fragwürdigen Probenahmestrategie: Viele dieser Daten werden bestenfalls statistisch und graphisch verarbeitet, ohne daß eine unmittelbare Konsequenz auch nur ansatzweise in Betracht gezogen wird. Dieses Prinzip scheint insbesondere für „unauffällige" Werte zu gelten, jedenfalls solange diese unter einer kritischen Schranke (Grenzwert) bleiben.

In vielen Fällen bietet die sog. Plausibilitätskontrolle das letzte Regulativ vor der Datenfreigabe und diese wird zum Teil fälschlich sogar als Ersatz für Qualitätssicherungsmaßnahmen im Labor angesehen. Gerade in Fällen, die von besonderem öffentlichen Interesse sind, muß die Frage nach der „richtigen" Probenahme ebenso kritisch behandelt werden, wie die Frage nach richtigen Analysenresultaten.

4.2 Keine „richtige" Probenahme ohne klare Problemsicht!

Ein fundamentales Problem ist, daß es ohne klare Fragestellung keine richtige Probenahme gibt, oder anders ausgedrückt, wenn keine Fragen formuliert werden, so kann es auch keine Antworten geben, sondern nur Daten. Dieser

Unterschied ist freilich auch gleichbedeutend mit dem im Umgangssprachlichen häufiger gemachten Unterschied zwischen Daten und Information. Dabei sind implizite Fragestellungen nicht zulässig, da dann meist Auftraggeber und Labor zu unterschiedlichen Interpretationen kommen. Daher ist in den einschlägigen Normen auch ausdrücklich Wert auf eine geregelte und ausreichende Kommunikation zwischen Auftraggeber und Labor gelegt; diese sollte, schon aus Gründen der Nachvollziehbarkeit (Rückverfolgbarkeit, Rückführbarkeit), in schriftlicher Form erfolgen. In dieser Frage kann eine Regelung nach GLP [4], die eine vorherige schriftliche Vereinbarung zwischen Auftraggeber und Labor vorsieht, als vorbildlich angesehen werden.

Für ein akkreditiertes Labor wird es also eine Verfahrensvorschrift geben müssen, die die Probenahmeplanung beschreibt. Diese, wie auch die Probenahme selbst, wird oft ein sehr aufwendiger und daher teurer Prozeß sein, da wohl nicht davon ausgegangen werden kann, daß dafür unerfahrenes oder „billiges" Personal eingesetzt werden kann. In allen Fällen, in denen die Probenahme nicht klar durch eine Norm beschrieben ist, und somit das Labor für die Sinnhaftigkeit des Vorgehens und der Repräsentativität verantwortlich gemacht werden kann, ist die Planung und Ausführung der Probenahme Sache des Laborverantwortlichen. Im Fall von Normvorgaben wird Ausbildung und laufende Überprüfung des Probenahmepersonals eine wichtige und zeitintensive Tätigkeit des leitenden Personals eines akkreditierten Labors darstellen, zumal gerade die Probenahme nicht leicht durch klassische Methoden der Qualitätssicherung (e.g. Kontrollkarten, Statistik, Aufstocken der Proben, etc.) abgedeckt werden kann. Hier ist außerdem auf beste Ausrüstung zu achten, die es ermöglicht, daß auch unter ungünstigen äußeren Bedingungen (Wetter!) noch immer einer geregelten Probenahme nachgegangen werden kann. Häufig wird dazu ein speziell adaptiertes Fahrzeug jedem Probenahmeteam zur Verfügung gestellt werden müssen, damit auch die Probenkonservierung an Ort und Stelle fachgerecht durchgeführt werden kann.

Die Alternative, sich aus allen Belangen der Problemdefinition und damit auch aus der Probenahme herauszuhalten, ist auf die Dauer den chemischen Labors, und damit der Rolle der analytischen Chemie in der Gesellschaft, sicher unzuträglich, da diese so leicht in die mißliche Situation des Verursachers unnötiger Kosten gedrängt werden. Es sind zwar die Auftraggeber, die mit den Daten nichts anfangen können, doch irgendwann wird das der Auftraggeber bemerken und dann das Labor dafür mitverantwortlich machen.

4.3 Wann geht es ohne Probenahme?

Probenahme ist ein fehlerzeugender Schritt oder – nomenklaturgerecht – ein zusätzlicher, oft nennenswerter Beitrag zur Meßunsicherheit [5]. Es ist also zu überprüfen, ob es nicht Fälle gibt, in denen man auf die Probenahme verzichten kann. Dies wird immer dann möglich sein, wenn die gesamte Probe (Grundgesamtheit) so klein ist, daß sie in ihrer Gesamtheit analysiert werden kann. Geht es also um einen Fehler in einem Kunstwerk, z.B. um eine Verfärbung am

linken Mundwinkel der Mona Lisa, so kann die Probe nur aus dem verfärbten
Teil des Mundwinkels bestehen, die dann wohl in ihrer Gesamtheit, hoffentlich
zerstörungsfrei, analysiert wird. Analoge Beispiele dazu gibt es in der
forensischen Chemie (Lacksplitter nach KFZ-Unfällen, Haarreste bei Gewalt-
verbrechen, etc.) und auch bei der Suche nach Fehlerursachen eines einzelnen
mangelhaften Produktes. In solchen Fällen stellt also die Problemdefinition
sicher, daß nur eine ganz genau umrissene Grundgesamtheit gemeint sein kann
UND, daß diese Grundgesamtheit als Laborprobe auch vollständig analysiert
werden muß. Letzteres kann nur der Fall sein, wenn die Analytische Methode
immun gegen verbleibende Inhomogenitäten ist, die räumliche und/oder
zeitliche Auflösung der analytischen Methode also viel gröber (schlechter) ist
als die (Bezirke der) Inhomogenität, und daher die Inhomogenität prinzipiell
nicht von dem Analytiker beobachtet werden kann.

4.4 Probenahmeplanung

Zwei Aspekte sind also im Zusammenhang mit jeder Probenahmeplanung
entscheidend:

a) die genaue Bezeichnung des Untersuchungsobjektes in seiner ganzen
   räumlichen und zeitlichen Ausdehnung, die aus der Problemdefinition
   eindeutig hervorgehen muß, und
b) die Einschätzung (Erfahrung, Vorinformation, Probemessung) der *Inhomogenität* des Untersuchungsobjektes, die näherungsweise dem Probenehmer
   bekannt sein muß, und die wieder räumlich und zeitlich Berücksichtigung
   finden muß.

Untersuchungsobjekte, die in sich homogen sind, stellen auch kein Problem für
die Probenahme dar, denn dann ist jeder Teil dieses Objektes eine brauchbare
Repräsentation des ganzen. Dabei wird immer vorausgesetzt, daß der Analyt
sich nicht durch die Technik der Probenahme verändert. Dies, sowie die Frage
der Stabilisierung des Analyten vor der eigentlichen Messung, wird hier – trotz
der eminenten praktischen Bedeutung – nicht weiter diskutiert. Damit ist aber
auch klar, daß der wichtigste verbleibende Fehler bei der Probenahme darin
besteht, daß Homogenität vorausgesetzt wird, auch wenn diese gar nicht
existiert. Die eigentliche Frage ist immer, ob der analytische Prozeß durch die
Inhomogenität beeinflußt wird oder nicht, denn streng genommen ist auf Basis
einzelner Atome (etwa in der Oberflächenanalytik) Homogenität nur ein
idealisiertes Konzept, das in der Natur nicht realisiert ist.

   Ein einfaches Beispiel hilft dies zu erläutern: Waldschadensforschung kann
mit dem Satelliten oder nach Probenahme von Nadeln oder Blättern betrieben
werden. Während der Satellit nur eine Homogenität in der Größenordnung der
Auflösung seines optischen Systems (etwa 10×10 m) erfordert, wird eine
direkte Analyse der Nadeln auf Schwefel etwa mit Röntgenfluoreszenzspektro-
metrie eine Homogenität im Bereich von 10 µm erfordern, denn größer ist die
Austrittstiefe der charakteristischen Röntgenstrahlung von Schwefel wohl

kaum. Ob aber dem einen System (Satellit) oder dem anderen System (RFA) der Vorzug zu geben sein wird, kann ohne detaillierte Diskussion der Fragestellung sicher nicht entschieden werden.

Je besser also die Auflösung des analytischen Systems in zeitlicher und räumlicher Hinsicht, umso detaillierter kann zwar bei entsprechendem Arbeitsaufwand die Information sein, umso weniger können aber integrale Informationen (Mittelwerte) von dem analytischen System bereitgestellt werden. Welcher der beiden Aspekte, die gute Auflösung oder die gute Mittelung, für das Problem wichtiger ist, hängt ausschließlich von der Problemdefinition ab.

4.5 Aspekte der durch die Probenahme bedingten Meßunsicherheit

Zu der oft sehr bedeutenden Unsicherheit, die die Probenahme mit sich bringt und die sich letztlich auf die Unsicherheit der Analysendaten durchschlägt, tragen zwei ganz unterschiedliche Komponenten bei [5]:

a) Unsicherheiten bezüglich der Homogenitätsannahmen, und
b) Unsicherheiten aus der Realisierung der Probenahme, die von diesen Homogenitätsannahmen abgeleitet wird.

Die Annahmen, die mehr oder minder realitätskonform sind, werden als mathematisches Modell formuliert, und man geht davon aus, daß die Grundgesamtheit sich in etwa so verhält. Diese Annahmen können sein: erwarteter Analytgehalt, Teilchengröße und deren Verteilung, Ausmaß der Segregation, Grad der Homogenisierung durch Mahlen oder andere Zerkleinerungsschritte. Bei kontinuierlichen Prozessen gehören zu den Annahmen auch Angaben bezüglich Periodizitäten, Zeitkonstanten, Stationarität und der Art der Autokorrelationsfunktion. In diesem Zusammenhang kann für genauere Ausführungen aber nur auf die einschlägige Literatur verwiesen werden [6, 7]. Es bleibt das Faktum, daß diese Angaben letztlich nur näherungsweise bekannt sind und daher als Modellfehler zur Unsicherheit des Endergebnisses beitragen.

Die Unsicherheiten aus b), also jene, die sich aus der Realisierung des Modells nach a) ergeben, sollen aber etwas genauer besprochen werden, um dem Leser die Vielfalt der Überlegungen nahezubringen, die in eine Probenahmeplanung und in seine Ausführung einfließen muß. Die folgenden Ausführungen sind nach einem Werk des Doyens der Probenahme Pierre Gy [8] gestaltet und auf eine Einzelmessung bezogen. Dies hat den Vorteil, daß alle Unsicherheiten sich als „Fehler" manifestieren und letzterer Begriff in der analytischen Chemie besser verankert ist, als der Überbegriff „Meßunsicherheit". Wie in Abbildung 1 von Ref. [3] gezeigt wurde, tragen zahlreiche Elemente zum Gesamtfehler bei. Hierbei, wie überhaupt in der Analytik, kann nicht davon ausgegangen werden, daß alle Tätigkeiten im Felde, also vor Ort, der Probenahme zuzuordnen sind und alle Tätigkeiten danach, der Analytik.

Sehr häufig muß eine weitere Reduktion der Masse (des Volumens) der Probe im Labor auch durch ein entsprechendes Auswahl- und Homogenisierungsverfahren erreicht werden, und dies entspricht von der Systematik her natürlich auch einer Probenahme. Global kann also angeschrieben werden:

$$s_{tot}^2 = s_{Pr}^2 + s_{Anal}^2$$

wobei s_{tot}^2 der gesamte (quadratische) Fehler ist, s_{Pr}^2 der Probenahmefehler und s_{Anal}^2 der analytische Fehler, der hier nicht nur die eigentliche Messung, sondern auch jene Probenvorbereitungsschritte einschließt, die nicht nur der Probenreduktion und Homogenisierung dienen. Für das Verständnis des Probenahmefehlers ist es wichtig zu bedenken, daß die Probenreduktion (also die Auswahl eines Teiles aus einer größeren Menge) und die Homogenisierung in der Regel in mehreren Schritten erfolgen muß, von denen jeder einen anderen Teil zum Gesamtfehler beiträgt, von der Struktur her aber immer analog behandelt werden kann. Es gilt bei n sukzessiven Selektions- und Reduktionsschritten also

$$s_{Pr}^2 = \sum_{i=1}^{n} s_{Pr,i}^2,$$

doch hier soll die Diskussion so erfolgen, daß immer $n = 1$ gilt.

Der Probenahmefehler ist selbst zusammengesetzt aus dem Fehler bei der Auswahl der Teilprobe (Auswahlfehler) und dem Fehler bei der Vorbereitung der Probe für die nächste Phase der Probenahme oder für die Analyse. Solche Vorbereitungsschritte dienen eigentlich nicht der Auswahl, doch können bei den nötigen Manipulationen die Probenelemente Kräften ausgesetzt sein, die zu einer Selektion im Sinne einer Bevorzugung gewisser Teile der Probe führen können, etwa durch unterschiedliche Dichte bei der (versuchten) Homogenisierung oder durch unterschiedliche Härte einzelner Teilchen bei der Zerkleinerung der Probe. Der Auswahlfehler, s_{Sel}^2, selbst ist nicht direkt abschätzbar, sondern nur nach der Zerlegung in mehrere Schritte zugänglich. Zuerst definieren wir also:

$$s_{Pr}^2 = s_{Sel}^2 + s_{Vorb}^2 = s_{Int}^2 + s_{Mat}^2 + s_{Vorb}^2$$

Index „Int" bezeichnet den sog. Integrationsfehler, der beim Auswahlprozeß gemacht wird, und Index „Mat" jenen Fehler, der bei der Identifikation und Loslösung der Teilproben gemacht wird.

4.5.1 Integrationsfehler

Der Integrationsfehler selbst berücksichtigt die Inhomogenität des Materials, also jenen Fehler,

- der auf die diskrete Struktur des Materials (entweder in der Größenordnung der Korngröße bei Feststoffen oder der Ionen, Atome und Moleküle bei Gasen und Flüssigkeiten) zurückzuführen ist, jenen

– der sich aus der kontinuierlichen Natur des Prozesses, der das Material geliefert hat, ergibt, und jenen Fehler,
– der durch die Periodizität des Prozesses bedingt ist.

Also gilt:

$$s_{\text{Int}}^2 = s_{\text{Diskr}}^2 + s_{\text{Kontin}}^2 + s_{\text{Period}}^2.$$

Eine richtige Probenahme findet Methoden um alle drei Komponenten möglichst klein zu halten, doch ist die Strategie für jede dieser Komponenten unterschiedlich. Die erste Komponente, also jene, die auf die diskrete Struktur von Materie zurückzuführen ist, s_{Diskr}^2, kann durch folgende Maßnahmen verringert werden: große Gesamtprobenmenge, kleine Teilchengröße, geringe Segregation (gute Homogenisierung) und geringe Masse jeder Teilprobe.

Fehlerbeiträge aufgrund der kontinuierlichen Natur eines Prozesses, s_{Kontin}^2, können durch häufige Probenahme kleiner Inkremente, also durch kleine Teilproben in kleinen zeitlichen oder räumlichen Abständen verringert werden. Im Grenzfall kann dies bei Gasen und Flüssigkeiten zu einer kontinuierlichen Messung führen. Es ist aber von fundamentaler Bedeutung zu erkennen, daß man nie zu besseren Aussagen kommen kann, als solchen, die durch die Prozeßvariabilität selbst vorgegeben sind.

Für die dritte Art von Fehlerbeiträgen aufgrund der Inhomogenität, jenen aus periodischen Fluktuationen, s_{Period}^2, ist zu unterscheiden, ob diese relativ zu den beiden vorher diskutierten (jenen verursacht durch die diskrete Struktur der Materie und jenen verursacht durch die kontinuierliche Natur des Prozesses) groß oder klein ist. Ist der Beitrag aus periodischen Fluktuationen relativ klein, so kann mit einer systematischen Selektion der Einzelproben (etwa in gleichen Zeitabständen) gearbeitet werden. Ist die Amplitude der Fluktuation aber groß, dominiert sie also die anderen beiden Beiträge, so sollte mit einer stratifizierten Probenahme vorgegangen werden. Es sollten also große und kleine Teilperioden separat beprobt werden und die Kombination nur rechnerisch, nicht aber materiell erfolgen. Das Prinzip der stratifizierten Probenahme ist in Ref. [2] dargelegt.

4.5.2 Materialisationsfehler

Während der Integrationsfehler bei der Probenahme nie Null werden kann, es sei denn man erfaßt – wie vorhin ausgeführt – die gesamte Population, ist dies bei dem Materialisationsfehler, s_{Mat}^2, durchaus möglich und dieser Zustand muß natürlich angestrebt werden. Zur Entwicklung und Beurteilung von Probenahmewerkzeugen und -geräten ist es nützlich, auch hier die Komponenten des Materialisationsfehlers einzeln zu diskutieren. Es sind dies:

– der Abgrenzungsfehler einer Teilprobe
– der Gewinnungsfehler der Teilprobe, und
– der Bearbeitungsfehler der Teilprobe.

Der Abgrenzungsfehler ist die relative Abweichung bei der Auswahl einer Teilprobe, die aufgrund des Probenahmegerätes zwischen dem theoretisch richtigen Volumen und dem tatsächlich vom Gerät erfaßten Volumen auftreten kann. Dieser kann durch falsche Geometrie jenes Teils des Probenahmegerätes verursacht werden, der direkt mit der (Gesamt-)Probe in Kontakt kommt, durch falsche Geschwindigkeit der Geräteführung, durch falsche Auslegung, durch Konstruktionsfehler oder durch mangelnde Wartung des Gerätes.

Der Gewinnungsfehler einer Teilprobe hat wieder hauptsächlich technische Gründe. Man bezeichnet jenen Fehler als Gewinnungsfehler, der trotz richtiger Abgrenzung in der Gesamtprobe (im Gesamtprobenstrom) zu einer bevorzugten Extraktion einer gewissen Komponente der Teilprobe führt. In diesem Fall besteht das Problem also darin, daß eine selektive oder differentielle Wechselwirkung zwischen dem Gerät und einem Teil des Probenmaterials stattfindet. Wie immer bei systematischen Fehlern gibt es auch hier gewisse allgemeine Richtlinien und Erfahrungen, um diesen Fehler zu eliminieren.

Bearbeitungsfehler, die zu Verfälschungen führen, können an mehreren Stellen auftreten: bei der Extraktion, bei dem Probentransport und bei der Probenvorbereitung. Klassische Elemente des Bearbeitungsfehlers sind dem Analytiker nicht unbekannt. Es können dies Kontamination des Probenmaterials, Verlust von Teilmengen oder von Analyt (etwa durch Absorption oder Zersetzung), Veränderung der stofflichen Zusammensetzung der Probe (z. B. durch Veränderung des Wassergehaltes, durch Oxidation gewisser Probenbestandteile), oder auch durch Verlust besonders großer oder kleiner Korngrößen beim Transport sein. Selbstverständlich können auch unbeabsichtigte Fehler (falsche Beschriftung, irrtümliches Vermengen von verschiedenen Proben, Verwendung falscher oder verunreinigter Geräte) oder absichtliche Manipulationen die Proben schon vor der Analyse unbrauchbar machen.

Auch wenn aus dieser Diskussion sich für den Praktiker noch keine Arbeitsanleitung herauslesen läßt, soll eindeutig erkennbar sein, daß Probenahme nicht zuletzt deshalb ein schwieriges Kapitel ist, weil zu ihrer erfolgreichen Umsetzung ein umfangreiches theoretisches Verständnis des Problemes und des zu beprobenden Prozesses genau so erforderlich ist, wie eine sachgerechte praktische Umsetzung unter Verwending optimal geeigneter Probenahmegerätschaften.

4.6 Schlußfolgerungen

Die große Bedeutung der Probenahme liegt darin, daß diese das Bindeglied zwischen analytischen Daten und einer stofflichen Fragestellung darstellt. Ein wesentlicher Beitrag zur gesamten Meßunsicherheit kommt in der Regel aus dem Probenahmeschritt. Dieser Beitrag muß nicht nur möglichst klein gehalten werden, sondern es muß auch Sachkompetenz zur Quantifizierung der Unsicherheit der Probenahme vorhanden sein. In vielen Fällen ist diese Forderung heute in Prüflaboratorien nicht erfüllt.

Es ist im Rahmen der internationalen Akkreditierungsrichtlinien wohl nicht eindeutig geklärt, ob die Probenahme den Überwachungslaboratorien vorbehalten ist, die auch dazu berechtigt sind, entsprechend weiterreichende Schlußfolgerungen aus einem umfangreichen Datenmaterial zu ziehen. Jedenfalls muß die Unterscheidung, die in der EN 45 000-Serie zwischen Prüf- und Überwachungslaboratorien gemacht wird, dahingehend verstanden werden, daß die Befähigung zur Prüfung (Analytik) nicht auch automatisch eine Befähigung zu einer sachgerechten Probenahme einschließt. Neben der entsprechenden Geräteausstattung ist eine ausreichende Problemkenntnis prinzipiell Voraussetzung für eine gute Probenahme. Von der Systematik des Meßwesens aus betrachtet, wäre es nicht unsinnig zu fordern, daß nur solche Institutionen mit der Probenahme zu befassen sind, die auch die Kompetenz besitzen, sinnvolle Schlußfolgerungen vom Teil, also von dem einzelnen analytischen Resultat, auf das Ganze zu ziehen. Ohne adäquate Probenahme gibt es nämlich keine validen Schlußfolgerungen.

Literatur

1. DIN 55 350, Begriffe der Qualitätssicherung und Statistik
2. Cochran WG Sampling Techniques, 2. Aufl., Wiley, New York 1963
3. Wegscheider W Kap. „Validierung", dieser Band
4. The OECD Principles of Good Laboratory Practice, Environ. Monograph No. 45, OCDE/GD(92) 32, Paris 1992
5. BIPM/IEC/IFCC/ISO/IUPAC/IUPAP/OIML, Guide to the Expression of Uncertainty in Measurement, ISBN 92-67-10188-9, Genf 1993
6. Kateman G, Pijpers FW Quality Control in Analytical Chemistry, Chap. 2, Wiley, New York 1981
7. Kateman G "Sampling". In: Chemometrics. Mathematics and Statistics in Chemistry. Kowalski BR (Hrsg) NATO ASI Series C 138, Reidel, Dordrecht 1984
8. Gy P Sampling of Heterogeneous and Dynamic Material Systems. Elsevier, Amsterdam 1992

5 Die Bedeutung der Statistik für die Qualitätssicherung

Klaus Danzer

Qualitätsmerkmale lassen sich nicht mit beliebiger Genauigkeit, sondern nur innerhalb bestimmter Toleranzgrenzen reproduzieren. Diese hängen sowohl vom zu kontrollierenden Verfahren ab als auch vom Prüfverfahren und vom (ökonomisch vertretbaren) Prüf- und Regelaufwand.

In gleicher Weise sind analytische Messungen zur Qualitätskontrolle grundsätzlich fehlerbehaftet, wobei verschiedene Fehlerarten auftreten können, die in unterschiedlichem Maße beeinflußbar sind.

5.1 Fehlerarten bei analytischen Messungen

Bei Wiederholungsmessungen einer Probe erhält man bei genügend exakter Anzeige der Meßgröße in der Regel Meßergebnisse, die in unterschiedlichem Maße voneinander und vom wahren Wert der Probe abweichen. Nach Charakter und Größe lassen sich folgende Arten von Fehlern unterscheiden:

1) *Zufallsfehler*, die in einer Streuung der Meßwerte von Wiederholungsbestimmungen um den Mittelwert der Probe zum Ausdruck kommt und die regellos zu höheren und niedrigeren Werten hin erfolgt. Zufallsfehler bestimmen die *Reproduzierbarkeit* von Messungen und damit deren *Präzision*.

2) *Systematische Fehler*, die die Meßwerte einseitig zu höheren oder niedrigeren Werten verschieben und damit zu falschen Ergebnissen führen. Systematische Fehler lassen sich im Gegensatz zu Zufallsfehlern vermeiden bzw. beseitigen, wenn ihre Ursachen erkannt sind. Ihr Auftreten und ihre Größe bestimmt die *Richtigkeit* eines Meßergebnisses.

3) *Ausreißer*, die ihrem Charakter nach Zufallsfehler sind, die jedoch aufgrund ihrer großen Abweichungen eliminiert werden müssen, damit der Mittelwert nicht verfälscht wird.

4) *Grobe Fehler*, die durch menschliches Versehen oder geräte- bzw. rechentechnische Fehlerquellen entstehen und die, je nachdem, ob es sich um Kurz- oder Langzeiteffekte handelt, zufälligen oder systematischen Charakter besitzen. Sie sind oft sachlogisch leicht erkenn- und korrigierbar und sollen bei den weiteren Betrachtungen keine Rolle mehr spielen.

Den Unterschied zwischen systematischen und zufälligen Fehlern sowie den Charakter von Ausreißern verdeutlicht Abb. 1. Die normale Streuung der Meßwerte bestimmt den Bereich der Zufallsfehler. Außerhalb dieses Bereiches

Günzler, H. (Hrsg.)
Akkreditierung und Qualitätssicherung
in der Analytischen Chemie
© Springer-Verlag Berlin Heidelberg 1994

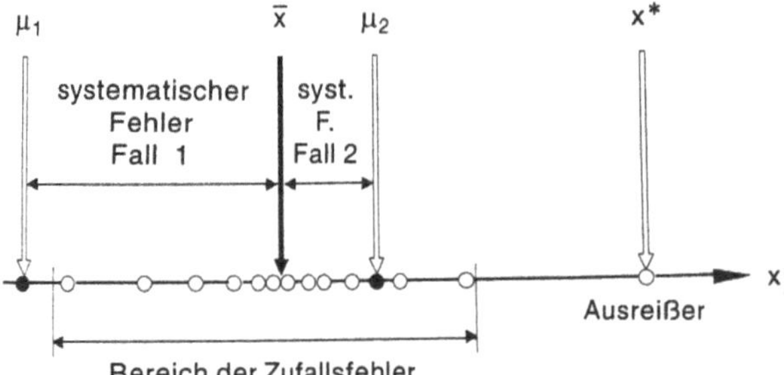

Abb. 1. Veranschaulichung systematischer und zufälliger Fehler

liegende Meßwerte werden als Ausreißer bezeichnet. Systematische Fehler
werden durch die Relation zwischen wahrem Wert μ und Mittelwert $\bar{x}$ der
Messungen bestimmt und können in der Regel nur erkannt werden, wenn sie
den Bereich der Zufallsfehler nach einer Seite hin überschreiten.

Konventionell bezeichnet man ein Meßergebnis als *richtig*, wenn der wahre
Wert innerhalb des Vertrauensintervalls (Bereiches der Zufallsfehler) des ge-
fundenen Mittelwertes liegt (μ_2; Fall 2 in Abb. 1). Befindet sich der wahre
Wert außerhalb dieses Bereiches (μ_1; Fall 1 in Abb. 1), ist das Ergebnis *falsch*.

Nicht in jedem Fall ist es möglich, streng zwischen zufälligen und systematischen Fehlern zu unterscheiden, zumal letztere durch die Zufallsfehler definiert werden. Der Gesamtfehler einer analytischen Bestimmung, der *Analysenfehler*, setzt sich nach den Gesetzen der Fehlerfortpflanzung aus den Fehleranteilen der Messung sowie weiterer Teilschritte des analytischen Prozesses
[1, 2] zusammen. Diese Fehler enthalten sowohl zufällige als auch in einigen
Fällen systematische Anteile.

Die Relevanz systematischer Fehler und damit die Richtigkeit von Analysenergebnissen wird ebenso wie die Signifikanz von Ausreißern mit Hilfe
statistischer Tests geprüft. Diese beruhen auf Häufigkeitsverteilungen und
Streuungsmaßen, die später näher charakterisiert werden.

5.2 Systematische Fehler

Systematische Fehler können, zusätzlich zu Zufallsfehlern, in allen Teilschritten des analytischen Prozesses auftreten, und zwar beispielsweise bei der

- *Probennahme* durch unsachgemäße Bevorzugung einzelner Probenfrak-
  tionen,
- *Probenvorbereitung* durch unvollständige Aufschluß-, Trenn- oder Anrei-
  cherungsoperationen,
- *Messung* durch Konkurrenzreaktionen oder unvollständige Reaktionsab-
  läufe im Falle chemischer Prinzipien bzw. Gerätefehlern oder Fehljustierun-
  gen bei physikalischen Methoden. Eine häufige Ursache für das Auftreten
  systematischer Fehler liegt in fehlerhaften Kalibrationen aufgrund ungeeig-

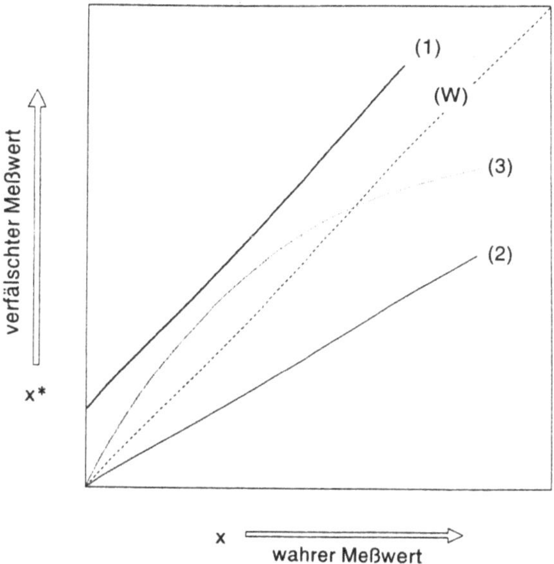

Abb. 2. Auswirkungen systematischer Fehler auf die Meßwerte; (W) ideale Wiederfindung

neter Eichproben, Matrixeffekten bzw. unzureichender methodischer oder theoretischer Grundlagen.

Selbst die *Auswertung*, oft als weitgehend fehlerfrei angesehen, kann aufgrund falscher oder unvollkommener Algorithmen systematische Fehler hervorbringen.

Nach ihren Auswirkungen auf die Meßgröße unterscheidet man (siehe Abb. 2):

1) *additive Fehler*, die die Meßwerte um einen konstanten Betrag verändern. Anstelle des wahren Wertes x mißt man den verfälschten Wert

$$x^* = x + a \tag{1}$$

Ursachen können z. B. nicht erkannte Blindwerte sein.

2) *multiplikative Fehler* sind dem Meßwert proportional und verändern den Anstieg der Kalibrierkurve und damit die Empfindlichkeit, da statt des wahren Wertes x der verfälschte Wert

$$x^* = b \cdot x \tag{2}$$

gemessen wird. Sie werden oft durch fehlerhafte Kalibrationsfaktoren hervorgerufen.

3) *nichtlinear meßwertabhängige Fehler* bewirken, daß statt des wahren Wertes ein falscher Wert

$$x^* = x^k \tag{3}$$

gemessen wird, wodurch der lineare Eichzusammenhang zwischen Meß- und Analysengröße verloren geht. In der Atomemissionspektroskopie bewirkt z. B. die Selbstumkehr von Resonanzlinien einen solchen Effekt.

Häufig treten mehrere der genannten systematischen Fehlerarten gemeinsam auf. Ihr Erkennen gelingt am sichersten durch Ermittlung von x^* in Abhängigkeit vom wahren Wert x, in der Praxis also durch die Analyse von zertifizierten Referenzmaterialien (CRM). Stehen solche Standards nicht zur Verfügung, kann der Einsatz unabhängiger Analysenmethoden oder auch eine Bilanzbetrachtung Aufschluß über systematische Fehler geben [3, 4]. In einfachen Fällen gelingt es auch, durch zweckmäßige Variation von Einwaagen bzw. Eichzusätzen den unbekannten wahren Wert x zu eliminieren und die Größen a, b, und k mit Hilfe mathematisch-statistischer Methoden zu ermitteln.

Im Rahmen der Qualitätssicherung ist der Einsatz von Referenzmaterialien zur Sicherung der Richtigkeit von Analysenergebnissen unumgänglich (vgl. Kapitel 8).

5.3 Zufallsfehler

Bei Wiederholungsmessungen an ein und derselben Probe treten bei den Meßwerten auch bei sorgfältiger Konstanz der Versuchsbedingungen stets zufällige Schwankungen auf. Diese resultieren aus meßtechnischen Gegebenheiten (z. B. Rauschen von Strahlungs- und Spannungsquellen) Probeneigenschaften (z. B. Inhomogenitäten von Feststoffen) sowie verfahrensspezifischen Effekten chemischer oder physikalischer Art. Zufallsfehler sind minimierbar aber nicht grundsätzlich vermeidbar, d. h. sie treten gesetzmäßig auf. Sie können demzufolge mathematisch charakterisiert werden, und zwar durch die Gesetze der Wahrscheinlichkeitstheorie und Statistik.

5.3.1 Häufigkeitsverteilungen von Meßwerten

Werden schwankende Meßwerte ihrer Größe nach geordnet, so ergibt sich in der Regel keine gleichmäßige Verteilung über den gesamten Streubereich, sondern eine relative Anhäufung um den Mittelwert, etwa wie in Abb. 3 in Form eines Säulendiagramms dargestellt.

Wenn man die Zahl der Wiederholungsmessungen ins Unendliche steigert und gleichzeitig die Breite der Klassen (Säulen) immer mehr verringert, erhält man im Normalfall eine symmetrische glockenförmige Verteilung der Meßwerte, die als *Gauß*- oder *Normalverteilung* bezeichnet wird.

Ihre Häufigkeitsdichte $p(x)$, die als Ordinate in Abb. 4 dargestellt ist, wird durch die Beziehung

$$p(x) = \frac{1}{\sigma\sqrt{2\pi}} \exp\left[-\frac{(x-\mu)^2}{2\sigma^2}\right] \tag{4a}$$

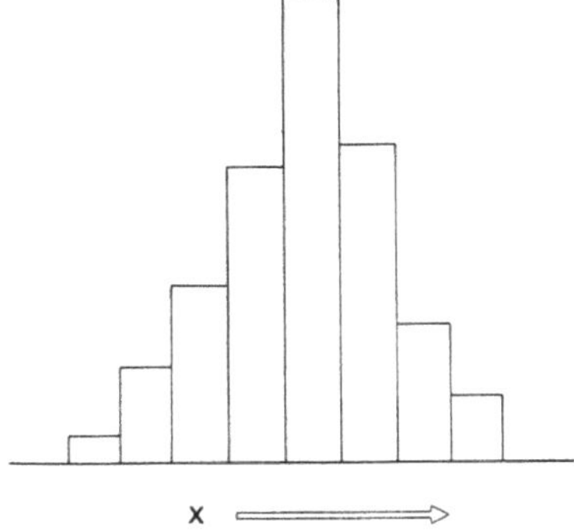

Abb. 3. Beispiel für die Häufigkeitsverteilung von Meßwerten

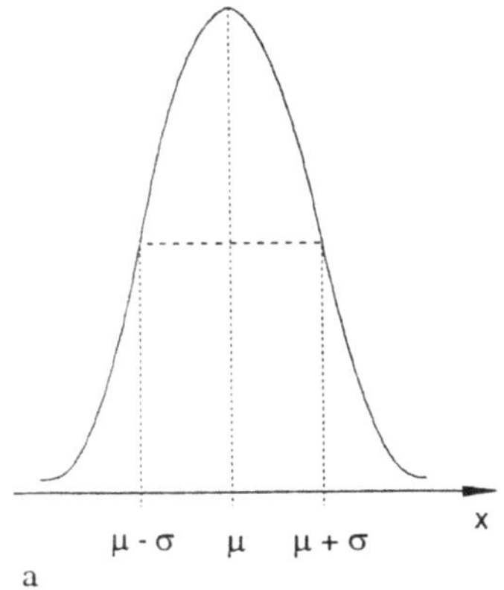

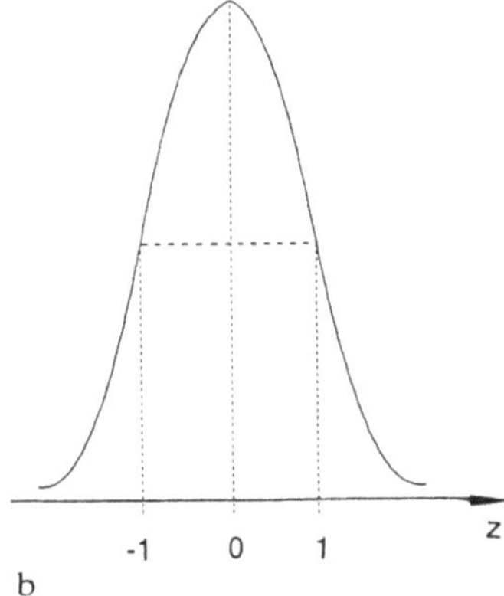

Abb. 4. Gaußverteilung (Normalverteilung, a) und Standard-Normalverteilung (b)

beschrieben mit den Parametern μ als Maximum (*Mittelwert*) und σ als dem halben Abstand der Wendepunkte (*Standardabweichung*). Bei Verwendung standardisierter Werte (Abb. 4b) mit $z = (x - \mu)/\sigma$ gilt

$$p(z) = \frac{1}{\sqrt{2\pi}} \exp\left(-\tfrac{1}{2}z^2\right) \qquad (4\,\text{b})$$

In der analytischen Praxis werden Stichproben der Grundgesamtheit untersucht, d. h. der durch die Gleichungen (4a) und (4b) beschriebene Zusammenhang gilt nur näherungsweise und anstelle der Parameter μ und σ werden die Schätzwerte $\bar{x}$ und s als arithmetischer Mittelwert

$$\bar{x} = 1/n \sum_{i=1}^{n} x_i \qquad (5)$$

und Standardabweichung[1]

$$s = \sqrt{\sum_{i=1}^{n} (x_i - \bar{x})^2 / (n-1)} \qquad (6)$$

für jeweils n Einzelmessungen ermittelt. Die Normalverteilung $N(\sigma, \mu)$ wird für reale Verhältnisse durch die t-Verteilung (STUDENT-Verteilung) $N_t(s, \bar{x}, n)$ angenähert, bei der die Anzahl der Einzelmessungen n bzw. die Zahl der Freiheitsgrade f berücksichtigt wird.

Für die analytische Chemie sind darüber hinaus vor allem die logarithmische Normalverteilung, die Poissonverteilung sowie die F- und die χ^2-Verteilung von Interesse. Letztere besitzen wie die t-Verteilung als Prüfverteilungen für statistische Signifikanztests und für die Berechnung von Konfidenzintervallen (Vertrauensbereiche, Unsicherheitsgrenzen, Toleranz- und Warngrenzen) Bedeutung. Diese Verteilungen werden ausführlich in [5, 6] behandelt.

Die Qualitätssicherung in der analytischen Chemie beruht größtenteils auf der Verteilung von Mittelwerten, die in der Regel normalverteilt sind, und zwar nach dem zentralen Grenzwertsatz der Statistik [6] auch dann, wenn es die betreffenden Einzelwerte nicht sind.

5.3.2 Fehlerfortpflanzung

Der Gesamtfehler eines Analysenverfahrens setzt sich zusammen aus den Fehleranteilen aller Teilschritte des Analysenganges (z. B. Probennahme, Probenpräparation, Verdünnung, Trennung, Messung) und von Einzeloperationen (z. B. von Differenz- oder Vergleichsmessungen). Die Vereinigung von Teilfehlern zum Gesamtfehler ist teilweise statistisch bestimmt und teilweise durch funktionelle Zusammenhänge der Form $x = f(x_1, x_2, \ldots, x_n)$. Im letzteren Fall läßt sich der Gesamtfehler nach dem allgemeinen Gesetz der Fehlerfortpflanzung für voneinander unabhängige Variable $x_1, x_2, \ldots x_n$ abschätzen

$$\sigma_x^2 = \left(\frac{\partial f}{\partial x_1}\right)^2 \sigma_{x1}^2 + \left(\frac{\partial f}{\partial x_2}\right)^2 \sigma_{x2}^2 + \ldots + \left(\frac{\partial f}{\partial x_n}\right)^2 \sigma_{xn}^2 \qquad (7)$$

wobei sich für die einfachsten und zugleich häufigsten Zusammenhänge ergibt:

$$x = x_1 + x_2 \quad \text{und} \quad x = x_1 - x_2: \quad \sigma_x^2 = \sigma_{x1}^2 + \sigma_{x2}^2$$

$$x = x_1 \cdot x_2 \quad \text{und} \quad x = x_1/x_2: \quad (\sigma_x/x)^2 = (\sigma_{x1}/x_1)^2 + (\sigma_{x2}/x_2)^2$$

---

[1] Standardabweichung der Stichprobe im Unterschied zu σ, der Standardabweichung der Grundgesamtheit. Bei erwartungstreuer Schätzung im Falle von n Messungen gilt: $n\sigma = (n-1)s$.

Für den Fall von Differenzmessungen, z. B. zur Blindwertkorrektur, gilt wegen $\sigma_{x1} \approx \sigma_{x2}$ meist für den Gesamtfehler: $\sigma_x \approx \sigma_{x1} \sqrt{2}$.

Bei der Behandlung korrelierter Größen sind die entsprechenden Kovarianzterme zu berücksichtigen [6].

Im Falle statistisch bestimmter Gesamtfehler gilt die Fehlerfortpflanzung entsprechend. Aufgrund dessen lassen sich Fehleranteile von Teilschritten durch statistische Streuungszerlegung (Varianzanalyse [5, 6]) abschätzen.

5.3.3 Vertrauensintervalle und Unsicherheitsbereiche

Meßwerte, die einer Gaußverteilung (Gl. (4a)) folgen, können prinzipiell im gesamten Definitionsbereich $-\infty < x < +\infty$ auftreten, wobei allerdings sehr große positive oder negative Abweichungen von μ nur eine sehr geringe Wahrscheinlichkeit (entsprechend $p(x)$) besitzen. Es ist deshalb zweckmäßig, Streubereiche zu definieren, in denen ein bestimmter Anteil der Meßwerte mit einer vorgegebenen statistischen Sicherheit P (und demzufolge mit einem Irrtumsrisiko $\alpha = 1 - P$) enthalten ist. Die statistische Sicherheit wird durch die Integralgrenzen $\pm u(P)\sigma$ bestimmt, siehe z. B. [5, 6].

Die in Abb. 5 angegebenen Integralbereiche entsprechen folgenden statistischen Sicherheiten:

$$\pm \sigma: \quad P = 0{,}683$$
$$\pm 2\sigma: \quad 0{,}955$$
$$\pm 3\sigma: \quad 0{,}997.$$

Für die in der Analytik und der Qualitätskontrolle üblicherweise verwendeten Irrtumsrisiken α von 0,05 bzw. 0,01 ergeben sich die Grenzen zu $\pm 1{,}96\,\sigma$ bzw. $\pm 2{,}58\,\sigma$. Im Falle der endlichen Stichproben der analytischen Praxis werden als entsprechende reale Grenzen die Quantile der t-Verteilung verwendet (Tabellen z. B. [5, 6]).

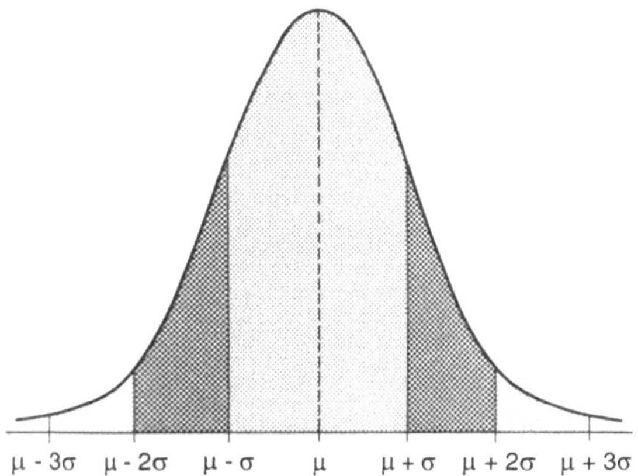

Abb. 5. Integralbereiche der Gaußverteilung

Der einseitige Vertrauensbereich eines Mittelwertes $\bar{x}$ errechnet sich nach

$$\Delta\bar{x} = s_{\mathrm{x}}\, t(P,f)/\sqrt{n} \tag{8}$$

mit s_{x} als der Standardabweichung der Meßreihe von n Einzelwerten, aus denen $\bar{x}$ ermittelt wurde; f ist die Zahl der Freiheitsgrade, die statistische Sicherheit P ist ausdrücklich festzulegen.

Für ein Analysenergebnis ist stets der gesamte Vertrauensbereich anzugeben, und zwar in der Form:

$$\bar{x} \pm \Delta\bar{x} = \bar{x} \pm s_{\mathrm{x}}\, t(P,f)/\sqrt{n} \tag{9}$$

In diesem Bereich liegen normalerweise $P \cdot 100\,\%$ aller Meßwerte, d.h. ein Wert außerhalb des Vertrauensbereiches bei insgesamt $n = 20$ Einzelmessungen entspricht gerade den statistischen Erwartungen für $P = 0{,}95$.

Bei Richtigkeitskontrollen, z. B. mit Hilfe von zertifizierten Referenzmaterialien, bezeichnet man den gefundenen Mittelwert als *richtig*, wenn dessen Vertrauensbereich den *wahren Wert* einschließt. Ist das nicht der Fall, dann ist das ermittelte Analysenergebnis *falsch*.

Vertrauensbereiche beziehen sich stets nur auf die Analysenschritte, deren Fehleranteile durch Wiederholungsbestimmungen in den Gesamtfehler s_{x} eingehen. Wird z. B. an einer Meßprobe eine n-fache Wiederholungsmessung ausgeführt, betrifft der Vertrauensbereich nur den Fehler des Ergebnisses in bezug auf den Teilschritt der Messung. Soll der Vertrauensbereich des Analysenergebnisses den Gesamtfehler des Verfahrens, z. B. einschließlich Probennahme, -vorbereitung und Messung, zum Ausdruck bringen, dann müssen echte Parallelproben genommen, parallel vorbereitet und wiederholt gemessen werden, wie in Abb. 6 schematisch veranschaulicht. Der Gesamtfehler

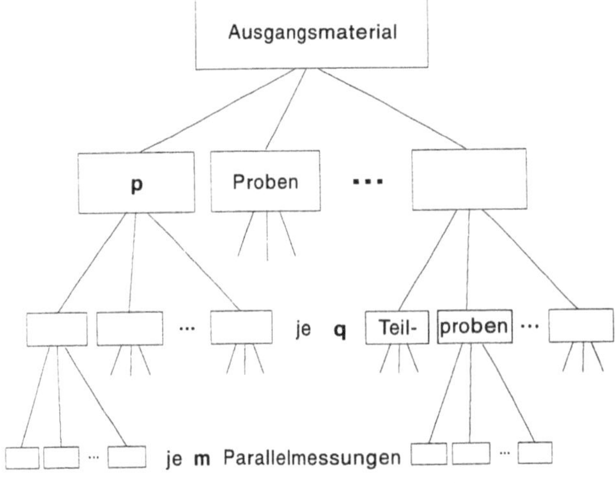

Abb. 6. Experimentelles Schema zur Fehlerauflösung

setzt sich dann additiv zusammen aus den Fehlerquadratsummen der Streuungen zwischen den p Proben, innerhalb dieser zwischen den $p \cdot q$ Teilproben, die parallel Probenvorbereitungsoperationen, z. B. Trennungen, unterzogen werden sowie der Streuung zwischen den insgesamt $n = m \cdot p \cdot q$ Parallelmessungen.

Die Fehleranteile lassen sich durch einfache Varianzanalyse (ANOVA) nach Rechenschemata ermitteln, die z. B. in [5, 6] angegeben sind.

Da in diesem Sinne Vertrauensbereiche in der analytischen Praxis nicht einheitlich ermittelt werden, wird im Rahmen der Qualitätssicherung darauf orientiert, reale *Unsicherheiten* der Analysenergebnisse anzugeben [7]. Diese können generell auf zwei verschiedenen Wegen ermittelt werden [8]:

– Auswertung nach *Typ A:* Ermittlung einer *Standard-Unsicherheit* durch statistische Auswertung einer Meßserie, ausgedrückt durch die Standardabweichung; diese Auswertung ist allgemein gebräuchlich, aber oft nicht ausreichend,

– Auswertung nach *Typ B:* Ermittlung einer *Standard-Unsicherheit* aufgrund nicht-statistischer Parameter, d. h. Unsicherheitsangaben aus Zertifikaten, Literatur, Herstellerunterlagen oder auch allgemeinen Erfahrungen.

In der Praxis der Qualitätssicherung ist es erforderlich, eine *kombinierte Standard-Unsicherheit* nach den Prinzipien der Fehlerfortpflanzung sowohl aus den experimentell (statistisch) bestimmten Varianzanteilen (Typ A) als auch aus logistischen Fehleranteilen (Typ B, z. B. Unsicherheiten der Volumenmeßgeräte) zu ermitteln [9].

5.4 Signifikanzprüfungen

Statistische Prüfverfahren (statistische Tests) ermöglichen objektive Vergleiche und Interpretationen von Meßergebnissen auf der Basis gegebener experimenteller Daten. Verallgemeinerungen über das gegebene Datenmaterial hinaus sind in der Regel nicht möglich.

Statistischen Prüfungen werden Hypothesen zugrunde gelegt, sogenannte *Nullhypothesen* H_0, deren Aussagen mittels Tests statistisch geprüft werden. Folgende Regeln gelten in diesem Zusammenhang:

1) Nullhypothesen sind immer *positiv* zu formulieren, also z. B. H_0: $\mu_1 = \mu_2$ (zwei Stichproben mit den Mittelwerten $\bar{x}_1$ und $\bar{x}_2$ gehören der gleichen Grundgesamtheit $\mu_1 = \mu_2$ an) oder H_0: $\sigma_1^2 = \sigma_2^2$ (Gleichheit der Varianzen zweier Stichproben).

2) Zu jeder Nullhypothese gehört eine *Alternativhypothese* H_A, die als bestätigt gilt, wenn die Nullhypothese abgelehnt wird, also der Test ein negatives Ergebnis erbringt, z. B. H_A: $\mu_1 \neq \mu_2$ (die verglichenen Mittelwerte $\bar{x}_1$ und $\bar{x}_2$ unterscheiden sich signifikant voneinander, gehören also verschiedenen Grundgesamtheiten an).

3) Nichtablehnung einer Nullhypothese bedeutet *nicht deren Annahme*. Ergibt ein Test keinen signifkanten Unterschied zwischen zwei verglichenen

Größen, bedeutet dies lediglich, daß die Unterschiede aufgrund des vorliegenden Datenmaterials nicht beweiskräftig sind. Ein Nachweis der Übereinstimmung ist damit nicht erbracht. Ein solcher läßt sich nur indirekt erbringen, siehe z. B. [2, 5].

4) Jeder Testausgang ist nur für eine *bestimmte* (frei wählbare) *statistische Sicherheit* P gültig, die einem Prüfverfahren zugrunde gelegt wird. Das Ergebnis eines Tests ist demzufolge mit einem *Irrtumsrisiko* $\alpha = 1 - P$ behaftet. In der Regel wird als statistische Sicherheit $P = 0{,}95$ (entsprechend $\alpha = 0{,}05$) gewählt. In Fällen, in denen dem Ausgang des Tests große Bedeutung oder Tragweite zukommt, ist eine höhere statistische Sicherheit zu wählen ($P = 0{,}99$). Folgende Entscheidungen sind zu treffen:

– H_0 für $P = 0{,}95$ nicht abgelehnt: der Unterschied wird als nicht beweiskräftig angesehen;
– H_0 für $P = 0{,}95$ abgelehnt: der Unterschied gilt im Normalfall als gesichert;
– H_0 für $P = 0{,}99$ abgelehnt: der Unterschied ist hochsignifikant.

5) Bei jedem statistischen Test können zwei verschiedenartige Fehler begangen werden, die Tabelle 1 verdeutlicht, nämlich

A) die Nullhypothese irrtümlich abzulehnen, obwohl sie in Wirklichkeit gültig ist (*„Fehler erster Art"*, *Irrtumsrisiko* α),
B) die Nullhypothese fälschlicherweise nicht abzulehnen, obwohl die Alternativhypothese gültig ist (*„Fehler zweiter Art"*, *Irrtumsrisiko* β).

Mittelwerte nach Gl. (5) und Standardabweichungen nach Gl. (6) sind für Stichproben nur dann charakteristisch, wenn bestimmte Voraussetzungen gelten, deren Erfüllung mittels Tests geprüft werden kann. Die Werte von Meßreihen müssen

a) *normalverteilt* sein,
b) zufällig streuen und dürfen *keinen systematischen Trend* aufweisen und
c) *frei von Ausreißern* sein,

Tabelle 1. Fehlerarten beim statistischen Test von Nullhypothesen

Die Nullhypothese ist	Richtig	Falsch
wird durch den Test		
nicht abgelehnt	Testresultat in Ordnung	Fehler 2. Art Irrtumsrisiko β („Abnehmerrisiko")
abgelehnt	Fehler 1. Art Irrtumsrisiko α („Erzeugerrisiko", „blinder Alarm")	Testresultat in Ordnung

einmal, um richtige Schätzungen für Mittelwert und Streuung der Meßreihe zu bestimmen, zum anderen auch, um statistische Prüfungen zum Vergleich dieser Parameter mit denen anderer Meßreihen durchführen zu können.

5.4.1 Tests für Meßreihen

1. Schnelltest auf Normalverteilung:

Spannweitentest von David

$$\hat{q}_R = R/s \tag{10}$$

mit der Spannweite $R = x_{max} - x_{min}$ und der Standardabweichung s. Liegt der berechnete Prüfwert $\hat{q}_R$ nicht innerhalb der Schranken der Tabellenwerte [6, 10], darf nicht davon ausgegangen werden, daß die Meßwerte normalverteilt sind. Es kann dann geprüft werden, ob nach Meßwerttransformation, z. B. Logarithmieren, eine Normalverteilung erhalten wird. Führt auch das nicht zum Erfolg, ist die Meßreihe mit Methoden der *robusten Statistik* [11] auszuwerten.

Das Vorliegen einer Normalverteilung kann nur mit einem *Anpassungstest* (z. B. χ^2, Kolmogorov-Smirnov) bestätigt werden.

2. Prüfung auf Trend

Für eine Meßreihe $x_1, x_2, \ldots, x_n$ (in der Reihenfolge der Messung, nicht geordnet) ist die Prüfgröße

$$\Delta^2 = \sum_{i=2}^{n} (x_{i-1} - x_i)^2/(n-1) \tag{11}$$

zu bilden. Die Meßwerte können als unabhängig und demzufolge zufällig streuend betrachtet werden, wenn $\Delta^2 \approx 2s^2$, ein Trend muß angenommen werden, wenn $\Delta^2 < 2s^2$. Zur exakten Prüfung ist Δ^2/s^2 zu bilden und mit den kritischen Schranken, z. B. in [6], zu vergleichen.

3. Ausreißertests

Von den zahlreichen in der Literatur beschriebenen Prüfungen auf Ausreißer haben sich in der analytischen Praxis vor allem bewährt:

a) für Meßreihen geringen Umfangs ($n \leq 25$):

Ausreißertest nach Dixon und Dean [5, 6],

wobei die Meßwerte nach steigenden oder fallenden Werten geordnet sind, je nachdem, ob der ausreißerverdächtige Wert x_1^* nach unten oder oben abweicht. Die Prüfgröße wird abhängig vom Datenumfang gebildet

$$\hat{M} = |x_1^* - x_b|/|x_1^* - x_k| \tag{12}$$

wobei die Indices b und k je nach Umfang der Meßreihe (Anzahl n der Meßwerte) folgende Werte annehmen [6, 10]:

$$b = 2 \text{ für } 3 \leq n \leq 10; \qquad k = n \qquad \text{ für } 3 \leq n \leq 7$$
$$b = 3 \text{ für } 11 \leq n \leq 25; \qquad k = n - 1 \text{ für } 8 \leq n \leq 13$$
$$k = n - 2 \text{ für } 14 \leq n \leq 25$$

Der Vergleich erfolgt mit den kritischen Werten $M(n; \alpha)$, z. B. in [6, 10].

b) für Meßreihen größeren Umfangs ($n \geq 25$):

Ausreißertest nach Graf und Henning:

Ein Wert x^* wird als Ausreißer verworfen, wenn er außerhalb des Bereiches $\bar{x} \pm 4s$ liegt, wobei $\bar{x}$ und s *ohne* x^* zu berechnen sind.

c) für Meßreihen nahezu beliebigen Umfangs ($3 \leq n \leq 150$):

Ausreißertest nach Grubbs [10]

$$G = |\bar{x} - x^*|/s \tag{13}$$

Die Prüfgröße wird mit den kritischen Werten $G(n; \alpha)$ verglichen [10].

5.4.2 Vergleich zweier Standardabweichungen

Zwei Standardabweichungen s_1 und s_2 mit den zugehörigen Freiheitsgraden f_1 und f_2 werden mittels F-Test verglichen. Die Prüfgröße

$$\hat{F} = s_1^2/s_2^2, \tag{14}$$

bei der im Regelfall $s_1 > s_2$ ist, wird mit dem entsprechenden Quantil der F-Verteilung [5, 6, 10] verglichen, für $\hat{F} > F(f_1; f_2; \alpha)$ ist nachgewiesen, daß s_1 signifikant größer ist als s_2.

5.4.3 Vergleich mehrerer Standardabweichungen

1. bei Meßreihen gleichen Umfangs: Hartley-Test (F_{max}-Test):

$$\hat{F}_{max} = s_{max}^2/s_{min}^2 \tag{15}$$

Tabellen mit den kritischen Werten finden sich in [6, 10].

2. Cochran-Test

$$\hat{G}_{max} = s_{max}^2/(s_1^2 + s_2^2 + \ldots + s_k^2), \tag{16}$$

vorteilhaft anzuwenden für den Vergleich von k Stichproben, wenn eine der Varianzen wesentlich größer ist als alle anderen; Tabellen in [6, 10].

3. Bartlett-Test:

$$\hat{\chi}^2 = 1/c \left[2{,}303 \left(f_{\mathrm{g}} \lg s^2 - \sum_{i=1}^{k} f_{\mathrm{i}} \lg s_{\mathrm{i}}^2 \right) \right] \tag{17}$$

wobei $f_{\mathrm{g}} = n - k = \Sigma f_{\mathrm{i}}$ die Gesamtzahl der Freiheitsgrade ist (k Anzahl der Gruppen), $s^2 = \Sigma (f_{\mathrm{i}} \cdot s_{\mathrm{i}}^2 / f_{\mathrm{g}})$ die gewichtete Varianz, s_{i}^2 die Varianzen der i-ten Gruppe mit den Freiheitsgraden f_{i} und $c = 1 + \{\Sigma (1/f_{\mathrm{i}} - 1/f_{\mathrm{g}})/[3 (k - 1)]\}$ [1]; $\hat{\chi}^2$ wird mit dem entsprechenden Quantil der χ^2-Verteilung $\chi^2 (f_{\mathrm{g}}, \alpha)$ verglichen [5, 6, 10].

5.4.4 Vergleich zweier Mittelwerte

Für die Mittelwerte $\bar{x}_1$ und $\bar{x}_2$ zweier Meßserien mit n_1 bzw. n_2 Messungen erfolgt die Prüfung mit Hilfe des t-Testes. Dieser läßt sich problemlos nur durchführen, wenn die Varianzen der beiden Stichproben s_1^2 und s_2^2 nicht signifikant voneinander verschieden sind, was vorher durch F-Test zu prüfen ist. Mit der gewichteten Durchschnittsstandardabweichung

$$s_{\mathrm{d}} = \sqrt{\frac{(n_1 - 1) s_1^2 + (n_2 - 1) s_2^2}{n_1 + n_2 - 2}} \tag{18}$$

ist die Prüfgröße

$$\hat{t} = |\bar{x}_1 - \bar{x}_2|/s_{\mathrm{d}} \cdot \sqrt{n_1 n_2 / (n_1 + n_2)} \tag{19}$$

zu bilden und mit dem zugehörigen Quantil der t-Verteilung $t (f, \alpha)$ mit $f = n_1 + n_2 - 2$ zu vergleichen.

Auf ähnliche Weise kann auch ein experimenteller Mittelwert $\bar{x}$ mit einem theoretischen bzw. wahren Wert μ (z. B. einem Referenzwert) verglichen werden:

$$\hat{t} = |\bar{x} - \mu|/s \cdot \sqrt{n} \tag{20}$$

Dem Vergleichswert $t (f, \alpha)$ ist in diesem Fall $f = n - 1$ zugrunde zu legen.

Gl. (19) ist nicht anwendbar, wenn zwischen den Varianzen s_1^2 und s_2^2 ein signifikanter Unterschied besteht. In diesem Fall kann der allgemeine t-Test (T_z-Test) nach Welch durchgeführt werden [12]:

$$\hat{T}_z = \frac{|\bar{x}_1 - \bar{x}_2|}{\sqrt{s_1^2/n_1 + s_2^2/n_2}} \tag{21}$$

---

[1] c hat den Charakter einer Korrekturkonstanten, die für eine nicht zu geringe Anzahl von Freiheitsgraden f_{i} etwa gleich 1 ist.

Der Vergleich erfolgt wiederum mit $t(f, \alpha)$, in diesem Falle ist

$$f = \frac{(s_1^2/n_1 + s_2^2/n_2)^2}{(s_1^2/n_1)^2/(n_1 - 1) + (s_2^2/n_2)^2/(n_2 - 1)} \qquad (22)$$

5.4.5 Vergleich mehrerer Mittelwerte

Mehrere Mittelwerte $\bar{x}_1, \bar{x}_2, \ldots, \bar{x}_k$ werden mittels einfacher Varianzanalyse [5, 6, 10] verglichen, wobei die Prüfgröße

$$\hat{F} = \frac{(n - k) \sum_{i=1}^{k} (\bar{x}_i - \bar{\bar{x}})^2 \, n_i}{(k - 1) \sum_{i=1}^{k} s_i^2 \, (n_i - 1)} \qquad (23)$$

mit $\quad k \quad$ Anzahl der zu vergleichenden Mittelwerte,

$\quad\quad \bar{x}_i \quad$ Mittelwert der i-ten Meßreihe mit n_i Einzelwerten,

$\quad\quad s_i \quad$ Standardabweichung der i-ten Meßreihe,

$\quad\quad n = \Sigma n_i \quad$ Gesamtzahl aller Einzelmessungen,

$\quad\quad \bar{\bar{x}} = 1/n \, \Sigma n_i \, \bar{x}_i \quad$ gewichteter Gesamtmittelwert.

sowie mit $f_1 = k - 1$ und $f_2 = n - k$ Freiheitsgraden das zugehörige Quantil der F-Verteilung übersteigt, wenn sich mindestens einer der Mittelwerte signifikant von den anderen unterscheidet.

Die Globalaussage der Varianzanalyse kann dahingehend spezifiziert werden, welche(r) der Mittelwerte von den anderen abweichen. Dies geschieht mittels *multipler Mittelwertvergleiche* [6].

Im einfachsten Fall, wenn alle Stichproben den gleichen Umfang haben, $n_1 = n_2 = \ldots = n_k$, wird die Ausreißerprüfung nach Dixon angewandt, in Gl. (12) sind dann anstelle der Einzelwerte die entsprechenden Mittelwerte einzusetzen [6]. Für die schwierigeren Fälle ungleicher Stichprobenumfänge stehen mehrere Verfahren zur Auswahl, siehe dazu [6], S. 649 ff.

5.5 Statistische Qualitätssicherung

Wird die Qualität von Produkten oder Prozeßabläufen durch analytische Messungen kontrolliert, ist zu berücksichtigen, daß nicht nur die Produktqualität gewissen Schwankungen unterliegt, die für den Herstellungsprozeß charakteristisch sind, sondern auch die Analysenergebnisse im Rahmen der zufälligen Analysenfehler streuen.

5.5.1 Statistische Qualitätskriterien

Im Rahmen von Qualitätsvereinbarungen wird die Produktqualität oft auf einen Normwert (Targetwert) Q_0 festgelegt. Ergibt die analytische Kontrolle einen niedrigeren Wert $x \leq Q_0$, so gilt die Qualitätsforderung als nicht erreicht und ein Abnehmer kann das Produkt zurückweisen.

Infolge der Streuung der Analysenergebnisse und deren Bewertung mittels statistischer Tests kann jedoch sowohl ein gutes Produkt zurückgewiesen als auch ein schlechtes Produkt als gut befunden werden, entsprechend dem in Tabelle 1 (S. 80) dargestellten Sachverhalt.

Es müssen deshalb zwischen Erzeuger und Abnehmer statistische Grenzen festgelegt werden, die sowohl *falsch-negative* Entscheidungen (Fehler 1. Art, Erzeugerrisiko) und *falsch-positive* Entscheidungen (Fehler 2. Art, Abnehmerrisiko) als auch den Prüfaufwand minimieren, da beliebig hoher Aufwand für Analysengenauigkeit und statistische Sicherheit, die sich in den Kosten widerspiegeln, sowohl den Erzeuger als auch den Abnehmer belasten.

Mit Hilfe der Folgen von Fehlentscheidungen lassen sich (z. B. in Kosteneinheiten) *Risiken R* angeben, und zwar sowohl für den Erzeuger E als auch für den Abnehmer A

$$R_E = w \cdot \bar{\alpha} \cdot F_E \tag{24a}$$

$$R_A = (1 - w)\bar{\beta} \cdot F_A \tag{24b}$$

bei denen w die a-priori-Wahrscheinlichkeit dafür ist, daß ein ermittelter Qualitätsparameter $x = Q_{K,E}$ ist, $(1 - w)$ die Wahrscheinlichkeit für $x = Q_{K,A}$, $\bar{\alpha}$ ist das (einseitige) Erzeugerrisiko (Fehler 1. Art), $\bar{\beta}$ das (einseitige) Abnehmerrisiko und F_E bzw. F_A Parameter (z. B. Kosten) für die Folgen bei Fehlentscheidungen.

Die Relationen zwischen dem Targetwert Q_0 und den Verteilungen der kritischen Analysenwerte für den Erzeuger $Q_{K,E}$ bzw. für den Abnehmer $Q_{K,A}$ sind in Abb. 7 veranschaulicht. Im Fall $x > Q_0$ ist die Qualität besser als vereinbart, während $x < Q_0$ schlechtere Qualität anzeigt.

Wegen der Fehler- und Irrtumsmöglichkeiten sind auf der Basis der Risiken nach Gl. (24) Toleranzgrenzen festzulegen, die sich mit Hilfe von Vertrauensgrenzen ergeben zu:

$$Q_{K,A} = Q_0 - s\,t(f, \bar{\beta})/\sqrt{n} \tag{25}$$

für die untere Toleranzgrenze mit der Standardabweichung s des Analysenverfahrens und n Parallelbestimmungen sowie

$$Q_{K,E} = Q_0 + s\,t(f, \bar{\alpha})/\sqrt{n} \tag{26}$$

für die obere Toleranzgrenze. Wenn Q_0 nicht als Normwert, sondern als *Garantiewert* $Q_{0,g}$ zwischen Abnehmer und Erzeuger vereinbart ist, und zwar mit einer festgelegten statistischen Sicherheit $\bar{P} = 1 - \bar{\alpha}$, hat letzterer mindestens die Qualität $Q_{K,E}$ zu liefern. Zur Vereinbarung gehört dabei auch die Aussage, ob ein Analysenwert $\bar{x} = Q_{0,g} = Q_{K,E}$ noch anerkannt wird ($\bar{x} \geq Q_{0,g}$) oder nicht ($\bar{x} > Q_{0,g}$). Risiko des Abnehmers ist es in solchen Fällen, daß in $100\,\bar{\alpha}\%$ aller Fälle die Qualität schlechter sein kann als Q_0.

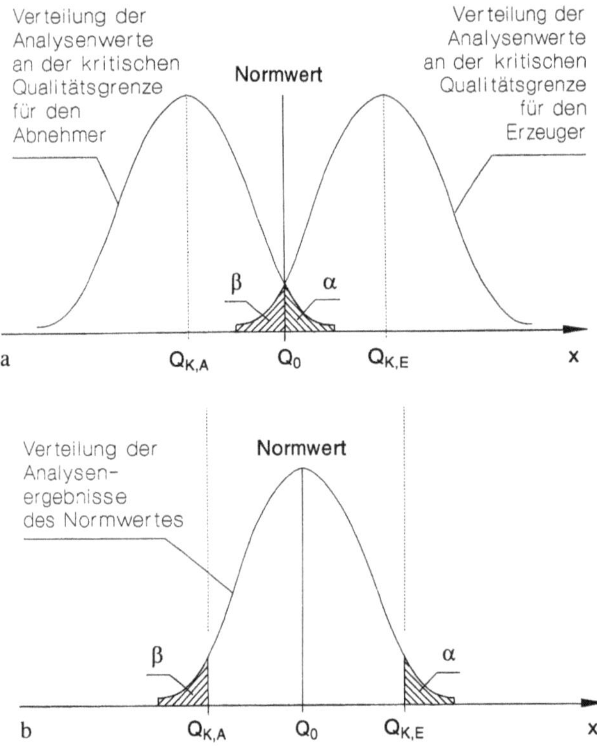

Abb. 7. Verteilungen von Analysenergebnissen zur Qualitätssicherung

Qualitätsgrenzen sind oft durch Gesetze oder Normen festgelegt, werden jedoch auch häufig in zweiseitigen Vereinbarungen festgelegt. Unter Beachtung der jeweiligen Risiken R_E bzw. R_A sind insbesondere die Werte $\bar{\alpha}$ und $\bar{\beta}$ abzustimmen, wobei in der Praxis oft $\bar{\alpha} = \bar{\beta}$ zugrunde gelegt wird.

5.5.2 Attributprüfung

Im Gegensatz zur *Variablenprüfung* (Vergleich von Meßwerten) versteht man unter *Attributprüfung* die qualitative Prüfung von Produkten (Fehlerprüfung, Gut-Schlecht-Prüfung) anhand von Stichproben. Die entscheidenden Größen sind der Stichprobenumfang n (die Zahl der Einheiten in der Zufallsstichprobe) sowie die Annahmezahl n_a, die gemäß dem Losumfang N und dem Anteil schlechter Einheiten p im Los aus entsprechenden Verteilungsfunktionen (hypergeometrische, Binomial- oder Poissonverteilung [10]) oder deren Operationscharakteristik ermittelt werden.

Nach Anzahl der fehlerhaften Einheiten n_-, die in der Stichprobe ermittelt werden, gilt für

$$n_- \leq n_a \quad \text{Annahme des Prüfgutes}$$

$$n_- > n_a \quad \text{Zurückweisung} \tag{27}$$

Attributprüfungen können auch auf der Grundlage zweier oder mehrerer (m) Stichproben erfolgen. Dem Nachteil des höheren Aufwandes zur Ermittlung der Stichprobenumfänge $n_1, n_2, \ldots, n_m$, der Annahme- und Rückweisungszahlen $n_{a,1}, n_{a,2}, \ldots, n_{a,m}$ bzw. $n_{r,1}, n_{r,2}, \ldots, n_{r,m}$ steht der Vorteil gegenüber, bei klaren Verhältnissen eventuell schon mit einer kleinen ersten Stichprobe $i = 1$ eindeutige Entscheidungen zu treffen.

Im Unterschied zu klassischen statistischen Prüfungen existieren drei Ausgänge für Tests, und zwar

$$
\begin{aligned}
n_{-,i} &\leq n_{a,i} \qquad && \text{Annahme des Prüfgutes} \\
n_{-,i} &\geq n_{r,i} \qquad && \text{Zurückweisung} \\
n_{a,i} &< n_{-,i} < n_{r,i} \qquad && \text{Untersuchung einer weiteren Stichprobe}
\end{aligned}
\tag{28}
$$

Dieses Modell leitet über zu sequentiellen Tests, die generell drei Ausgänge verwenden und die rationellste Möglichkeit zur Qualitätskontrolle darstellen.

5.5.3 Sequenzanalyse

Das Prinzip der Sequenzanalyse (Sequentialanalyse) besteht darin, daß zur Prüfung auf Unterschied zwischen zwei Grundgesamtheiten A und B bei festgelegten Wahrscheinlichkeiten für den Fehler 1. und 2. Art, α und β, gerade nur so viel Einheiten (Einzelproben) untersucht werden, wie zur Entscheidungsfindung erforderlich sind. Damit wird der Stichprobenumfang n selbst zur Zufallsvariablen.

Sequentielle Untersuchungen sind sowohl für Attributprüfungen als auch für quantitative Messungen möglich. Die Tatsache, daß jeweils nur so viele Prüfungen bzw. Messungen ausgeführt werden, wie unbedingt notwendig sind, ist vor allem dann von Vorteil, wenn Einzelproben schwer zugänglich oder teuer sind oder wenn dies auf die Messung zutrifft.

Auf der Grundlage des Resultates jeder Einzeluntersuchung wird festgestellt, ob eine Entscheidung getroffen werden kann oder ob die Untersuchungen fortgesetzt werden müssen. Nach dem Endziel von Sequenzanalyse unterscheidet man zwischen *geschlossenen Folgetestplänen*, die stets zu einer Entscheidung A > B oder A < B führen (gegebenenfalls mit großen Prüfumfang) und *offenen Folgetestplänen*, die nach einem bestimmten Prüfaufwand auch die Aussage A = B zulassen.

Die Auswertung kann rechnerisch oder graphisch durchgeführt werden; ein Beispiel für eine graphische Sequenzanalyse ist in Abb. 8 am Beispiel einer Attributprüfung dargestellt. Die Annahme- und Rückweisungsgrenzkurven sind bei Attributprüfungen in der Regel Geraden, bei Variablenprüfungen meist nichtlineare Funktionen [10].

Bei Variablenprüfungen sind auf der Ordinatenachse die Analysenwerte x aufzutragen, eine Entscheidung erfolgt mit dem Überschreiten der Annahme- oder Zurückweisungskurve.

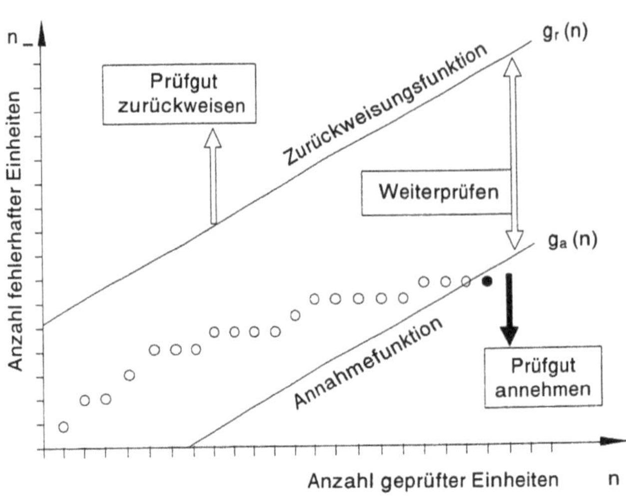

Abb. 8. Graphische Auswertung einer Sequenzanalyse

Die Entscheidungen nach jeder Einzelprobe sind

a) bei Attributprüfungen:

$$n_{-,\mathrm{n}} \leq n_{\mathrm{a,n}} = g_\mathrm{a}(n) \qquad \text{Annahme des Prüfgutes}$$

$$n_{-,\mathrm{n}} \geq n_{\mathrm{r,n}} = g_\mathrm{r}(n) \qquad \text{Zurückweisung} \tag{29}$$

$$g_\mathrm{a}(n) < n_{-,\mathrm{n}} < g_\mathrm{r}(n) \qquad \text{Prüfung fortsetzen: eine weitere}$$
$$\text{Einzelprobe untersuchen}$$

mit $n_{-,\mathrm{n}}$ Anzahl fehlerhafter Einheiten bei n (Index) geprüften, $n_{\mathrm{a,n}}$ bzw. $n_{\mathrm{r,n}}$ Annahme- bzw. Rückweisungszahl für den jeweilig aktuellen Stichprobenumfang n, $g_\mathrm{a}(n, s, \bar{\alpha})$ und $g_\mathrm{r}(n, s, \bar{\beta})$ sind die Annahme- bzw. Rückweisungsfunktionen.

b) bei Variablenprüfungen (quantitativen Messungen):

$$x_\mathrm{n} \leq g_\mathrm{a}(n, s, \bar{\alpha}) \qquad \text{Annahme des Prüfgutes}$$

$$x_\mathrm{n} \geq g_\mathrm{r}(n, s, \bar{\beta}) \qquad \text{Zurückweisung} \tag{30}$$

$$g_\mathrm{a}(n, s, \bar{\alpha}) < x_\mathrm{n} < g_\mathrm{r}(n, s, \bar{\beta}) \qquad \text{Prüfung fortsetzen: eine weitere}$$
$$\text{Einzelprobe untersuchen}$$

wobei x_n der aktuelle Analysenwert nach n Messungen ist, $g_\mathrm{a}(n, s, \bar{\alpha})$ und $g_\mathrm{r}(n, s, \bar{\beta})$ die Annahme- bzw. Rückweisungsfunktionen, s die Standardabweichung des Analysenverfahres und $\bar{\alpha}$ bzw. $\bar{\beta}$ das Erzeuger- bzw. Abnehmerrisiko.

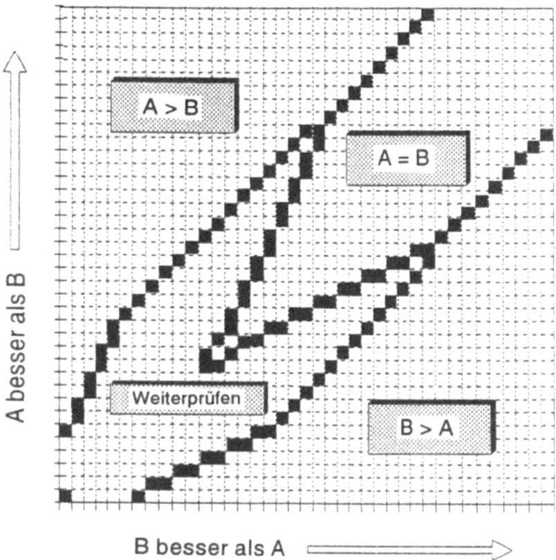

Abb. 9. Folgetestplan zum direkten Merkmalsvergleich

Folgetestpläne sind auch geeignet zum direkten Vergleich zweier Produkte oder Verfahren auf der Grundlage sowohl subjektiver Größen als auch Meßergebnissen, und zwar ohne Berechnung nur nach den drei Kriterien

— A ist besser als B,
— B ist besser als A,
— kein Unterschied zwischen A und B.

Für die graphische Auswertung solcher Vergleiche zeigt Abb. 9 ein Beispiel.

5.5.4 Qualitätsregelkarten

Ursprünglich wurden Qualitätsregelkarten für die industrielle Produktkontrolle entwickelt und eingesetzt (Shewhart, 1931). Heute dienen sie zur Überwachung von Prozessen jeglicher Art, von Produktionsprozessen ebenso wie von Meßprozessen. Qualitätsregelkarten QRK (auch „Kontrollkarten") besitzen deshalb Bedeutung sowohl für die Qualitätssicherung *innerhalb der Analytik* (Überwachung von Prüfverfahren) als auch die Qualitätssicherung von Erzeugnissen oder Prozessen *mit Hilfe der Analytik*.

In jedem Fall besteht das Anliegen von QRK in der anschaulichen Darstellung von Qualitätszielgrößen Q und ihrer Schranken. Die Ergebnisse von Stichprobenkontrollen werden als Punktfolgen in die Karten eingetragen, so daß aus deren Verlauf typische Situationen, wie einige beispielhaft in Abb. 11 dargestellt sind, schnell erkannt werden können.

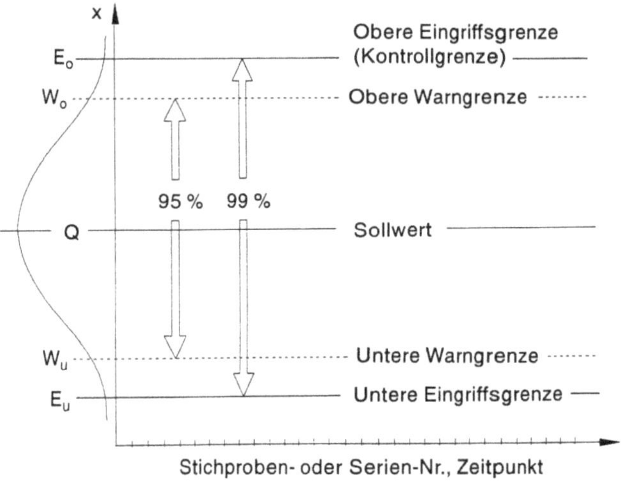

Abb. 10. Allgemeines Schema einer Qualitätsregelkarte

QRK enthalten als Qualitätszielgrößen Soll- oder Referenzwerte bzw. Optimalgrößen sowie deren Schranken. Dem Charakter der Zielgrößen Q nach unterscheidet man

- Einzelwertkarten
- Mittelwertkarten:
  - $\bar{x}$-Karten
  - Mediankarten
  - Blindwertkarten
- Streuungskarten:
  - Standardabweichungskarten (s- bzw. s_{rel}-Karten)
  - Spannweitenkarten
- Wiederfindungsraten-Karten
- Cusum-Karten
- Kombinationskarten (z. B. $\bar{x}$-s- bzw. $\bar{x}$-R-Karten)
- Korrelationskarten (z. B. $\bar{x}_A$-$\bar{x}_B$-Karten).

Einzelwertkarten werden nur für spezielle Zwecke, z. B. als *Urwertkarten* zur Ermittlung der Warn- und Eingriffsgrenzen oder zur Auswertung von *Zeitreihenanalysen* [14] verwendet.

Alle anderen Kartentypen werden relativ häufig genutzt und haben ihre speziellen Vorteile [10, 13, 14]. Der grundsätzliche Aufbau einer QRK ist in Abb. 10 dargestellt, wobei als Verteilungsfunktion zur Ableitung der Warn- und Eingriffsgrenzen eine Gaußfunktion, zutreffend für Mittelwerte [1], gewählt wurde.

---

[1] Nach dem *zentralen Grenzwertsatz* sind Mittelwerte, auch wenn sie aus nicht normalverteilten Meßreihen gebildet werden, angenähert normalverteilt [6].

Tabelle 2. Regelgrößen in Qualitätsregelkarten

Zielgröße, Sollwert	Grenzwerte
Mittelwert $\bar{x}$	$G_0 = \bar{x} + t(f, P) \cdot s/\sqrt{n}$
	$G_U = \bar{x} - t(f, P) \cdot s/\sqrt{n}$
Standardabweichung	$G_0 = s_d \cdot \sqrt{[\chi^2(n-1, 1-\alpha/2)/(n-1)]}$
$s_d = \sqrt{[\Sigma f_i \cdot s_i^2/\Sigma f_i]}$	$G_U = s_d \cdot \sqrt{[\chi^2(n-1, \alpha/2)/(n-1)]}$
Spannweite	$G_0 = D_0 \cdot \bar{R}$
$\bar{R} = \Sigma R_i/m$	$G_U = D_U \cdot \bar{R}$
$R_i = x_{i,\,max} - x_{i,\,min}$	
Wiederfindungsrate	$G_0 = \overline{WF} + t(f, P) \cdot s_{WF}/\sqrt{n}$
$\overline{WF} = b$	$G_U = \overline{WF} - t(f, P) \cdot s_{WF}/\sqrt{n}$
(Anstieg der Wiederfindungsfunktion Gl. (2))	

Die entsprechenden Faktoren der t- und χ^2-Verteilung finden sich in allen Statistik-Büchern, z. B. [5, 6, 10, 14]; zu den D-Faktoren siehe [10, 13]

Für die Grenzwerte werden die folgenden Schranken gewählt ($\bar{x} = Q$):

$$E_0 = \bar{x} + t(f, P = 0{,}99)\, s/\sqrt{n}$$
$$W_0 = \bar{x} + t(f, P = 0{,}95)\, s/\sqrt{n}$$
$$W_U = \bar{x} - t(f, P = 0{,}95)\, s/\sqrt{n}$$
$$E_U = \bar{x} - t(f, P = 0{,}99)\, s/\sqrt{n}$$

Häufig werden auch die Grenzen $E = \bar{x} \pm 3\,s$ und $W = \bar{x} \pm 2\,s$ (entsprechend $P = 1 - \alpha = 0{,}997$ bzw. $0{,}955$) verwendet.

Für die wichtigsten der oben angegebenen Qualitätsregelkarten ergeben sich die in Tab. 2 Parameter, wobei die Grenzwerte G_0 bzw. G_U für $P = 0{,}99$ Eingriffsgrenzen und für $P = 0{,}95$ Warngrenzen sind.

In Abb. 11 sind einige typische Situationen in QRK dargestellt. Fall a entspricht einem normalen Kontrollverlauf, bei den Fällen b, c, d und e handelt es sich um Situationen, in denen das Geschehen außer Kontrolle geraten ist („Außer-Kontroll-Situationen", AKS). In b tritt ein Wert außerhalb der Kontrollgrenze auf, was einen sofortigen Eingriff erforderlich macht. Ein einmaliges Überschreiten der Warngrenzen verlangt nur erhöhte Aufmerksamkeit, während 2 von 3 aufeinanderfolgenden Werten außerhalb der Warngrenzen, wie im Beispiel e, eine AKS signalisieren.

Um AKS handelt es sich auch, wenn ein festgelegter Anteil aufeinanderfolgender Werte (7 von 7, 10 von 11, 12 von 14, 16 von 20) entweder auf einer Seite der Zentrallinie liegt (c) oder stetig steigende bzw. fallende (d) Tendenz zeigt.

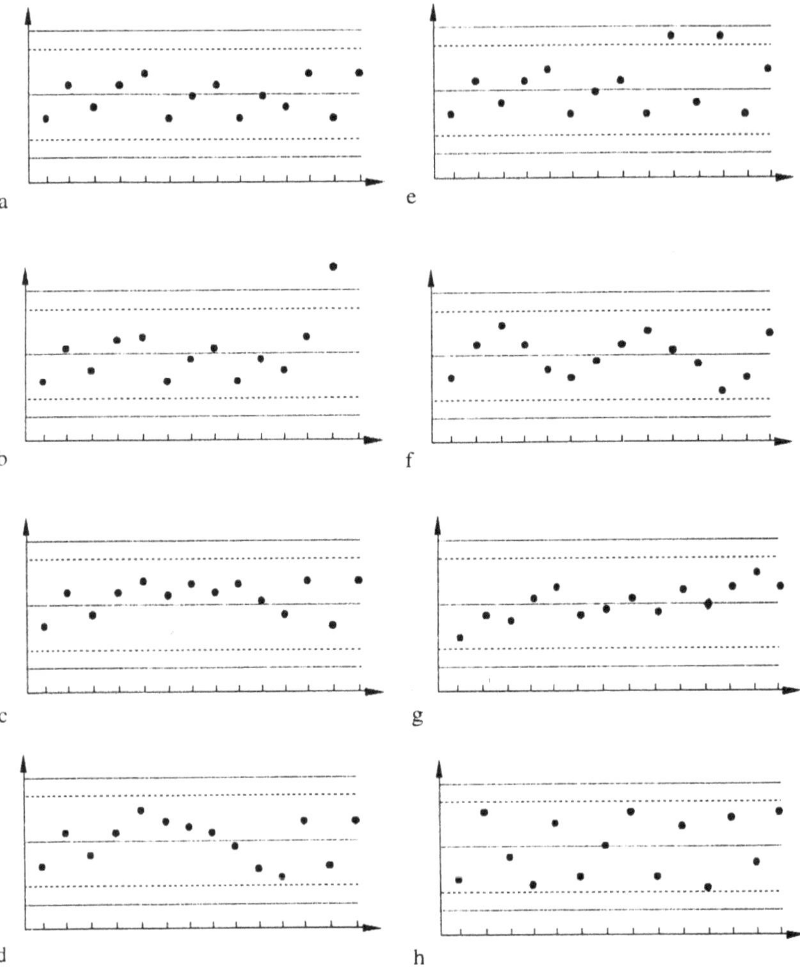

Abb. 11. Charakteristische Situation in Kontrollkarten

Die Fälle f, g und h veranschaulichen außergewöhnliche Situationen, die Aufmerksamkeit erfordern, da der Prozeß außer Kontrolle zu geraten droht. Fall f zeigt periodische (zyklische) Veränderungen, g einen Langzeittrend, während im Fall h auffallend viele Werte nahe der Kontrollgrenzen liegen.

Bei sachgemäßer Konstruktion vermitteln *Cusum-Karten* einen empfindlichen und instruktiven Eindruck von Prozeßveränderungen. Dazu wird die kumulative Summe der Abweichungen vom Zielwert (Referenzwert) k gebildet; sie ist für die n-te Stichprobe bzw. Serie

$$S_n = \left(\sum_{i=1}^{n} x_i \right) - n\,k \tag{31}$$

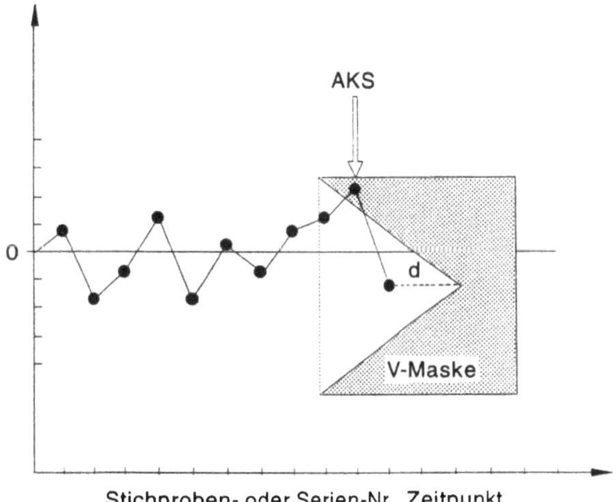

Abb. 12. Cusum-Regelkarte mit V-Maske

Die Cusumwerte enthalten damit Informationen sowohl über aktuelle als auch die vorangegangenen Werte. Ihre graphische Darstellung in Regelkarten läßt deshalb Veränderungen, die zu AKS führen, leichter erkennen als die Originalwerte.

In Verbindung mit V-Masken sind AKS unmittelbar zu erkennen, wie aus Abb. 12 hervorgeht. Voraussetzung für eine effektive Wirkung ist die richtige Wahl der Parameter (Referenzwert, Skalierung, V-Masken-Winkel und -Abstand d) [13].

Anstelle der graphischen Auswertung lassen sich auch numerische Entscheidungen verwenden.

5.6 Kalibration von Analysenverfahren

Der erste Schritt der Qualitätssicherung in der Analytik selbst besteht in der Regel in der Kalibration[1], also in der exakten Ermittlung der Abhängigkeit zwischen der jeweiligen Meßgröße y und der Analysengröße x, ausgedrückt durch die Kalibrationsfunktion

$$y = f(x) \tag{32}$$

Eines der zentralen Probleme der Kalibration ist die Sicherung der Richtigkeit, das darin besteht, daß gleiche Analytmengen x_i in den Kalibrierproben und in den Analysenproben übereinstimmende Signalwerte y_i ergeben.

---

[1] Der Begriff *Kalibration* (auch *Kalibrierung*) ist dem der *Eichung*, den Chemiker über Generationen hinweg verwendeten, vorzuziehen. Der Begriff Eichung steht heute mit einem amtlichen Zertifikat, also einem Kalibrieren „von Amts wegen" in Verbindung.

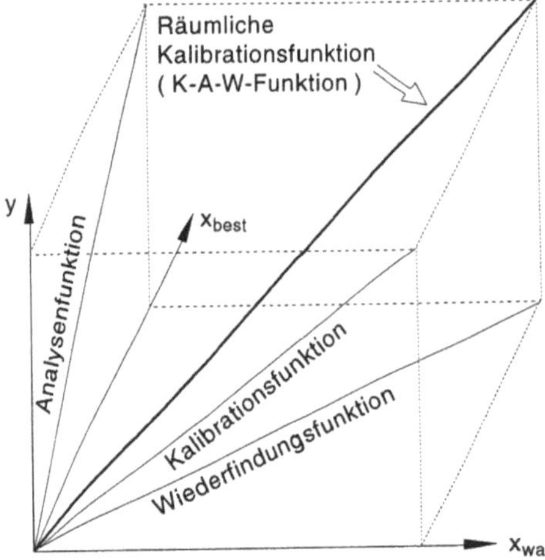

Abb. 13. Dreidimensionaler Zusammenhang zwischen Signalwerten sowie wahren und ermittelten Analysenwerten

Dazu ist eine dreidimensionale Betrachtung des Kalibrationsproblems nützlich [15], die sowohl den Zusammenhang zwischen Meßwerten y und „wahren" Analysenwerten von Kalibrierproben x_{wahr}, die eigentliche *Kalibrierfunktion*, Gl. (32), als auch den zwischen ermittelten Analysenwerten realer Proben x_{best} und Meßwerten beschreibt. Grundlage dafür ist die *Analysenfunktion*, die allgemein lautet:

$$x = f^{-1}(y) \tag{33}$$

Außerdem ist in diesem dreidimensionalen Zusammenhang die *Wiederfindungsfunktion*

$$x_{best} = f(x_{wahr}) \tag{34}$$

als Zusammenhang zwischen „wahren" und *ermittelten* Analysenwerten, z. B. Gehalten, enthalten. Im Idealfall lautet diese Wiederfindungsfunktion $x_{best} = x_{wahr}$ und entspricht einer 45°-Geraden durch den Koordinatenursprung. In der analytischen Praxis kann es additive, multiplikative und exponentielle Verfälschungen dieses Idealzusammenhanges geben wie in Abb. 2 und Gln. (1–3) angegeben.

Kalibrationsfunktion, Analysenfunktion und Wiederfindungsfunktion stellen die Projektion der *räumlichen Kalibrationsfunktion* (K-A-W-Funktion) in die jeweiligen Ebenen dar (Abb. 13).

Für Wiederfindungsfunktionen $x_{best} = x_{wahr}$, und nur dann, fallen die Ebenen $y \times x_{wahr}$ und $y \times x_{best}$ zusammen und das Kalibrationsproblem kann, wie üblich, zweidimensional behandelt werden.

5.6.1 Lineare Kurvenanpassung

Der Zusammenhang zwischen Meß- und Analysengrößen wird numerisch mittels Regressionsrechnung ermittelt. Meist kann die Abhängigkeit durch lineare Funktionen

$$y = a + b \cdot x \tag{35}$$

beschrieben werden. Grundsätzlich sind folgende Probleme und Verfahren zu deren Lösungen von Bedeutung:

1) Existiert ein Zusammenhang zwischen y und x und wie stark ist er?

$\rightarrow$ *Korrelationsanalyse*

2) Wie läßt sich der Zusammenhang funktional beschreiben, also wie läßt sich y aus x ermitteln und umgekehrt?

$\rightarrow$ *Regressionsanalyse*

Die erste Fragestellung ist in der Analytik in der Regel gegenstandslos, da eine (strenge) Abhängigkeit der Meßgröße von der Analysengröße durch das Meßprinzip vorausgesetzt werden kann. Deshalb und weil die Analysengrößen (Konzentrationen bzw. Gehalte der Kalibrierproben) bei der Kalibration keine Zufallsvariable darstellen, ist der *Korrelationskoeffizient* r_{xy}

$$r_{xy} = Q_{xy}/\sqrt{(Q_x Q_y)} \tag{36}\,[1]$$

der den Zusammenhang zweier Zufallsgrößen quantitativ beschreibt und Werte annehmen kann zwischen $-1 < r_{xy} < +1$, für analytische Kalibrationen *nicht relevant*.

Die Analysengrößen werden meist bei Kalibrationen als nicht oder kaum fehlerhaft betrachtet ($s_y \gg s_x$). Die Schätzung der Regressionskoeffizienten a_x und b_x entsprechend

$$\hat{y} = a_x + b_x x \tag{35a}$$

erfolgt nach

$$b_x = Q_{xy}/Q_x \tag{37}$$

$$a_x = (\Sigma\, y - b_x \Sigma\, x)/n \tag{38}$$

---

[1] Hier und in den folgenden Regressionsrechnungen werden folgende Quadratsummen verwendet:

$$
\begin{aligned}
Q_x &= \Sigma\,(x - \bar{x})^2 &&= \Sigma\, x^2 - (\Sigma\, x)^2/n \\
Q_y &= \Sigma\,(y - \bar{y})^2 &&= \Sigma\, y^2 - (\Sigma\, y)^2/n \\
Q_{xy} &= \Sigma\,(x - \bar{x})(y - \bar{y}) &&= \Sigma\,(x \cdot y) - \Sigma\, x\, \Sigma\, y/n = \Sigma\,(x \cdot y) - n \cdot \bar{x} \cdot \bar{y}
\end{aligned}
$$

Die Genauigkeit der Kalibration wird durch den *Standard-* oder *Restfehler* $s_{y.x}$ charakterisiert:

$$s_{y.x} = \sqrt{[\Sigma(\hat{y} - y)^2]/(n - 2)}$$
$$= \sqrt{[\Sigma(y - a_x - b_x x)^2]/(n - 2)} \tag{39}$$

Folgende weitere Streuungen sind von Bedeutung:

$$s_x = \sqrt{Q_x/(n - 1)} \tag{40}$$

$$s_y = \sqrt{Q_y/(n - 1)} \tag{41}$$

$$s_b = s_{y.x}/\sqrt{Q_x} \tag{42}$$

$$s_a = s_{y.x}\sqrt{1/n + \bar{x}^2/Q_x} = s_b\sqrt{\Sigma x^2/n} \tag{43}$$

Damit lassen sich Vertrauensintervalle für a und b angeben

$$\Delta a = a \pm s_a t(f = n - 2; \alpha) \tag{44}$$

$$\Delta b = b \pm s_b t(f = n - 2; \alpha) \tag{45}$$

und Differenzen zwischen den ermittelten Parametern und einem hypothetischen Achsenabschnitt α bzw. Anstieg β prüfen, wobei die Prüfgrößen

$$\hat{t} = |a - \alpha|/s_a \tag{46}$$

$$\hat{t} = |b - \beta|/s_b \tag{47}$$

jeweils mit dem Quantil der t-Verteilung $t(f = n - 2; \alpha)$ verglichen werden.

Während der Regressionsparameter dem *Blindwert* des Analysenverfahrens $y_B = a_x$ entspricht, der entweder durch eine Leeranzeige des Meßinstruments oder durch Blindgehalte in Lösungsmitteln, Reagenzien oder der Umwelt hervorgerufen wird, stellt b_x für lineare Zusammenhänge die Empfindlichkeit dar.

Allgemein ist die Empfindlichkeit E einer Messung definiert als

$$E = y' = dy/dx \tag{48}$$

womit sich für Gl. (35a) $E = b_x$ ergibt.

Die Fehler für die y-Werte sind über die Kalibrationsgerade hinweg nicht konstant, sondern abhängig von deren Abstand vom Kalibrationsmittelpunkt $\bar{x}$. Die Standardabweichung für einen geschätzten Mittelwert $\hat{y}_x$ an der Stelle x beträgt

$$s_{\bar{y}(x)c} = s_{y.x}\sqrt{1/n + (x - \bar{x})^2/Q_x} \tag{49}$$

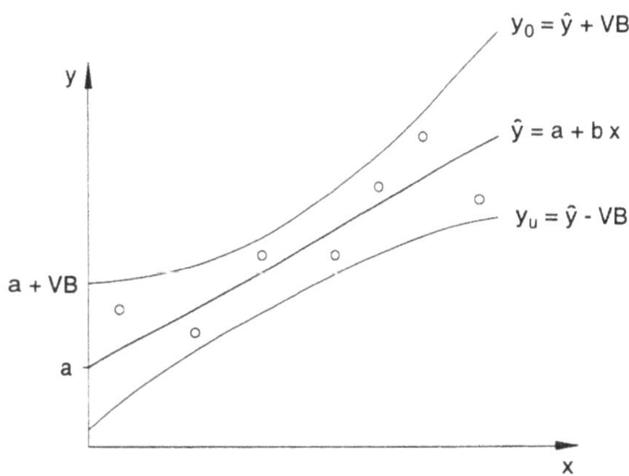

Abb. 14. Kalibrationsgerade mit Vertrauensberich VB

und wird der Berechnung des Vertrauensbereiches (confidence intervals, Index c) zugrunde gelegt, während sich die Standardabweichung für einen vorhergesagten Mittelwert $\bar{y}_x$ aus m Messungen an der Stelle x ergibt zu

$$s_{\bar{y}(x)p} = s_{y.x}\sqrt{1/m + 1/n + (x - \bar{x})^2/Q_x} \tag{50}$$

und für die Schätzung des Vorhersagebereichs (prediction interval, Index p) anzuwenden ist [12].

Der Vertrauensbereich für die gesamte Kalibrationsgerade wird durch Kurven entsprechend

$$VB = \hat{y} \pm \sqrt{2\,F(f_1 = 2; f_2 = n - 2;\ \alpha)\,s^2_{\bar{y}(x)c}} \tag{51}$$

begrenzt. Das Vertrauensband VB für eine Regressionsgerade ist in Abb. 14 schematisch dargestellt.

Eine Prüfung auf Linearität kann (nach visueller Beurteilung) auf verschiedenen Wegen erfolgen, und zwar

a) aus den Parametern der linearen Regression durch Vergleich der Varianz der Streuung der Mittelwerte mit der Varianz der Streuung innerhalb der Parallelbestimmungen [5] mittels F-Test sowie
b) durch Vergleich der Varianz der Reststreuungen des linearen Modells (entsprechend Gl. (39)) mit der einer nichtlinearen Anpassung

$$s^2_{y,n} = 1/f \sum [y_i - f(x_i)]^2 \tag{52}$$

mit f entsprechend dem jeweiligen Modell (z. B. ist für einen quadratischen Ansatz $f(x) = a + b\,x + c\,x^2$ die Zahl der Freiheitsgrade $f = n - 3$) und zwar entweder direkt ($\hat{F} = s^2_{y,1}/s^2_{y,n}$) oder nach Mandel über die Differenz der Varianzen ($\hat{F} = [(n - 2) \cdot s^2_{y,1} - (n - 3) \cdot s^2_{y,n}]/s^2_{y,n}$; Vergleich mit $F(f_1 = 1; f_2 = n - 3; \alpha)$).

5.6.2 Nachweis- und Erfassungsgrenze

Zur Charakterisierung des geringsten Nachweis- bzw. erfaßbaren Spurengehaltes eines Analyten in Abhängigkeit vom kleinsten Meßwert, der mit einer
vorgegebenen statistischen Sicherheit P vom Blindwert unterschieden werden
kann (*kritischer Meßwert* y_k), sind unterschiedliche Konzepte und Begriffe
vorgeschlagen worden. Allgemein gilt

$$y_k = \bar{y}_B + t(f; \bar{P}) s_B/\sqrt{n} \tag{53}$$

wobei $\bar{y}_B$ der Mittelwert aus n Blindmessungen und $s_B/\sqrt{n}$ seine Standardabweichung ist. H. Kaiser [18, 19] schlug für $t(f; \bar{P})/\sqrt{n} = 3$ vor, entsprechend
$\bar{P} = 0,998$ für normalverteilte Werte und noch $\bar{P} \approx 0,95$ für nicht normalverteilte eingipflige Verteilungen.

Daraus folgend, ist nach DIN 32 645 [17] die *Nachweisgrenze* x_N

$$x_N = 3\,s_B/b \tag{54}$$

mit b als Empfindlichkeit der entsprechenden Kalibriergeraden. Die Nachweisgrenze nach Gl. (54) ist als Verfahrenskenngröße geeignet, jedoch nicht
zur statistischen Interpretation von Analysenergebnissen, z. B. etwa zur Angabe eines höchstmöglichen Gehaltes, wenn kein vom Blindwert unterscheidbares Signal gefunden wird. Wie aus Abb. 15[1] ersichtlich, ist das Irrtumsrisiko
für den kritischen Meßwert $\beta = 0,5$. Um eine vergleichbare statistische Sicherheit für den Fehler 2. Art zu erhalten ($\alpha = \beta$), macht sich die Definition der

---

[1] Die Verteilungskurven in der Abbildung sind als senkrecht zur x-y-Ebene zu betrachten.

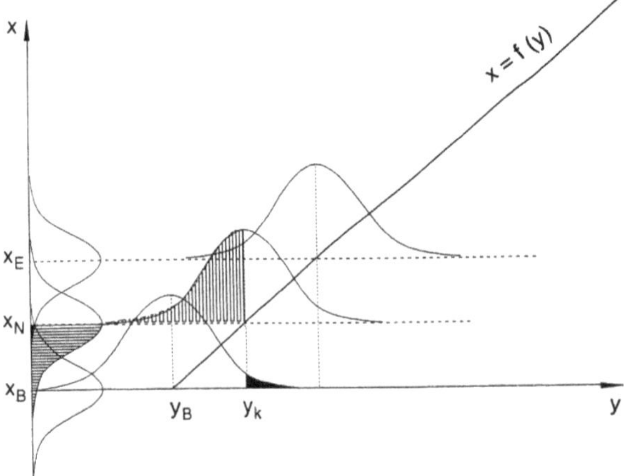

Abb. 15. Verteilungen von Meß- und Analysenwerten mit kritischen Grenzen zur Definition
der Nachweis- und Erfassungsgrenze

Erfassungsgrenze x_E erforderlich, bei der die Vertrauensintervalle von Blind-
und Meßwerten (an der Nachweisgrenze) zu berücksichtigen sind:

$$x_E = [t(f_B; \bar{P}) s_B/\sqrt{n_B} + t(f_N; \bar{P}) s_N/\sqrt{n_N}]/b \tag{55}$$

Unter der Voraussetzung, daß $t(f_B; \bar{P})/\sqrt{n_B} \approx t(f_N; \bar{P})/\sqrt{n_N} \approx 3$, ergibt sich

$$x_E \approx 6 s_B/b \tag{56}$$

die sogenannte Kaisersche *Garantiegrenze für Reinheit* [18]. Es sei angemerkt,
daß die von Geräteherstellern oft angegebene „2σ-Nachweisgrenze" bei Verwendung als Verfahrenskenngröße einer statistischen Sicherheit $\bar{P} \approx 0{,}95$
(bei normalverteilten Meßwerten) entspricht; für statistische Vergleiche, z. B.
Grenzwertangaben, liegt der 2σ-Grenze nur eine statistische Sicherheit von
$\bar{P} \approx 0{,}68$, entsprechend einem Irrtumsrisiko $\alpha \approx 32\%$, zugrunde.

Für den Fall, daß sich die Nachweis- bzw. Erfassungsgrenze nicht aus
Wiederholungsmessungen des Blindwertes bestimmen lassen, ist ihre Schätzung aus dem Vertrauensintervall der Kalibrationsgeraden möglich. Während
für die Nachweisgrenze entsprechend Gln. (49, 53, 54)

$$\begin{aligned}
x_N &= t(f = n - 2; \bar{P}) s_{\bar{y}(x)c}/b \\
&= t(f = n - 2; \bar{P}) s_{y.x} \sqrt{1/n + (x - \bar{x})^2/Q_x}/b
\end{aligned} \tag{57}$$

als Verfahrenskenngröße berechnet werden kann, ergibt sich für die statistisch
relevante Erfassungsgrenze [12] unter Berücksichtigung der Gln. (50, 55)

$$x_E = s_{y.x} \sqrt{t(f = m - 1; \bar{P})^2/m + t(f = n - 2; \bar{P})^2/n + (x - \bar{x})^2/Q_x}/b \tag{58}$$

Nachweis- und Erfassungsgrenze besitzen den Charakter qualitativer bzw.
halbquantitativer analytischer Kenngrößen [20].

Die Angabe einer *allgemeinen* Bestimmungsgrenze, d. h. eines Grenzwertes
x_{BG} als Vielfachem der Blindwertstreuung, etwa in der Form $x_{BG} = k \cdot s_B/b$,
oberhalb dessen quantitative Bestimmungen möglich sind, ist nicht sinnvoll, da k und damit eine solche Grenze unmittelbar von der relevanten Genauigkeit, z. B. einer geforderten relativen Standardabweichung $s_{x,rel} = 1/k$,
abhängen.

5.6.3 Validierung von Kalibrationsverfahren

Kalibrierverfahren sind in bezug auf die Einhaltung bestimmter Voraussetzungen, unter denen die Kalibrationsmodelle aufgestellt wurden, zu validieren,
d. h. es ist grundsätzlich durch experimentelle Untersuchungen zu sichern, daß
bestimmte Leistungsmerkmale (Richtigkeit, Präzision, Selektivität, Spezifität,
Linearität, Arbeitsbereich, Empfindlichkeit, Nachweis-, Erfassungs- und Bestimmungsgrenze, Robustheit) den Erfordernissen entsprechen [21].

Als *Basisvalidierung* sind diese Untersuchungen nach Ausarbeitung einer neuen Methode mit dem zugrunde liegenden Kalibrationsverfahren auszuführen, um die Verläßlichkeit der Methode und gegebenenfalls ihre Überlegenheit gegenüber herkömmlichen Methoden festzustellen. Um die Langzeitstabilität zu sichern, sind in sinnvollen, vereinbarten Zeitabständen *Nachvalidierungen* erforderlich, die gegebenenfalls mit dem Einsatz von Qualitätsregelkarten kombiniert werden können.

Bei Kalibrierungen kommt es vor allem darauf an, folgende Leistungsmerkmale zu charakterisieren:

1) *Richtigkeit* der Analysenwerte,
2) *Präzision* der Kalibrierung und der Analysenergebnisse,
3) *Kalibrationsmodell* (linear/nichtlinear) und Gültigkeitsbereich (Arbeitsbereich, Empfindlichkeit, Nachweis- und Erfassungsgrenze).

Die Richtigkeit der Analysenergebnisse wird in der Regel durch Wiederfindungsuntersuchungen gesichert. Entsprechend Gl. (34) werden entweder für ausgewählte Proben mit bekannten („wahren" oder „richtigen") Gehalten Wiederfindungsraten oder die Wiederfindungsfunktion ermittelt.

Die Präzision der Kalibrierung wird durch den Vertrauensbereich der geschätzten y-Werte

$$\Delta y_{x,c} = s_{\bar{y}(x)c}\, t\, (P; f = n - 2) \tag{59}$$

mit der Standardabweichung $s_{\bar{y}(x)c}$ für einen Mittelwert $\bar{y}_{x,c}$ an der Stelle x entsprechend Gl. (49) charakterisiert. Die Präzision für ein Analysenergebnis wird dagegen nach Gl. (50) durch den Vorhersagebereich

$$\Delta \bar{y}_{x,p} = s_{\bar{y}(x)c}\, t\, (P; f = n - 2) \tag{60}$$

eines Mittelwertes $\bar{y}_{x,p}$ an der Stelle x (aus n Messungen) ausgedrückt.

Die Präzision der Analysenergebnisse hängt eng zusammen mit der Adäquatheit des Kalibrationsmodells. Die Prüfung auf Linearität erfolgt nach den in Abschnitt 6.1 angegebenen Kriterien durch den Vergleich der Reststreuungen. Eine zusätzliche Information kann man darüber hinaus durch eine Analyse der Residuen $d_i = y_i - \hat{y}_i$ erhalten. Insbesondere Softwarepakete zur Regressionsrechnung gestatten es, die Residuen unmittelbar graphisch darzustellen und zu beurteilen. Falls der gewählte Modellansatz richtig ist, streuen die Residuen zufällig, wie in Abb. 16a dargestellt. Dagegen zeigt Abb. 16b einen typischen Fall für ein falsch gewähltes Modell. Hier ist z. B. anstelle eines linearen Ansatzes ein nichtlineares Modell zu verwenden.

In Abb. 16c ist ein Ansteigen der Reststreuung mit der Analysengröße zu sehen, ein typischer Fall von Heteroskedastizität, in dem anstelle der normalen ungewichteten Kalibration die gewichtete Regression anzuwenden ist.

Für die gewichtete Regression ist in Vorversuchen die Abhängigkeit der Varianz der Meßwerte s_y^2 von der Analysengröße zu ermitteln. Die erhaltene

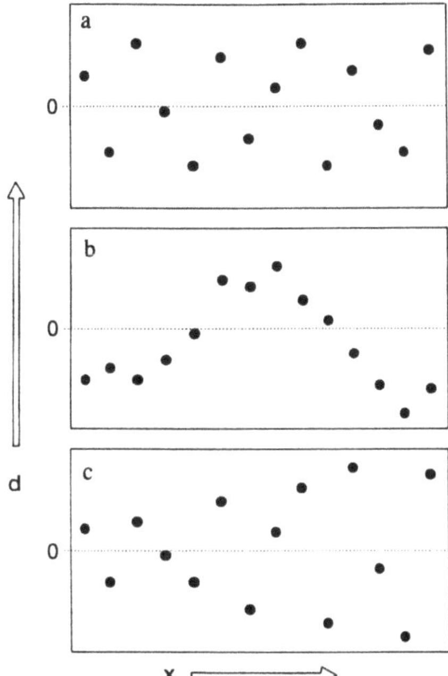

Abb. 16. Charakteristische Bilder von Residuen-Plots

Funktion kann dann in entsprechenden Rechenprogrammen direkt zur Wichtung eingegeben werden, z. B. in der Form $w = 1/s_y^2 = 1/x$.

Bei der Berechnung der Regressionsparameter durch Least-Squares-Minimierung analog zu den Gln. (37) bis (43) verwendet man die Streuungen in den einzelnen Meßpunkten $s_{y,i}$ für die Bildung der Wichtungsfaktoren, die dann in der Form

$$w_i = \frac{1/s_{y,i}^2}{1/n \,\Sigma\,(1/s_{y,i}^2)} \tag{61}$$

in die Berechnung der gewichteten Quadratsummen einzusetzen sind [1]. Die Parameter der gewichteten linearen Regression erhält man dann entsprechend den Gln. (37) bis (43) jeweils mit den gewichteten Quadratsummen. Speziell gilt für

$$a_{x,w} = (\Sigma\,w_i\,y_i - b_{x,w}\,\Sigma\,w_i\,x_i)/n \tag{62}$$

---

[1] Anstelle der in Fußnote 1 auf S. 95 angegebenen Quadratsummen werden die folgenden gewichteten Quadratsummen verwendet:

$$Q_{x,w} = \Sigma\,w_i\,x_i^2 - (\Sigma\,w_i\,x_i)^2/n$$

$$Q_{y,w} = \Sigma\,w_i\,y_i^2 - (\Sigma\,w_i\,y_i)^2/n$$

$$Q_{xy,w} = \Sigma\,w_i\,x_i\,y_i - \Sigma\,w_i\,x_i\,\Sigma\,w_i\,y_i/n$$

und

$$s_{y,x,w} = \sqrt{[\Sigma\, w_i\,(y_i - \hat{y}_i)^2]/(n-2)} \qquad (63)$$

Gelegentlich wird als Alternative zur gewichteten Kalibrierung eine Einengung des Arbeitsbereiches auf solche Teilbereiche empfohlen, in denen Homoskedastizität (Varianzenhomogenität) gilt. Bei den relativen Häufigkeiten heteroskedastischer Kalibrierdaten sollte jedoch in der analytischen Praxis die Möglichkeit der gewichteten Regression generell stärker in Betracht gezogen werden. Man erhält so zuverlässigere Analysenergebnisse mit höherer Präzision, die weitgehend konstant im gesamten Arbeitsbereich ist.

Literatur

1. Danzer K, Than E, Molch D, Küchler L (1986) Analytik – Systematischer Überblick. Akademische Verlagsgesellschaft Geest & Portig Leipzig/Wissenschaftliche Verlagsgesellschaft: Stuttgart
2. Doerffel K, Eckschlager K, Henrion G (1990) Chemometrische Strategien in der Analytik. Deutscher Verlag für Grundstoffindustrie: Leipzig
3. Autorenkollektiv (1984) Analytikum. Methoden der analytischen Chemie und ihre theoretischen Grundlagen. Deutscher Verlag für Grundstoffindustrie: Leipzig
4. Kaiser R (1971) Systematische Fehler in der Analyse. Fresenius Z Anal Chem 256:1
5. Doerffel K (1990) Statistik in der analytischen Chemie. Deutscher Verlag für Grundstoffindustrie: Leipzig, 5. Aufl.
6. Sachs L (1992) Angewandte Statistik. Springer-Verlag: Berlin Heidelberg New York, 7. Aufl.
7. International Vocabulary of Basic and General Terms in Metrology. ISO/IEC/OIML/BIPM: Geneva, 1984
8. Guide to the Expression of Uncertainty in Measurement. ISO/TAG4/W3: Geneva, 1992
9. Wegscheider W (1993) Change of paradigms in analytical chemistry. Plenarvortrag 6th Hungaro-Italian Symposium on Spectrochemistry, Lillafüred, Ungarn
10. Graf U, Henning H-J, Stange K, Wilrich P-Th (1987) Formeln und Tabellen der angewandten mathematischen Statistik. Springer-Verlag: Berlin Heidelberg New York, 3. Aufl.
11. Danzer K (1989) Robuste Statistik in der analytischen Chemie. Fresenius Z, Anal Chem 335:869
12. Ebel S (1993) Fehler und Vertrauensbereiche analytischer Ergebnisse. Analytiker-Taschenbuch 11 (Hrsg.: Günzler H, Borsdorf R, Danzer K, Fresenius W, Huber W, Lüderwald I, Tölg G, Wisser H). Springer-Verlag: Berlin Heidelberg New York
13. Funk W, Dammann V, Donnevert G (1992) Qualitätssicherung in der Analytischen Chemie. VCH Verlagsgesellschaft: Weinheim, New York, Basel, Cambridge
14. Hartung J, Elpelt B, Klösener K-H (1991) Statistik. Lehr- und Handbuch der angewandten Statistik. R Oldenburg Verlag: München, Wien, 8. Aufl.
15. Danzer K Calibration – A Multidimensional Appraoch. Fresenius Z, Anal Chem, in preparation
16. Danzer K (1990) Problems of calibration in trace, in situ-micro and surface analysis. Fresenius J Anal Chem 337:794
17. DIN 32 645 Chemische Analytik – Nachweis-, Erfassungs- und Bestimmungsgrenze
18. Kaiser H, Specker H (1956) Bewertung und Vergleich von Analysenverfahren. Fresenius Z, Anal Chem 149:46

19. Kaiser H (1965) Zum Problem der Nachweisgrenze. Fresenius Z, Anal Chem 209:1
20. Huber W Nachweis-, Erfassungs- und Bestimmungsgrenze von Analysenverfahren. Analytiker-Taschenbuch 12 (Hrsg.: Günzler H, Borsdorf R, Danzer K, Fresenius W, Huber W, Lüderwald I, Tölg G, Wisser H). Springer-Verlag: Berlin Heidelberg New York, in Vorbereitung
21. WELAC/EURACHEM Akkreditierung für Chemische Laboratorien. Leitfaden zur Interpretation der EN 45000 Standards und des ISO Guide 25. Deutsche Fassung: Graz 1993

6 Validierung analytischer Verfahren

Wolfhard Wegscheider

Zusammenfassung

Analytische Verfahren, besonders solche, die von akkreditierten Laboratorien eingesetzt werden, müssen gut charakterisiert sein, damit ihr Einsatzbereich und die Gesamtsicherheit klar definiert werden können. Dies ist der Hauptzweck der Validierung.

Dazu ist es nötig, die wichtigsten Verfahrenskenngrößen, wie Nachweisgrenze, Bestimmungsgrenze, Richtigkeit, Präzision und Robustheit unter realistischen Bedingungen festzustellen, d.h. in realer Matrix müssen diese Leistungscharakteristika von dem Analytiker festgestellt werden, der das Verfahren auch in der Routine betreibt. Diese Daten dienen dann dazu, die zulässigen Schwankungen bei den täglichen Messungen festzulegen.

Besondere Bedeutung wird in diesem Beitrag der Kalibration, den Wiederfindungsexperimenten, dem Methodenvergleich und den Untersuchungen der Robustheit beigemessen.

Einleitung

Analytisches Arbeiten in der Praxis wird zur Lösung von vielen unterschiedlichen Problemen in Naturwissenschaft und Technik verwendet. Dementsprechend müssen auch sehr unterschiedliche Kriterien bei der Beurteilung der einzelnen analytischen Verfahren angewandt werden, um deren Brauchbarkeit im Einzelfall zu beurteilen. Die Validierung eines Verfahrens soll im vorhinein klarlegen, wozu ein Verfahren geeignet ist und wozu nicht. Diese Grenzen der Anwendbarkeit müssen möglichst genau belegt werden, damit der ausführende Analytiker auf verläßliche Daten zur Charakterisierung eines Verfahrens zurückgreifen kann, bzw. klar erkennt, wenn für ein konkretes Problem diese Charakterisierung noch aussteht.

Die Validierung von Analysenverfahren dient daher einer klaren Abgrenzung des Qualitätsbegriffes moderner Prägung, um die „Eignung zur Verwendung" (das „fit for purpose") sowohl laborintern als auch für den Auftraggeber transparent zu dokumentieren. Validierung ist damit einerseits als Abschluß der analytischen Entwicklungsarbeit anzusehen, andererseits als Qualifikationsnachweis bei der Übernahme eines fremdentwickelten Verfahrens und ist daher unabhängig von der Verwendung entsprechender nationaler und

Günzler, H. (Hrsg.)
Akkreditierung und Qualitätssicherung
in der Analytischen Chemie
© Springer-Verlag Berlin Heidelberg 1994

internationaler Normverfahren immer erforderlich. Validierung ist auch kein
einmaliger Vorgang, da streng genommen bei jeder Veränderung des analytischen Systems (anderes Labor, anderes Gerät, anderer Analytiker) wieder ein
Validierungsbedarf erwächst. Selbstverständlich wird man den nötigen Umfang der (Nach-)Validierung an das Ausmaß der eingetretenen Veränderungen
anpassen.

In vielerlei Hinsicht kann Validierung (und deren Dokumentation) als
Visitenkarte eines Labors angesehen werden, da diese abgesehen von den
formalen Voraussetzungen der Akkreditierung die Kompetenz eines Labors
klar aufzeigt. Dies ist umso wichtiger als die apparative Ausstattung nach der
persönlichen Erfahrung des Autors schon längst nichts mehr über die
Qualifikation eines Labors aussagt. Art, Umfang und Durchführung einer
sachgerechten Validierung läßt nämlich nicht nur auf die Existenz einer
hinreichenden apparativen Ausstattung schließen, sondern weist außerdem auf
eine engagierte Laborleitung und auf kompetente Mitarbeiter in der analytischen Arbeit hin. Insbesondere ist die Kundennähe eines Labors sehr gut
daraus ersichtlich, inwieweit die Qualitätsziele der Analytik sich an den
tatsächlichen Bedürfnissen der Abnehmer der analytischen Daten orientieren.

6.1 Entwicklung analytischer Verfahren und Aufgaben der Basisvalidierung

Die Entwicklung analytischer Verfahren steht am Beginn jeder Routineanalytik. Diese ist mit großem Aufwand an Zeit und Personal verbunden und kann
daher nicht von jedem Labor geleistet werden. Diese Entwicklungsarbeit ist
aber oft in entsprechenden wissenschaftlichen Publikationen und Berichten
niedergelegt, sodaß viel von diesem Aufwand gespart werden kann. Kleinere
Veränderungen und Adaptierungen an die Ausrüstung im eigenen Labor sind
aber fast immer unumgänglich und sollen an dieser Stelle gleich behandelt
werden, wie alle anderen Neuentwicklungen. Meist ist es die grundlegende
Konzeption des Verfahrens, die schon sehr früh im Entwicklungsprozeß
festgelegt wird, die darüber entscheidet, wie gut sich das Verfahren für einen
stabilen und robusten Einsatz in der Routine eignen wird.

Soll aber später eine Optimierung der Methodik an einem existierenden
Verfahren durchgeführt werden, so ist ganz wichtig, daß jener Teilschritt
eindeutig identifiziert wird, der am meisten für die ungenügenden Resultate
verantwortlich ist. Besonders für Arbeiten im Spurenbereich ist es bekannt,
daß oft die frühen Schritte der Analytik die größten Probleme bereiten
(Abb. 1). Dies ist natürlich für jedes Labor von Bedeutung, denn die Annahme
eines Auftrages zur Probenahme setzt nicht nur die entsprechende Kompetenz
und schriftliche Anweisungen zur Probenahme voraus, sondern auch die
Validierung dieses Teilschrittes. Andererseits wird die Validierung einer
Analytik von „Proben – wie erhalten“, also ohne Probenahme und Transport,
erst mit der Übernahme der Proben beginnen.

Für Labors, die nach EN 45 001 arbeiten, ist es allerdings verpflichtend
vorgeschrieben, Meßaufträge, die auf eine offensichtlich unzureichende Probenahme oder auf schlechte Bedingungen beim Transport oder mangelhafte

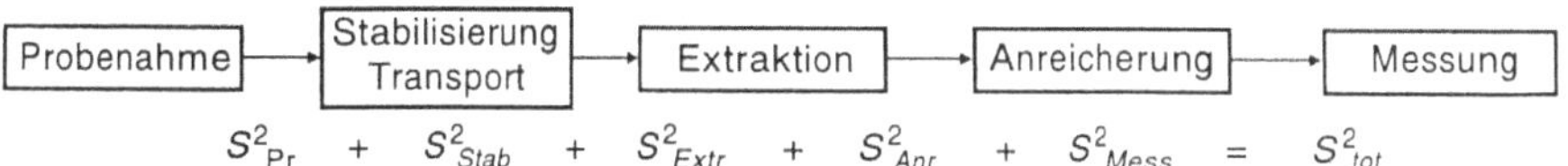

$$S^2_{Pr} \quad + \quad S^2_{Stab} \quad + \quad S^2_{Extr} \quad + \quad S^2_{Anr} \quad + \quad S^2_{Mess} \quad = \quad S^2_{tot}$$

Abb. 1. Analytische Einzelschritte

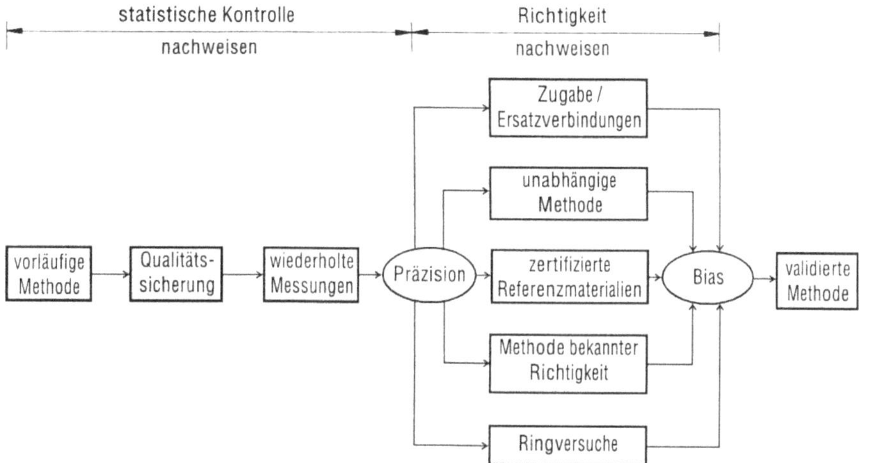

Abb. 2. Entwicklung analytischer Verfahren (nach [1])

Stabilisierung von Probe oder Analyt aufbauen müssen, nicht zu übernehmen. EN 45 001 verpflichtet die Labors nämlich, Messungen, die wenig aussagekräftige Ergebnisse bringen, abzulehnen.

Um den Weg von einem vorläufigen zu einem validierten Verfahren prägnant darzustellen, ist die Graphik von Taylor ([1], Abb. 2) gut geeignet. Jedes Verfahren (oder jede Verfahrensvariante) muß als vorläufig eingestuft werden, solange nicht die nötige Validierungsarbeit geleistet wurde.

Wie aus Abbildung 2 ersichtlich, ist zuerst einmal experimentell nachzuweisen, daß sich eine Methodik „im Zustand statistischer Kontrolle" befindet. Dies wird dann der Fall sein, wenn

- die Mittelwerte der Messungen sowohl bei niedriger wie auch bei hoher Konzentration des Analyten über längere Zeit konstant sind,
- die Präzision ausreichend gut ist,
- die Präzision konstant ist, und damit verbunden,
- auch alle anderen Verfahrenskenngrößen (siehe nächster Abschnitt) konstant sind, und
- diese Bedingungen nicht nur für die Messung der Kalibrationsproben, sondern auch für die Messung des Analyten in der entsprechenden Matrix gelten.

Erst nach Vorliegen dieser Voraussetzungen ist es sinnvoll in die nächste Phase der Validierung einzutreten, die dem Nachweis einer ausreichenden Richtigkeit dient. Diese ist meist aufwendiger, da entweder andere Laboratorien eingeschaltet werden müssen oder eine vollständig andere Methodik eingesetzt werden muß.

Jedenfalls darf weder eine neue Methodik noch eine Verfahrensvariante in der analytischen Routine eingesetzt („verkauft") werden, ohne daß die Validierung abgeschlossen ist und die Daten der Validierung die „Eignung zur Verwendung" offenlegen. Der dazu nötige Umfang der Validierung orientiert sich daran, ob große oder kleinere Veränderungen der Methodik anstehen, also am Grad der schon früher erfolgten Validierungen. Während die Validierung von dem Mitarbeiter ausgeführt werden soll, der das Verfahren auch in der Praxis durchführen wird, hat die Freigabe des Verfahrens nach der Validierung mit viel Sachkenntnis von einem dazu befugten Vorgesetzten des Analytikers, möglichst von der Laborleitung, zu erfolgen.

Daraus, wie auch generell aus den Anforderungen der EN 45 001, ergibt sich, daß alle Verfahren – und daher auch alle Veränderungen dieser Verfahren – schriftlich niedergelegt sein müssen. Es kann also nur mit einer klaren Arbeitsanweisung (SOP, standard operating procedure) darangegangen werden, ein Verfahren zu validieren. Diese Arbeitsanweisung sollte nach ISO 78/2 [2] aufgebaut sein und enthält neben den Angaben zur experimentellen Durchführung auch Informationen über den Anwendungsbereich der Methodik, sowie allfällige bekannte Interferenzen. Damit ist diese Arbeitsanweisung auch für den Umfang der Validierung als Leitdokument zu betrachten: je breiter der angestrebte Anwendungsbereich, umso umfangreicher muß die Validierung sein.

Kurz zusammengefaßt, ist es die Aufgabe der anfänglichen Validierung (im weiteren Basisvalidierung genannt), daß

- bei selbstentwickelten (oder modifizierten) Verfahren die Eignung zur Verwendung nachgewiesen wird,
- bei gut validierten Normen, also solchen, die Daten bezüglich Vergleichbarkeit, Wiederholbarkeit, Selektivität, Genauigkeit etc. enthalten, die Fähigkeit des Analytikers dokumentiert wird, die in der Norm festgeschriebenen Verfahrenskenndaten einzuhalten, und
- in jedem Fall ausreichendes Datenmaterial zur Verfügung steht, um darauf die Vorgaben für die tägliche Praxis hinsichtlich der einzuhaltenden Verfahrenskenndaten festzulegen.

6.2 Validierung: Definitionen

Bevor die Technik der Validierung analytischer Verfahren im Detail besprochen wird, soll vorab eine kurze Übersicht über die gängigen Definitionen gegeben werden, da daraus trotz gewisser Unterschiede zwischen denselben, doch die große Linie klar hervortritt. Die unmittelbar wichtigste Definition, die aber keineswegs die früheste oder umfassendste darstellt, stammt aus einem EURACHEM/WELAC Dokument [3].

Definition der Validierung nach EURACHEM/WELAC [3]

---

15. VALIDATION

15.1 As well as the assessment of uncertainty for a particular method, other checks need to be considered to ensure that the performance characteristics of the method are understood and demonstrate that the method is scientifically sound under the conditions in which it is applied. These checks are collectively known as validation. Validation of a method establishes, by systematic laboratory studies, that the performance characteristics of the method meet the specifications related to the intended use of the analytical results. The performance characteristics determined include: selectivity & specificity, range, linearity, sensitivity, limit of detection, limits of quantitation, ruggedness, accuracy, precision.

These parameters should be clearly stated in the documented method so that the users can assess the suitability of the method for their particular needs. Standard methods will have been developed collaboratively by a group of experts. In theory this development should include consideration of all of the necessary aspects of validation. However, the responsibility remains firmly with the user to ensure that the validation documented in the method is sufficiently complete to meet his or her needs. Even if the validation is complete, the user will still need to verify that the documented performance can be met.

Bevor auf Inhalt und Sinn der EURACHEM/WELAC Definition der Validierung eingegangen wird, der sich auch aus dem weiteren Inhalt des § 15 der Richtlinie [3] ergibt, sollen noch Definitionen aus anderen Bereichen angeführt sein. Besondere Bedeutung hat die Validierung im pharmazeutischen Kontext. Hier gilt [4]:

„*Validation is the systematic evaluation of an analytical procedure to demonstrate that it is scientifically sound under the conditions in which it is to be applied.*"

oder aus der US Pharmakopoeia [5]:

„*Validation of an analytical method is the process by which it is established, by laboratory studies, that the performance characteristics of the method meet the requirements for the intended analytical applications. Performance characteristics are expresses in terms of analytical parameters. Typical parameters that should be considered in the validation of the types of assays described in this document are listed in Table 1*",

wobei folgende Parameter in der angesprochenen Tabelle 1 genannt sind:

„*Precision, accuracy, limit of detection, limit of quantitation, selectivity, range, linearity, ruggedness*" [5].

Aus der Lebensmittelanalytik sei eine Festlegung der Niederländer zitiert [6]:

12. Validation. The procedure which ensures that a test method is as reliable as possible. This method verification process consists of a method validation programme, which answers the question „How accurate is it?" and a method evaluation programme (interlaboratory study) which answers the question „How precise is the method in the hands of the end user?"

Das neue AOAC-Programm, das die schnellere Zulassung modernen analytischer Methoden zum Ziel hat, nennt folgende Parameter, die bei der Validierung bestimmt werden müssen [7]:

Accuracy, recovery, calibration curve, linearity, limit of detection, limit of quantitation, precision, repeatability and reproducibility, sensitivity, specificity.

Diese Gegenüberstellung zeigt zweierlei, einerseits die weitgehende Übereinstimmung zwischen den einzelnen Dokumenten bezüglich der Parameter auf die es bei der Validierung ankommt, und andererseits, daß die meisten dieser Festlegungen nicht primär aus dem deutschsprachigen Raum kommen. Es ist daher von jedem Analytiker für den eigenen Verantwortungsbereich dringend zu überprüfen, ob bzw. inwieweit diese Vorgaben schon erfüllt sind. Wie man aus den oben zitierten Quellen ersehen kann, ist die Validierung nicht nur ein Anliegen im freiwilligen Bereich der Akkreditierung nach der EN 45 000-Serie, sondern auch im geregelten Bereich (WHO, Pharmazie, Lebensmittel, ...) von großer Vordringlichkeit. Dadurch ist sichergestellt, daß über die aktuelle Bedeutung der Akkreditierung hinaus, alle Bereiche der analytischen Chemie mit der Forderung nach hinreichend validierten Methoden konfrontiert sind. Dies muß auch Auswirkungen auf die akademische Lehre und auf die wissenschaftliche Publikationstätigkeit haben, und zwar möglichst kurzfristig.

Die EURACHEM/WELAC Richtlinien zur Akkreditierung weisen folgende Schwerpunkte aus: Systematische Laborstudien müssen zu Angaben über die Verfahrenskenndaten führen, damit eine Beurteilung der sinnvollen Anwendungen dieses Verfahrens ermöglicht wird. Diese Verfahrenskenndaten umfassen u. A. auch Angaben zu Genauigkeit und Robustheit, wobei alle Verfahrenskenndaten auch dem Auftraggeber erkennbar machen sollen, ob das Verfahren zu Verwendung bei einer bestimmten Fragestellung taugt, oder nicht. Das Dokument trägt weiters der Tatsache Rechnung, daß bei weitem nicht alle Normverfahren ausreichend validiert sind, und selbst wenn Validierungsdaten gegeben sind, viele Labors eigentlich mit Verfahrensvarianten arbeiten. Für diesen Fall liegt die Verantwortung zur Validierung im Prinzip wieder bei dem analytischen Labor. Dies kann immer dann zu Problemen führen, wenn zwar alle Beteiligten – auch der Auftraggeber – genau wissen, daß ein Normverfahren wenig (oder gar nicht) geeignet ist und trotzdem, oft aus formalen Gründen, dasselbe eingesetzt werden muß. Letztlich ist noch geregelt, daß ein analytisches Labor auch für ein gut validiertes Normverfahren eine hausinterne Validierung beibringen muß. In diesem Fall kann sich die Validierung auf die Erarbeitung von jenen Daten beschränken, die geeignet sind nachzuweisen, daß die Kompetenz des Ausführenden zur Beherrschung des Verfahrens ausreicht.

Versucht man nun trotz aller Unterschiede in den Schwerpunkten, die die oben genannten Zitate aufzeigen, die Gemeinsamkeiten herauszuarbeiten, so kommt man zu einer Liste quasi unabdingbarer Angelpunkte für alle weiteren Überlegungen zur Validierung. Primäre Inhalte aller Dokumente über die Validierung analytischer Verfahren sind also:

– Schriftliche Dokumentation des Verfahrens
– Brauchbarkeit in der Routine: Robustheit des Verfahrens
– Verläßlichkeit des Verfahrens, nachgewiesen an realen Proben
– Nachweisliche Beherrschung der Methodik im eigenen Labor (insbesondere für Normverfahren)
– Statistische Absicherung der Verfahrenskenngrößen.

Diese Liste kann für die weitere Abhandlung als Orientierungshilfe dienen, wobei durchaus problembezogene Unterschiede in der Auslegung der Begriffe „Dokumentation", „Brauchbarkeit", „Verläßlichkeit", „Beherrschung" und „Verfahrenskenngrößen" zulässig sind, solange diese sich wieder an dem zentralen Qualitätsbegriff (= Eignung zur Verwendung) orientieren.

6.3 Umfang und zeitliche Abfolge der Validierung

Jedes analytische Verfahren, das in einem Labor eingesetzt werden soll, muß schriftlich als Standardarbeitsanweisung [2] vorliegen. Diese wird so lange als vorläufig zu bezeichnen sein, bis entsprechende Validierungsdaten die Brauchbarkeit belegen. Generell muß auf der Basis der Validierungsdaten eine Revision der Standardarbeitsanweisung erfolgen. Die Punkte, die dabei betroffen sind, können entweder eine Modifizierung des Verfahrens betreffen, viel häufiger aber eine Präzisierung des Einsatzbereiches bezüglich Matrix und Konzentrationsbereich. Gleichzeitig dienen die Ergebnisse der Validierung auch der Festlegung der entsprechenden Akzeptanzkriterien für die Routineanalytik.

Für eine gut funktionierende Qualitätssicherung in der Analytik müssen daher auf den Ergebnissen der Basisvalidierung aufbauend realistische Qualitätsziele für jedes Verfahren dokumentiert und vorgegeben werden; die Lenkung der Proben im Labor muß so erfolgen, daß die analytische Arbeit nur auf Basis einer konkreten Standardverfahrensvorschrift UND der zu Matrix, Analyt und Standardverfahrensvorschrift gehörigen Validierung erfolgen.

Es ist gut belegt, daß eine Ausweitung des Konzentrationsbereiches bzw. eine Übertragung eines Verfahrens auf eine andere Matrix leicht zu Fehlmessungen führen kann. Bei Bedarf ist also auch bei einem schon eingeführten Verfahren eine (Nach-)Validierung vorzunehmen, um dadurch sicherzustellen, daß die Erweiterung des Anwendungsbereiches keine Auswirkungen auf die Verläßlichkeit des Verfahrens hat. Ist eine Standardverfahrensvorschrift von

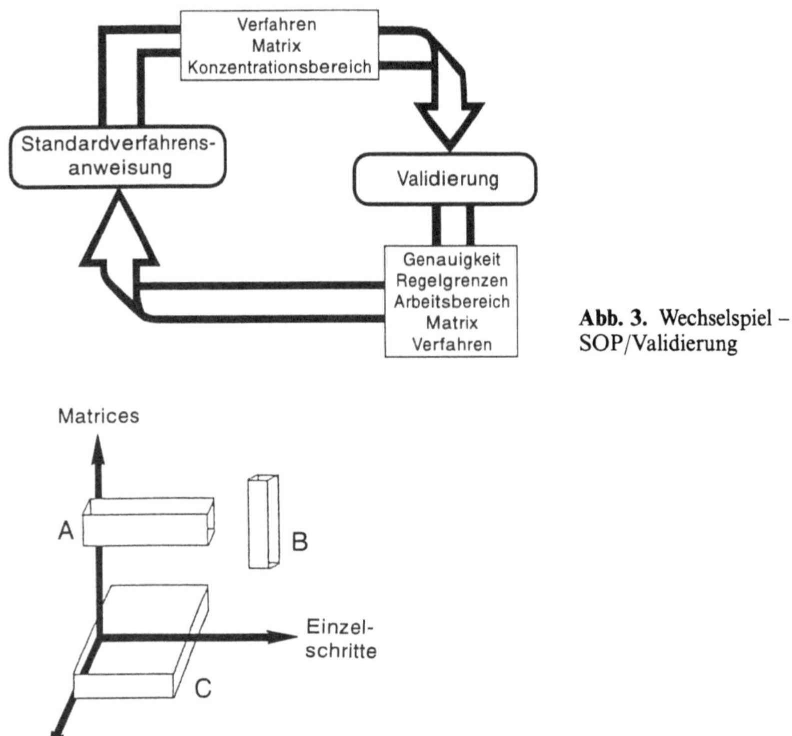

Abb. 3. Wechselspiel – SOP/Validierung

Abb. 4. Umfang der Validierung

vorneherein sehr breit angelegt, dann wird der Validierungsumfang größer sein.

Der Umfang richtet sich also nach der Zahl der Einzelschritte im Verfahren, nach der Art (und Vielzahl) der Matrizes und nach dem Konzentrationsbereich, der durch ein Verfahren abgedeckt werden soll. Ist das Qualitätssicherungssystem so aufgebaut, daß nur ein einziger Teilschritt in einer SOP festgelegt ist, beispielsweise die Durchführung der Wägung, so wird der Validierungsumfang viel geringer sein, als wenn ein mehrstufiges Verfahren bestehend aus Wägung, Extraktion (oder Aufschluß), Vorreinigung (clean-up), Anreicherung, Kalibration, Identifikation und Bestimmung besteht. Analoges kann für den Konzentrationsbereich gesagt werden: eine Methode, die nur zur Überwachung eines Grenzwertes eingesetzt wird, wird keinen großen dynamischen Bereich benötigen und daher auch mit einem kleineren Aufwand bei der Validierung auskommen, da nur wenige Konzentrationsstufen untersucht werden müssen. In Abbildung 4 kann der Aufwand bei der Validierung qualitativ als Volumen eines Quaders verstanden werden: die Erweiterung des Anwendungsbereiches einer Standardverfahrensvorschrift beispielsweise auf eine andere Matrix bringt also nicht nur additiven, sondern multiplikativen Mehraufwand bei der Validierung mit sich.

Die drei Fälle A, B und C stellen typische Situationen im analytischen Labor dar. Ein Verfahren des Typs A gilt nur für einen eingeschränkten, wohldefinierten Typ von Matrix in einem relativ kleinen Konzentrationsbereich, umfaßt aber viele (alle?) Teilschritte (Grenzwertüberwachung). Ein Verfahren des Typs B bezieht sich nur auf einen einzigen Arbeitsschritt, ist aber auf viele Matrizes anwendbar, z. B. eine Endbestimmung mit GC oder AAS der vorher eine Isoformierung der Probe vorangegangen ist. Typ C schließlich charakterisiert ein Verfahren mit mehreren Teilschritten, das über einen großen Konzentrationsbereich gilt, aber nur für eine Matrix ausgetestet ist.

Auch für die zeitliche Abfolge der Basisvalidierung gibt es keine strengen Regeln, doch kann man wieder einige Prinzipien aus der analytischen Verfahrensentwicklung übernehmen. Diese sind:

- von einer Konzentrationsstufe ausgehend soll schrittweise der ganze Arbeitsbereich ausgelotet werden,
- mit der Bearbeitung der Endbestimmung beginnend soll ein vorgelagerter Teilschritt nach dem anderen in die Validierung miteingeschlossen werden,
- mit der Messung der Standardsubstanzen beginnend sollen nach und nach alle relevanten Matrizes vermessen werden.

In jeder Phase dieses Vorganges ist anhand der Verfahrenskennwerte zu überprüfen, ob das Verfahren noch hinreichend gut funktioniert, da ansonsten weitere Verbesserungen in der Methodik anstehen. Ein hilfreicher Test auf die Eignung des Verfahrens stellt die Bestimmung der Wiederfindungsrate dar. Dabei wird – wenn möglich – eine native Probe mit steigenden Mengen an Analyt versetzt und die Wiederfindung bestimmt indem man die mit dem Verfahren gefundene Konzentration mit der zugesetzten vergleicht. Dies ist insbesondere dann sehr aussagekräftig, wenn eine Probe mit einer nicht nachweisbaren Menge an Analyt zur Verfügung steht.

Nach Abschluß dieser Arbeiten folgt nun der Nachweis der ausreichenden Richtigkeit und/oder Vergleichbarkeit. Dies kann je nach Problem in mannigfacher Art erfolgen (siehe auch Abbildung 2). Im einfachsten Fall steht ein nach Matrix, Analyt und Konzentrationsbereich geeignetes Referenzmaterial zur Verfügung. Bei kleinen Änderungen in der Methodik, bei denen man davon ausgehen kann, daß diese keine Rückwirkungen auf die Güte der Daten haben, weist man die Gleichwertigkeit des bisherigen und des neuen (modifizierten) Verfahrens nach. Dies ist auch überall dort erforderlich, wo eine gut validierte Norm hausintern abgeändert wird. Die weiteren Möglichkeiten des Nachweises der Richtigkeit bestehen in dem Vergleich mit einem prinzipiell anderen Verfahren oder mit einer definitiven Methode.

Sind alle diese Wege nicht oder nur beschränkt gangbar, so bleibt die Durchführung eines Ringversuches zur Ermittlung der Vergleichbarkeit. Dies setzt allerdings voraus, daß alle teilnehmenden Labore nach exakt demselben Verfahren arbeiten.

6.4 Verfahrenskenngrößen

Abgesehen von der generellen Bedeutung der Charakterisierung analytischer
Verfahren durch entsprechende Verfahrenskenngrößen, dienen diese im Rahmen der Qualitätssicherung zweierlei Zielen:

- einerseits dienen sie dazu – wenn sie adäquat bestimmt wurden – die
  prinzipielle Eignung des Verfahrens für ein bestimmtes analytisches Problem
  aufzuzeigen,
- andererseits werden nach ihnen entsprechende Regelgrenzen und andere
  Kennwerte festgelegt, die den Nachweis ermöglichen, daß das Verfahren
  bei jeder einzelnen Analyse unter Kontrolle war.

Unabhängig davon, ob diese Verfahrenskenngrößen genau den Richtlinien von
EURACHEM/WELAC [3] entsprechen oder nicht, können sie aber nur dann
für die oben genannten Zwecke verwendet werden, wenn sie in realer Matrix
unter Routinebedingungen bestimmt worden sind. Es geht bei der Validierung
also nicht etwa um die Feststellung der Nachweisgrenze, Bestimmungsgrenze,
Präzision, etc. unter optimalen instrumentellen Bedingungen, sondern um jene,
die das gesamte Verfahren inklusive aller Aufarbeitungsschritte charakterisiert.

6.5 Zusammenhang zwischen Zweck des Verfahrens
und dem Umfang der Validierung

Ausgehend von diesen grundsätzlichen Überlegungen zu dem Ausmaß der
Validierung, sollen nun einige konkretere Richtlinien folgen, die die Beurteilung im Einzelfall erleichtern. Dazu müssen die Verfahren ihrem Anwendungs-
zweck nach eingeteilt werden. Angenommen, man unterscheidet die folgenden
Kategorien:

a) Verfahren für qualitativen Nachweis
b) Verfahren zur Gehaltsbestimmung von Hauptkomponenten
c) Verfahren zur Spurenanalyse
d) Verfahren zur Ermittlung physiko-chemischer Parameter

so ergeben sich Anforderungen, die in nachstehender Tabelle 1 zusammengefaßt sind [4]:

Bezüglich der Definitionen der einzelnen analytischen Kenngrößen wird
auf die Zusammenstellung von Danzer verwiesen [8]. Besonders die Definitionen von Genauigkeit, Präzision, Linearität und Nachweisgrenze stimmen
praktisch genau mit den in [3] gegebenen überein. Selektivität im Sinne der
Qualitätssicherung ist jedoch kein abstraktes Konzept, wie etwa in [9], sondern
soll im Zuge der Validierung durch verläßliche und richtige Messungen von
realen Proben nachgewiesen werden. Wenn sinnvoll, werden der Probe zum

Tabelle 1. Zusammenhang zwischen dem Zweck eines Verfahrens und den zu bestimmenden Verfahrenskenndaten

	qualitativ	Gehalts-bestimmung	Spuren-analyse	physiko-chemische Parameter
Richtigkeit		×	×	×
Präzision		×	×	×
Linearität/Arbeitsbereich		×	×	×
Selektivität	×	×	×	
Nachweisgrenze	×		×	
Bestimmungsgrenze			×	
Robustheit	×	×	×	×

Nachweis einer ausreichenden Selektivität auch systematisch potentielle Störsubstanzen (Interferenten) zugesetzt und dann die Abhängigkeit der Resultate von den Interferenten untersucht.

Dasselbe gilt auch für die Bestimmungsgrenze und den Arbeitsbereich eines Verfahrens. Da man hier prinzipiell ohne Extrapolationen nach oben oder nach unten auskommen muß, gilt als ehernes Gesetz:

Der Arbeitsbereich ist nicht größer, als bei der Validierung in realen Proben nachgewiesen.

Die Bestimmungsgrenze ist daher durch jene Probe definiert, die den geringsten nativen Gehalt an Analyt aufweist für den noch Daten bezüglich Richtigkeit und Präzision (also: Genauigkeit) beigebracht werden können. Damit ist die Bestimmungsgrenze definiert durch die untere Grenze des Arbeitsbereiches. Wegen mangelnder Verläßlichkeit sind nämlich rein rechnerische Festlegungen, wie etwa $10 \times$ Nachweisgrenze oder $10 \times$ Standardabweichung an der Nachweisgrenze, nicht zielführend. Sinngemäßes gilt auch für die obere Grenze des Arbeitsbereiches, wobei man diese häufig auch durch Verdünnungen erweitern kann. Auf experimentelle Daten zur Genauigkeit kann aber auch bei höheren Konzentrationen nicht verzichtet werden, da Limitierungen bei Trenn- und Areicherungsprozeduren oder aber Sättigungseffekte bei den Detektionsverfahren zu Fehlmessungen führen.

6.6 Häufigkeit der Validierung

Ebenso wie es für den Umfang der Validierung keine allgemein gültigen Regeln gibt, gibt es solche auch für die Häufigkeit nicht. Sicher ist nur, daß eine einmalige Durchführung der Basisvalidierung nicht den verläßlichen Betrieb auf Dauer garantieren kann. Insbesondere für Verfahren, die nicht für angemessene Probenzahlen laufend in Verwendung sind, werden Methoden der laufenden Kontrolle, wie etwa Regelkarten, sinnlos sein.

Tabelle 2. Ereignisgesteuerte Maßnahmen im Zuge der Nachvalidierungen

Ereignis	Maßnahmen bei Nachvalidierung
eine neue Probe	interner Standard, Standardaddition, Doppelprobe
einige neue Proben (Charge)	Blindwert(e), (Nach-)Kalibrierung, Einsatz eines zertifizierten Referenzmaterials bzw. hauseigenen Kontrollmaterials
neuer Analytiker	Präzision, Kalibrierung, Linearität, Nachweisgrenze, Bestimmungsgrenze, hausinterne Kontrollproben
neues Gerät	Überprüfung der Funktionscharakteristika, Präzision, Kalibrierung, Nachweisgrenze, Bestimmungsgrenze, hausinterne Kontrollproben
neue Chemikalien, Standards	Identitätskontrolle auf kritische Parameter, hausinterne Standards
neue Matrix	Ringversuche, neues zertifiziertes Referenzmaterial, alternative Methoden
kleine Abänderungen der analytischen Methodik	Nachweis identer Resultate mit beiden Varianten (alt und neu) bei allen Matrizes über den ganzen Arbeitsbereich

Desgleichen wird die Mehrfachverwendung eines größeren Meßgerätes für mehr als ein analytisches Verfahren immer von neuem einen gewissen Validierungsaufwand mit sich bringen, besonders wenn dabei kleinere oder größere Änderungen am Gerät erfolgen, z. B. eine Änderung der Probenaufgabesysteme oder der Detektoren in der Chromatographie. Generell werden also spezielle Ereignisse im Laborablauf einen Bedarf an laufenden (Nach-) Validierungen bedingen. Zweifellos wird der erforderliche Umfang der Nachvalidierung von der Schwere des Eingriffes in das laufende analytische System abhängen. Einige solcher Ereignisse sind exemplarisch in Tabelle 2 herausgegriffen und es sind Vorschläge für die entsprechenden Validierungsmaßnahmen gemacht.

Im einfachsten Fall entsteht ein Validierungsanlaß durch Übernahme einer neuen Probe zur Analyse. Je nach Verfahren wird man an einer einzelnen Probe eine Validierung durch Versetzen mit einem internen Standard, durch Anwendung der Standardadditionsmethode, oder auch nur durch Doppelbestimmungen anstreben. Pro Probencharge muß eine (oder mehrere) Blindprobe(n), eine Nachkalibrierung und/oder der Einsatz eines Standardreferenzmaterials angestrebt werden. Besondere Vorsicht ist am Platz, wenn ein neuer Analytiker eingearbeitet werden muß; hier ist der Aufwand insbesondere bei heiklen Probenvorbereitungssschritten beträchtlich, so daß wenn möglich von vornherein eine Vertretung eingearbeitet werden sollte, die auch durch die Validierung ihre Kompetenz zur Ausführung dieses Verfahrens belegt.

Je nach Art des Ereignisses ergeben sich somit unterschiedliche Grade der Validierung. Bei kleinen Abänderungen der analytischen Methodik reicht es, beide Varianten eine zeitlang parallel laufen zu lassen und dann die Ununterscheidbarkeit der Werte entsprechend zu belegen. Diese Technik ist weiter unten im Kapitel „Methodenvergleich" ausgeführt.

6.7 Spezielle Technik der Validierung

6.7.1 Genauigkeit und Richtigkeit

Zu den überragenden Kriterien jeder analytischen Arbeit gehören Genauigkeit und Richtigkeit. Diese sind allerdings nicht immer leicht bestimmbar und daher müssen besondere Anstrengungen unternommen werden, um akzeptable Richtigkeiten zu erzielen; ist dann zusätzlich die Präzision gut, so hat die Methode eine gute Genauigkeit. Wie schon Abb. 2 zeigt, gibt es mehrere Ansätze, um die Richtigkeit einer Methode nachzuweisen. In der Praxis ist der einfachste, ein geeignetes Referenzmaterial zu vermessen. Dieser Weg hat nur zwei Nachteile: es gibt nicht für jedes Problem ein brauchbares Referenzmaterial, und gewisse Schritte der Probenvorbereitung, sowie auch die Probenahme, können nicht mitüberprüft werden.

Eine andere Möglichkeit, die Richtigkeit zu belegen, besteht in der Anwendung eines gänzlich anderen Meßprinzipes. Wieder gilt: nur jene Schritte können überprüft werden, die auch wirklich vollständig voneinander unabhängig sind. Findet beispielsweise in beiden Varianten derselbe Extraktionsschritt statt, so sind die Verfahren in Bezug auf die Probenvorbereitung nicht unabhängig.

6.7.2 Kalibration

Für alle Validierungen sind geeignete Kalibrationsdaten Grundvoraussetzung, soweit es sich überhaupt um ein kalibrierfähiges Verfahren handelt [8]. An dieser Stelle sollen nur nochmals die Voraussetzungen für eine verläßliche Kalibration genannt werden:

a) Standards (unabhängige Variable, x) sind (nahezu) fehlerfrei,
b) Präzision ist über den gesamten Arbeitsbereich gleich groß,
c) Modell ist brauchbar: Gerade oder gekrümmte Kurve,
d) Fehler sind in den Signalen zufällig verteilt,
e) Fehler sind normalverteilt.

Die Reihenfolge der Aufzählung entspricht etwa der Bedeutung der Kriterien in der Analytik. Kennt man die Verläßlichkeit der Standards nicht, so ist die gesamte darauf aufbauende Analytik zwecklos. Die Frage nach der Präzision im unteren und oberen Arbeitsbereich ist auch sehr wesentlich, da z.B. DIN 32645 [10] nur anwendbar ist, wenn die Präzisionswerte – gemessen als Standardabweichungen – unten und oben gleich groß sind. Dies ist daher immer zu überprüfen (F-Test, [8]) und die praktische Erfahrung lehrt, daß viele Methoden im höheren Konzentrationsbereich eine schlechtere Präzision (größere Standardabweichung) als im unteren Konzentrationsbereich haben. Dies klingt vorerst überraschend, da es der intuitiven Vorstellung des Analytikers zuwiderläuft. Dieser denkt jedoch meist in relativen Standardabweichungen; während die relativen Standardabweichungen mit größerer

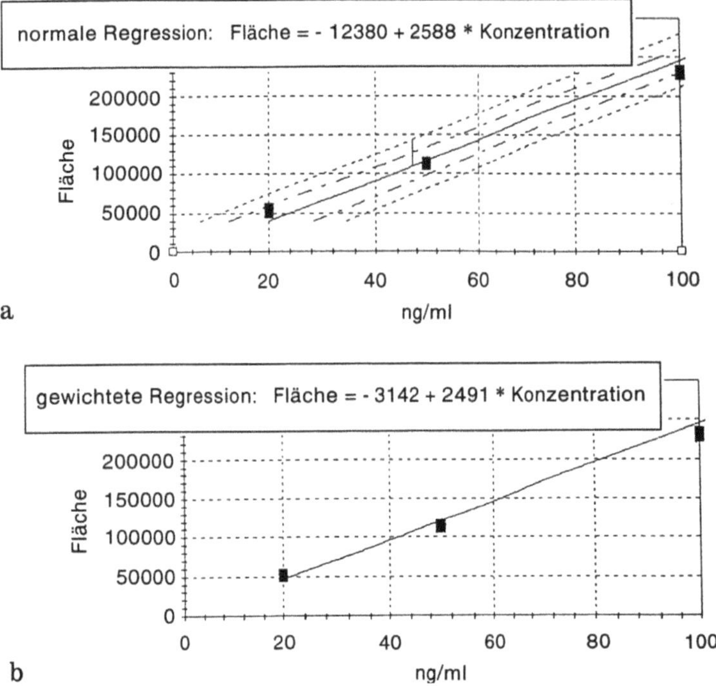

Abb. 5. Normale, A, und gewichtete Regression, B
Gewichtung mit inverser Varianz an jedem Konzentrationswert. Die Datenpunkte bei
200 ng/ml werden aus Maßstabsgründen nicht angezeigt

Konzentration oft kleiner werden, zeigen die absoluten Standardabweichungen gemessen z.B. als Intensitäten, Absorbanzen, Konzentrationen oder
Massen einen Anstieg. Für die Kalibration ist aber nur letztere entscheidend.

Praktisch wird man dem Problem der ungleichen Varianzen im Labor auf
zweierlei Art begegnen:

a) man verringert den Arbeitsbereich und sieht – wenn nötig – mehrere engere
   Arbeitsbereiche mit separaten Kalibrationen vor, oder
b) man studiert die Abhängigkeit der Standardabweichung von der Signalgrö-
   ße (und damit auch von der Konzentration) und verwendet die gewichtete
   Regression zur Ermittlung der Ausgleichskurve.

Entscheidet man sich für Variante b) so muß allerdings auf die Ermittlung von
Konfidenzbändern verzichtet werden, da diese für einen solchen Fall nicht
existieren. Damit existieren natürlich auch abgeleitete Größen nach
DIN 32 645 nicht mehr, wie etwa Entscheidungsgrenzen und Nachweisgren-
zen, soweit diese aus den Konfidenzbändern bestimmt werden (siehe auch
Abb. 5).

Die Bedeutung der Überprüfung der Präzision auf ihre Konzentrationsab-
hängigkeit ist auch deshalb in der Praxis sehr wichtig, da es sonst zu klaren
Fehlmessungen im unteren Konzentrationsbereich kommt. Dies soll an einem

Beispiel demonstriert werden. Es handels sich dabei um die Bestimmung eines PCB-Kongeneren mit GC-MS. Bei vier verschiedenen Konzentrationen wurden Standards bereitet und wiederholt gemessen, an der untersten und obersten Konzentration je $4\times$, an den beiden mittleren Konzentrationen je $2\times$.

Diese Kalibration, die auch bei 200 ng/ml noch zwei Datenpunkte hat, die in die Rechnung miteinbezogen wurden, zeigt besonders am unteren Ende deutliche Unterschiede beim Verlauf der Kurve. Diese äußern sich in Abb. 5 B in einer geringeren Steigung und einem Achsenabschnitt, der statistisch gesehen von 0 nicht unterschieden werden kann. Das heißt, daß es bei geringen Konzentrationen nach Variante A (normale Regression) zu offensichtlichen *Mehrbefunden* kommt.

6.7.3 Wiederfindungsstudien

Eine weitere wichtige Möglichkeit, die Verläßlichkeit eines Verfahrens zu dokumentieren, ist die Durchführung von Wiederfindungsexperimenten. Dabei wird zu einer Probe, die nur einen sehr geringen Gehalt an Analyt aufweist, dieser in steigenden Mengen zugesetzt und die Probe entsprechend sorgfältig durchmischt. Anschließend wird an jeder Teilprobe das Verfahren durchgeführt und ein Vergleich der wiedergefundenen mit der eingesetzten Menge angestellt. Grundsätzlich sind dabei aber mehrere Randbedingungen zu beachten:

1) der Analyt muß in der gleichen chemischen Form zugesetzt werden, wie er (vermutlich) auch nativ vorliegt,
2) eine gute Homogenisierung der Proben muß möglich sein,
3) der native Gehalt sollte – wenn möglich – unter der Nachweisgrenze liegen.

Ist es nicht möglich, Punkte 1) und 2) für die gesamte Prozedur zu erfüllen, so kann es noch immer sinnvoll sein, wenigstens einen Teil der Verfahrensschritte, für die diese Voraussetzungen erfüllbar sind, diesem Test zu unterziehen. Wenn beispielsweise der Zusatz erst nach einem Löse- oder Aufschlußschritt erfolgt, könnten dann immerhin noch die daran anschließenden Verfahrensschritte validiert werden.

Wichtig bei Widerfindungsexperimenten ist, daß mehrere Zusätze in unterschiedlichen Mengen erfolgen, damit nicht fälschlich eine zufriedenstellende Wiederfindung konstatiert wird (Abb. 6).

Als Ergebnis dieser Versuchsserie kann ein Wiederfindungswert an jeder Konzentration des Arbeitsbereiches angegeben werden, der allenfalls – genügend abgesichert – auch zu einer Korrektur der Endergebnisse verwendet werden kann. Das folgende Beispiel zeigt eine solche Auswertung für die Bestimmung von Al in Ca-Gluconat. Das Verfahren basiert auf der Graphit-rohr-Atomabsorptionsmessung und soll zeigen, mit welchen Abweichungen bei einer direkten Kalibration gegen eine Triton-Lösung zu rechnen ist. Die Rohdaten sind in Tabelle 3 gegeben, die numerische Auswertung findet sich in Tabelle 4.

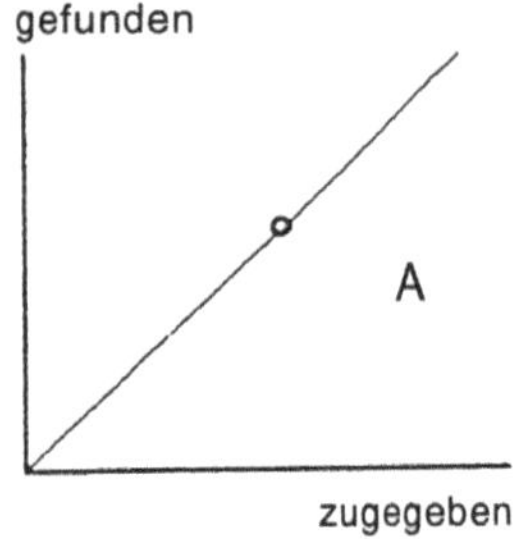
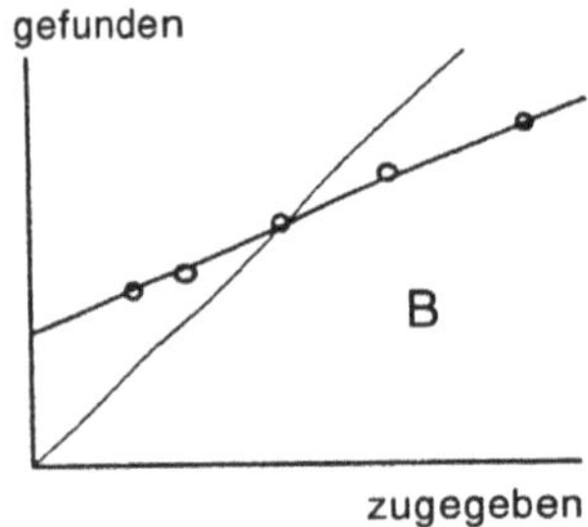

Abb. 6. Bedeutung von Wiederfindungsraten
A = eine Konzentration; B = mehrere Konzentrationen

Tabelle 3. Daten für Bestimmung der Wiederfindung

x_recov µg/L	y_recov µg/L	WFR %	WF µg/L
0	−1,508166611		−1,423464586
0	−2,002261757		−1,423464586
2,5	0,962309117	38,49236467	1,152812775
2,5	0,303515589	12,14062358	1,152812775
5	4,585673518	91,71347035	3,729090136
5	3,432784845	68,65569689	3,729090136
10	9,361926592	93,61926592	8,881644859
10	9,19722821	91,9722821	8,881644859
20	19,73792465	98,68962324	19,1867543
20	19,73792465	98,68962324	19,1867543
40	38,84293694	97,10734236	39,79697319
40	39,99582562	99,98956404	39,79697319

In Tabelle 3 sind die Konzentrationen und Signale in der Kalibration und
in den nächsten beiden Spalten die Konzentrationen und Signale in der
(analytfreien) Matrix angegeben. Diese Daten werden nun entsprechend aus-
gewertet: in einer Regressionsrechnung wird die Übereinstimmung vom zugesetzten und gefundenen Analyt festgestellt und diese Information dann mit
den Sollwerten verglichen. Wenn die Ergebnisse mit den Sollwerten übereinstimmen, dann muß die Kurve (im Rahmen der statischen Schwankungen) die
Steigung 1.0 und den Achsenabschnitt 0.0 haben. Dies kann mit einer statistischen Prozedur getestet werden. Die Ergebnisse sind in Tabelle 4 angeführt.

Tabelle 4 enthält alle wichtigen Ergebnisse der Wiederfindungsexperimente
und ist [11] entnommen. Auf eine Rundung auf die richtige Zahl der si-
gnifikanten Stellen kann verzichtet werden, da es sich einerseits um Zwischen-
ergebnisse handelt, andererseits die Signifikanz ja explizit mit Statistik
untermauert wird.

Aus dieser Auswertung geht hervor, daß besonders im unteren Bereich die
Wiederfindung unzureichend ist. Dem Benützer wird dies deutlich in den

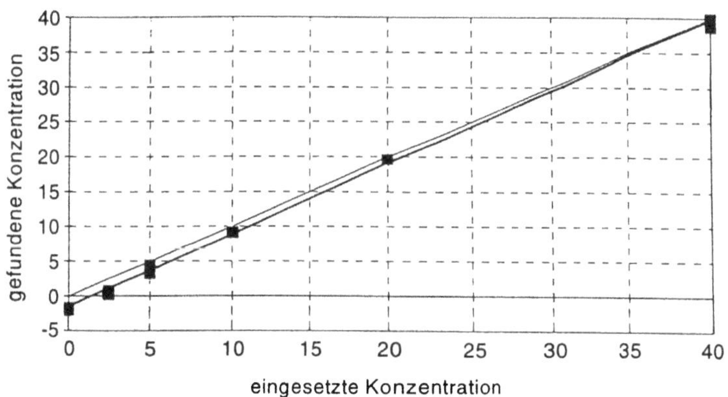

Abb. 7. Graphik der Wiederfindungsfunktion
obere Kurve   = ideale Wiederfindung
untere Kurve durch die Meßpunkte = tatsächliche Wiederfindung

Tabelle 4. Statistische Auswertung der Wiederfindungen

Kalibrierfunktion 1. Grades (y = a + bx)

Steigung		1,030510944 µg/L/(µg/L)
VB (Steigung)	1,001587726	1.059434163 µg/L/(µg/L)
Achsenabschnitt		−1,423464586 µg/L
VB (Achsenabschnitt)	−1,968579661	−0,878349511 µg/L
Mittelwert (x)		12,91666667 µg/L
Mittelwert (y)		11,88730178 µg/L
Reststandardabweichung		0,617161098 µg/L
Verfahrensstandardabweichung		0,598888446 µg/L
rel. Verfahrensstandardabweichung		4,636555711 %
t-Wert (95 %)		2,228139238
Qx	2260,416667	µg/L $^\wedge$ 2

Kontrolle der Analysenpräzision

Verfahrensstandardabweichung (Kal)	0,50842065
F-Vergleich	1,473501975
F-Wert (99 %)	4,849141533
kein signifikanter Unterschied (99)% Niveau	

Prüfung auf systematische Abweichungen

WARNUNG: Konstant systematische Abweichung
WARNUNG: Proportional systematische Abweichung

letzten beiden Zeilen als „WARNUNG" mitgeteilt. Die Nomenklatur ist
wieder der Norm angepaßt, so daß an dieser Stelle nur darauf verwiesen werden
muß [10, 12]. Wie immer in der Datenauswertung ist auch hier eine entsprechende graphische Auswertung sehr aussagekräftig.

Deutlich sieht man in der Abbildung 7, daß die Präzision zwar recht gut ist,
daß aber die Wiederfindung im unteren Konzentrationsbereich ungenügend

ist. Eine direkte Kalibration ohne Berücksichtigung der Matrix darf daher nicht verwendet werden, die Verwendung der Standardadditionsmethode kann möglicherweise zum Ziel führen.

6.7.4 Methodenvergleich

Während ganz neue Verfahren in einem Labor ohne umfangreiche vorherige Validierung nicht eingeführt werden können, stellt sich bei kleineren Änderungen und Modifikationen aber die Frage, ob sich diese überhaupt auf die Daten, und damit auf Richtigkeit und Präzision auswirken. Solche Veränderungen beziehen sich insbesondere auf Abweichungen von Normverfahren. Eine gute Möglichkeit dies zu überprüfen besteht darin, daß die alte und die neue Variante solange parallel ausgeführt werden, bis hinreichend gesichert ist, daß keine Unterschiede auftreten, bzw. daß die neu einzuführende Variante jedenfalls nicht schlechter ist, als die bisherige.

Eine einfache Möglichkeit dies zu überprüfen ist durch den t-Test gegeben [8, 13]. Dabei wird für jede Probe (k), bei der beide Verfahren vergleichsweise eingesetzt wurden, die Differenz zwischen dem Wert der ursprünglichen Methode (bezeichnet mit dem Index i) und jenem der Methodenvariante (j) gebildet. Für die Probe k also: $\Delta x_{ijk} = x_{ik} - x_{jk}$ und anschließend der Mittelwert und die Standardabweichung aller Differenzen gebildet. Wenn anschließend das Konfidenzintervall [8] für die Differenzen gebildet wird, so muß es den Wert 0.0 mit einschließen. Sonst gilt ein Unterschied als erwiesen.

Auch die Präzision der beiden Methoden mit einem F-Test [8] muß überprüft werden. Denn sonst könnte es sein, daß die (scheinbare) Übereinstimmung von einer nachhaltigen Verschlechterung der Präzision begleitet wird und dies wäre genauso ein Hinweis dafür, daß die beiden Verfahren(svarianten) NICHT vergleichbare Daten liefern.

Nach diesen beiden vorläufigen Beurteilungskriterien wird der Datensatz auf proportionale und konstante Abweichungen untersucht, indem eine spezielle Regression gerechnet wird, die berücksichtigt, daß nun die Ergebnisse beider Verfahren fehlerbehaftet sind. Dies geschieht entweder mit der Methode der Orthogonalregression [14, 15] oder mit einer robusten Regression nach [16–18]. Beide Methoden sind wieder in [13] verfügbar. Auf keinen Fall darf zum Methodenvergleich die klassische Regression verwendet werden, da dies zu unbrauchbaren Ergebnissen führt [14].

Mit den Ergebnissen der Regression wird geprüft, ob ein Achsenabschnitt auftritt, der signifikant größer oder kleiner als Null ist. Dies würde auf einen *konstanten Unterschied* zwischen den Verfahren schließen lassen. Als nächstes wird überprüft, ob die Steigung gleich Eins ist, oder nicht. Abweichungen von der Steigung der idealen Übereinstimmung (1.0) bezeichnet man als *proportionale Unterschiede*.

Als Beispiel seien hier zwei Verfahrensvarianten zur Bestimmung von Blei im Blut mit Graphitrohr-Atomabsorptionsspektrometrie gebracht.

Wie man aus Abbildung 8 ersieht, ergeben Orthogonalregression und robuste Regression in diesem Fall sehr ähnliche Ergebnisse. In Gegenwart von

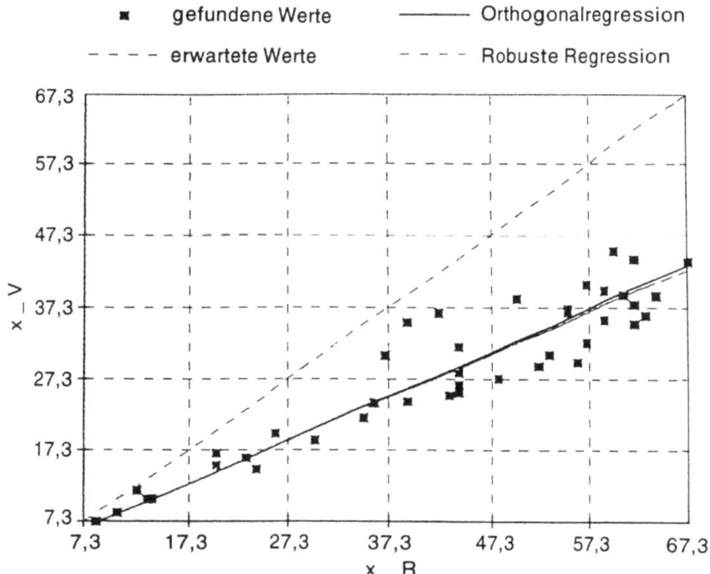

Abb. 8. Methodenvergleich von Blei im Blut

Ausreißern, also Proben, die bei einer der beiden Methoden ein übermäßig hohes oder niedriges Ergebnis zeigen, ist die robuste Regression vorzuziehen.

Beide Auswertungen weisen – wie aus Tabelle 5 ersichtlich – darauf hin, daß die Verfahrensvarianten NICHT gleichwertig sind. Die Mittelwerte sind unterschiedlich und es gibt proportional systematische Abweichungen, die man aus den Steigungen und deren Konfidenzintervallen erkennen kann:

Orthogonalregression:
Steigung 0,6159; VB (Steigung): 0,550, 0,682; Achsenabschnitt 1,90

Robuste Regression:
Steigung 0,6025; VB (Steigung): 0,536, 0,68; Achsenabschnitt 2,227; VB (Achsenabschnitt): −0,69, 4,424.

Dadurch ist in diesem Fall die Nichtgleichwertigkeit der Verfahren sehr augenscheinlich und bedarf keinerlei weiterer statistischer Untermauerung. Im Allgemeinen ist bei diesen Versuchen nur darauf zu achten, daß der Vergleich nicht auf Basis von zu wenigen Proben angestellt wird. Ein Minimum von 12–24 Proben sollte eigentlich nicht unterschritten werden, da sonst die Gefahr des Nichterkennens der Unterschiede zu groß ist.

6.7.5 Robustheit

Ein Kriterium, das immer wichtiger für die Routineanalytik wird, ist die Robustheit einer Methode. Kurz gesagt, bedeutet Robustheit, daß die Qualität der Daten von kleineren Schwankungen bei der Ausführung des Verfahrens

Tabelle 5. Ergebnisse der statistischen Auswertung

Orthogonalregression			Robuste Regression		
Mittelwert (x_R)		42,9833333	Steigung		0,602537
Mittelwert (x_V)		28,3761905	VB (b_rob)	0,536	0,68
Standardabweichung (x_R)		17,2962412	Achsenabschnitt		2,2269556
Standardabweichung (x_V)		10,6537709	VB (a_rob)	-0,69	4,424
Differenz (Mittelwert)		-14,607143	Cusum-Test		
Steigung		0,61595874	Cusum(i, max)		4
Achsenabschnitt		1,90023077	Prüfgröße (95%)		8,81380735
Standardabweichung (Differenz)		8,14036593	lineare Abhängigkeit		
rel. zufällige Fehler (%)		18,938424			
rel. konstant systematischer Fehler (%)		-33,983271			
rel. proportionale Abweichung (%)		38,4041263			
Korrelationskoeffizient		0,93991664			
Streuung der Residuen		2,64309752			
t-Wert (95% N-2 FG)		2,02107458			
Streuung der Steigung		0,03244857			
VB (Steigung)	0,55037775	0,68153973			
WARNUNG: Proportional systematische Abweichung					
t-Wert (Vergleich der Mittelwerte)		-11,629097			
t-Wert (95% N-1 FG)		2,01954208			
WARNUNG: Signifikanter Unterschied in den Mittelwerten					

unabhängig ist. Wie aus Tabelle 1 auf S. 15 ersichtlich, ist die Robustheit für jedes Verfahren wesentlich, unabhängig davon, ob es zu Zwecken der qualitativen oder quantitativen Analyse eingesetzt wird.

Man kann die Robustheit über zwei verschiedene Wege ermitteln:

1) In einem Ringversuch, an dem eine genügend große Zahl (≥ 8) von Laboratorien nach ein und demselben Verfahren arbeiten, werden zufällige Schwankungen in der Arbeitsweise immer auftreten.

2) Im eigenen Labor durch Ausführung einer sorgfältig geplanten Versuchsserie, bei der die wichtigsten experimentellen Parameter in den vorgesehenen (oder möglicherweise auftretenden) Toleranzgrenzen variiert werden und dann die Auswirkung auf die Ergebnisse studiert werden.

Klarerweise ist Variante 1) aufwendiger, da mehrere Laboratorien zu involvieren sind. Dies wird nicht immer möglich sein und daher hat die AOAC schon vor längerem [13] eine Methodik für Variante 2) vorgeschlagen, die insofern sehr effizient ist, als sie mit einem Minimum an Versuchen auskommt. Diese Methodik findet sich auch in ganz modernen Richtlinien wieder [7], so daß sie an dieser Stelle genauer diskutiert werden soll.

Die Grundidee besteht darin, daß durch effiziente Planung der Experimente nur ca. ebensoviele Versuche ausgeführt werden müssen, wie potentielle Einflußfaktoren untersucht werden sollen. In der Praxis heißt dies, daß für 7 Faktoren 8 Experimente anstehen, für 8–11 Faktoren 12 Experimente, für 12–15 Faktoren 16 Experimente, usw. Sollen auch gewisse nicht-lineare Effekte studiert werden, so erhöht sich die Anzahl der Versuche entsprechend. Der Ablauf der Robustheitsuntersuchung ist folgendermaßen:

Tabelle 6. Chromatographische Bedingungen

Parameter	reguläre Bedingungen	untere Grenze −1	obere Grenze +1
Mobile Phase: Acetonitril [%]	von 1 bis 20	0 bis 18	2 bis 22
Pufferstärke [mol/l]	0,1	0,05	0,15
pH-Wert	7,0	6,8	7,2
Durchfluß [ml/min]	1,5	1,3	1,7
Temperatur [°C]	35	30	40
Detektion bei [nm]	230	225	235
Injektionsvolumen [µl]	5	5	15

1) Feststellen derjenigen Variablen (Faktoren), die am ehesten das Ergebnis beeinflussen können,
2) Für jede dieser Variablen Festlegen der Toleranzen mit denen maximal im Routinebetrieb gerechnet werden muß,
3) Aufstellen eines geeigneten Versuchsplanes (nach [19]),
4) Durchführung der Versuche und Auswertung zur Ermittlung der einflußreichen Faktoren,
5) entweder Maßnahmen zur genaueren Einhaltung der Sollwerte oder weitere Verfahrensoptimierung mit dem Ziel, den Einfluß der entsprechenden Variablen zu verringern.

Ein Beispiel sei hier aus dem Gebiet der flüssigchromatographischen Bestimmung gebracht. Und zwar handelt es sich um die Bestimmung einer pharmazeutisch wichtigen Substanz nach Abtrennung von einigen Verunreinigungen, wobei auch die Quantifizierung dieser Verunreinigungen von Interesse ist. Die HPLC-Trennung erfolgt mit einer Gradientenelution bei pH 7.0 in Acetonitril. Tabelle 6 zeigt in den ersten beiden Spalten die in Frage kommenden Parameter und deren normale Einstellung („reguläre Bedingungen").

Die maximal erwarteten Abweichungen, innerhalb derer das Verfahren stabil arbeiten soll, sind in den nächsten beiden Spalten gegeben. Wie man sieht, handelt es sich insgesamt um 8 Einflußfaktoren, so daß man mit 12 Versuchen minimal ausgekommen wäre. Hier soll ein etwas erweiterter Ansatz Verwendung finden, der 16 Versuche vorsieht. Diese 16 Versuche sind in Tabelle 7 abgedruckt. Wie man daraus ersieht, handelt es sich hier um einen vollkommen ausbalancierten Versuch, bei dem für jeden Faktor genau 8 Versuche an der oberen Grenze (+1) und 8 Versuche an der unteren Grenze (−1) gemacht werden. Dies ergibt naturgemäß eine sehr gute Statistik für den Vergleich der beiden extremen Bedingungen. Der erste Versuch wird also unter den „−1"-Bedingungen für alle Parameter durchgeführt, nämlich bei einer Anfangskonzentration von MeCN von 0%, bei einer Endkonzentration von MeCN von 18%, bei einer Pufferstärke von 0,05 mol/l, pH 6,8, 1,3 ml/min Durchfluß, 30°C, bei einer Detektionswellenlänge von 225 nm und einem Injektionsvolumen von 5 µl.

Tabelle 7. Versuchsplan für 8 Faktoren mit 16 Versuchen

Nr.	Faktoren								
	A	B	C	D	E	F	G	H	Auf-lösung
1	-1	-1	-1	-1	-1	-1	-1	-1	4,6
2	1	-1	-1	-1	-1	1	1	1	9,5
3	-1	1	-1	-1	1	-1	1	1	4,7
4	1	1	-1	-1	1	1	-1	-1	7,5
5	-1	-1	1	-1	1	1	1	-1	5,6
6	1	-1	1	-1	1	-1	-1	1	9,7
7	-1	1	1	-1	-1	1	-1	1	1,1
8	1	1	1	-1	-1	-1	1	-1	8,5
9	-1	-1	-1	1	1	1	-1	1	5,3
10	1	-1	-1	1	1	-1	1	-1	9,5
11	-1	1	-1	1	-1	1	1	-1	2,1
12	1	1	-1	1	-1	-1	-1	1	7,1
13	-1	-1	1	1	-1	-1	1	1	5,4
14	1	-1	1	1	-1	1	-1	-1	7,7
15	-1	1	1	1	1	-1	-1	-1	1,3
16	1	1	1	1	1	1	1	1	6,7

Die Ausgewogenheit des experimentellen Planes liegt auch darin, daß alle Effekte unabhängig voneinander geschätzt werden können. Diese Eigenschaft ist aber nicht direkt ersichtlich, denn sie liegt in der Orthogonalität des Versuchsplanes begründet. Daher ist es nicht ratsam, einen solchen Versuchsplan selbst zu erstellen, sondern man sollte dabei auf bewährte Softwarelösungen zurückgreifen [19]. Dies hat außerdem den Vorteil, daß auch die gesamte Auswertung computerunterstützt abgewickelt werden kann. Für die Labororganisation besteht nun die Herausforderung, die Versuche genau gemäß diesem Plan abzuarbeiten und die wichtigen Kenngrößen des Systems unter diesen verschiedenen Bedingungen zu ermitteln. Im Fall dieser chromatographischen Bestimmung ist es um die Auflösung der einzelnen Komponenten gegangen. Das Chromatogramm unter Normalbedingungen ist in Abbildung 9 wiedergegeben.

Angenommen, eine besonders kritische Trennung ist zwischen „impurity 3" und „impurity 4", so soll das Ergebnis der Robustheitsuntersuchungen zeigen, welche Faktoren auf diese Trennung einen Einfluß haben. Die Auflösung dieser beiden Peaks ist in der letzten Spalte der Tabelle 7 angeführt.

Die Auswertung erfolgt nun so, daß der (mittlere) Unterschied der Auflösung bei Experimenten der „+"-Stufe und Experimenten der „−"-Stufe jedes Faktors ermittelt wird. Die Auswirkung des Faktors A (Anfangskonzentration von Acetonitril) ergibt sich aus:

$$(-4{,}6 + 9{,}5 - 4{,}7 + 7{,}5 - 5{,}6 + 9{,}7 - 1{,}1 + 8{,}5 - 5{,}3 + 9{,}5$$
$$- 2{,}1 + 7{,}1 - 5{,}4 + 7{,}7 - 1{,}3 + 6{,}7)/8 = -0{,}47.$$

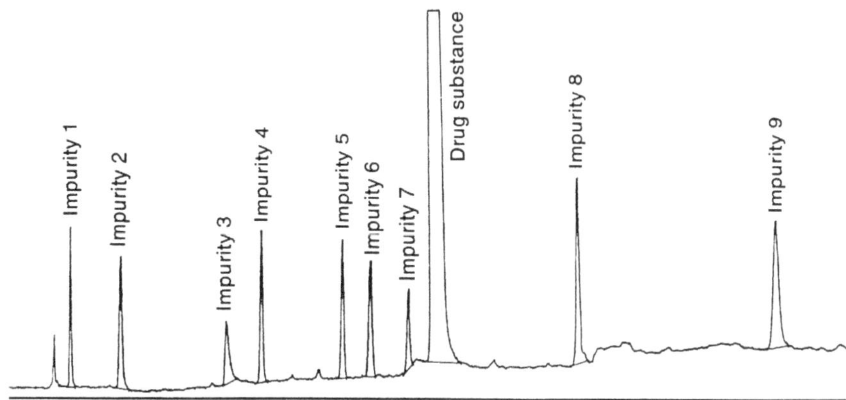

Abb. 9. Chromatogramm unter Normalbedingungen

Die Auswirkung des Faktors B (Endkonzentration von Acetonitril) wird folgendermaßen berechnet:

$$\left(\begin{array}{l} -4,6 - 9,5 + 4,7 + 7,5 - 5,6 - 9,7 + 1,1 + 8,5 - 5,3 - 9,5 \\ + 2,1 + 7,1 - 5,4 - 7.7 + 1,3 + 6,7)/8 = -0,70. \end{array}\right.$$

Das Gesamtergebnis dieser Versuchsserie zeigt alle Einflüsse auf die Auflösung von „impurity 3" und „impurity 4":

Molarität	= 4,57791 ±0,380886	pH	= −2,22209 ±0,380886
MeCN_Anfa	= −0,472091 ±0,380886	MeCN_Ende	= −0,697091 ±0,380886
Durchfluß	= 0,602909 ±0,380886	Temperatur	= −0,597091 ±0,380886
Injekt_vol	= 1,04655 ±0,399243	Wellenlänge	= 0,402909 ±0,380886

Diese Zahlen sagen aus, daß die Auflösung sich entweder vergrößert (positive Zahlen) oder verkleinert (negative Zahlen), wenn der entsprechende Faktor von der unteren Toleranzschranke (-1) auf die obere Toleranzschranke ansteigt. Die $\pm$-Werte sind Standardabweichungen. Daraus sieht man gleich, daß die chromatographische Auflösung in Bezug auf Molarität des Puffers und pH-Wert sehr kritisch ist, denn diese Faktoren zeigen die größten Wirkungen. Wahrscheinlich nützt in diesem Fall wirklich nur die strenge Einhaltung der Sollwerte für diese beiden Parameter um eine ausreichende Trennung zu erzielen. Bei anderen Faktoren hingegen (z. B. Gradient, Temperatur, Durchfluß, Wellenlänge) sind die Toleranzen unbedenklich.

Selbstverständlich schließt sich in der Praxis jetzt noch die Berechnung der Einflüsse auf die Auflösung der anderen Substanzpaare an. Da dies aber analog abläuft, soll an dieser Stelle auf die Ausführung verzichtet werden. Dazu sind aber keine weiteren Experimente nötig, da sämtliche Charakteristika einer Trennung gleichzeitig beobachtet werden können, wie überhaupt zu sagen ist, daß eine Robustheitsuntersuchung im Sinne des vorhin Gesagten auch keinen besonderen Aufwand darstellen: es konnte aus nur 16 zusätzlichen

Experimenten die gesamte Information für den Robustheitstest gewonnen werden.

Zeigen allerdings die Ergebnisse, daß die Methode unzureichend robust für die Praxis ist, so muß eine weitere Methodenoptimierung auf Praxistauglichkeit erfolgen. Dies ist aber immer noch billiger als dann während der „Produktion" (Routineanwendung einer Methode) Ausfälle zu verzeichnen.

6.8 Schlußfolgerungen

Kein Verfahren kann von einem Labor eingesetzt werden, ohne daß das Labor eine entsprechende Validierung durchgeführt hat. Die Elemente der Validierung, die in dieser Arbeit aufgezeigt wurden, müssen sicherstellen, daß das Labor bei Einhaltung entsprechender Grundsätze der Qualitätssicherung bei jeder Verwendung dieses Verfahrens Daten produziert, die hinsichtlich Präzision und Richtigkeit gut definiert sind. Das setzt voraus, daß jedes Labor nicht nur eigene Verfahren validiert, sondern auch für Normverfahren hinreichend seine Kompetenz anhand von eigenen Daten belegen kann. Insbesondere wird dies einer regelmäßigen Nachvalidierung bedürfen, die entsprechend den speziellen Gegebenheiten flexibel gestaltet werden soll. Besonderes Augenmerk ist auf die Ergebnisse von (scheinbar geringen) Variationen der Verfahren zu richten, um sicherzustellen, daß die Ergebnisse der Variante nicht von denen des Standardverfahrens abweichen. Andernfalls ist wieder die Genauigkeit der Verfahrensvariante das wichtigste Kriterium zur Akzeptanz derselben. Ein akkreditiertes Labor nach EN 45001 muß jederzeit in der Lage sein, die genannten Kriterien in dokumentierter Form zu belegen.

Für die Beistellung der hier verwendeten Daten danke ich folgenden Institutionen: ASA-Arbeitsgemeinschaft für Spurenanalyse, Graz; Glaxo Analytical Evaluation, Ware UK; Arbeitsgruppe Chromatographie des Institutes für Analytische Chemie, Mikro- und Radiochemie der TU Graz (M. Wenzl). Für die Mitarbeit bei der Ausarbeitung der Validierungssoftware danke ich Ch. Rohrer.

Dieser Beitrag basiert teilweise auf Arbeiten zur Qualitätssicherung im Forschungsverbund „Edelmetallemissionen" des BMFT (Bonn), Förderkennzeichen 07VPTQS, betreut durch GSF-Projektträgerschaften, München.

Literatur

1. Taylor JK (1983) Anal Chem 55:500A
2. ISO 78/2, Layout for standards – Part 2: Standards for chemical analysis, Genf
3. EURACHEM/WELAC Guide 1, Accreditation of Chemical Laboratories, Laboratory of the Government Chemist, London 1993
4. The Validation of Analytical Procedures Used in the Examination of Pharmaceutical Materials, WHO/PHARM/89.541/Rev. 2, Genf 1989
5. US Pharmacopoeia, USP XXII, ⟨1225⟩ Validation of Compendial Methods, USP-Commission

6. Validation of Methods, Inspectorate for Health Protection, Food Inspection Service, Niederlande, September 1992
7. AOAC Peer-Verified Methods, Policies and Procedures, AOAC International, Arlington 1993
8. Danzer K, Kap. 5
9. Otto M, Wegscheider W (1986) Anal Chim Acta 180:455
10. DIN 32645 Nachweis-, Erfassungs- und Bestimmungsgrenze, Mai 1994
11. Handbuch ValiData, EXCEL-Makro zur Methodenvalidierung, Graz 1993, c/o ASA-Arbeitsgemeinschaft für Spurenanalyse, Schörgelgasse 53, A-8010 Graz
12. DIN 38402 Teil 51 Kalibrierung von Analysenverfahren
13. Wernimont GT, Spendley W Use of Statistics to Develop and Evaluate Analytical Methods, AOAC, Washington 1985
14. Cornbleet PJ, Gochman N (1979) Clin Chem 25:432
15. Haeckel R Das Medizinische Laboratorium 1981. 14:8
16. Eisenwieder HG, Bablok W, Bardoff W, Bender R, Markowtz D, Passing H, Spaethe R, Völkert E Laboratoriumsmedizin 1983. 7:272
17. Eisenwieder HG, Bablok W, Bardoff W, Bender R, Markowtz D, Passing H, Spaethe R, Völkert E Laboratoriumsmedizin 1984. 8:232
18. Bablok W, Passing H, Bender R, Schneider B (1988) J Clin Chem Clin Biochem 26:783
19. z. B. Statgraphics, manugistics Inc., 2115 East Jefferson Street, Rockville, MD 20852, USA

7 Rückführbarkeit von chemischen Meßwerten auf die SI-Einheit Stoffmenge

Paul de Bièvre

Eines unserer dringendsten Bedürfnisse ist es schon immer gewesen, die uns umgebende Natur zu verstehen. Dieses Verständnis ist wichtig, um zu wissen, was wir von unserer Umwelt erwarten können, und der sich daraus ergebende Einblick in die Natur bestimmt, wie wir von dem erworbenen Wissen Gebrauch machen können.

Wenn wir unser Wissen gegenseitig austauschen und es auch der nächsten Generation weitergeben wollen, müssen wir die beobachteten Objekte und Phänomene beschreiben. Als Werkzeuge für eine *qualitative* Beschreibung benötigen wir ein Vokabular sowie eine Sprache. Wenn wir unser Verständnis noch weiter vertiefen wollen, beginnen wir, die Dinge, die wir sehen, und die Phänomene, die wir beobachten, zu *quantifizieren*. Dazu ist es erforderlich, sie

a) zu zählen und
b) sie hinsichtlich ihrer Größe, Masse usw. zu vergleichen.

Wenn man angibt, daß Objekt A „länger" als Objekt B ist, läßt dies auf ein tieferes Verständnis schließen, als wenn man nur darüber redet, daß A und B „verschieden" sind. Wenn wir außerdem sagen können: Objekt A ist fünfmal größer als Objekt B, vertiefen wir unser Wissen noch weiter. Wir beginnen, zu *quantifizieren*, indem wir Faktoren benutzen (in diesem Falle den Faktor 5). Hier ist zu beachten, daß wir in Wirklichkeit eine Skala benutzt haben, anhand derer wir Objekt A im Vergleich zu Objekt B als Basis gemessen haben. Objekt B (oder besser seine Länge) heranzuziehen, um die Länge vieler anderer Objekte zu „messen", ist ein zweckmäßiger und methodischer Weg, die Längen vieler Objekte auf den gleichen Maßstab zu bringen.

Die Länge von Objekt B wird dann zur „Einheit" durch Konvention (eine zwischenmenschliche Übereinkunft). Die Tatsache, daß wir nun viele verschiedene Objekte miteinander vergleichen können (in unserem Beispiel bezüglich ihrer Länge), nennt man *Vergleichbarkeit*. Dies ist dadurch ermöglicht worden, daß es eine *Spur* gibt, die die Länge von mehreren Verbindungen mit der Länge von Objekt B oder der Länge unserer Einheit verbindet. Die Existenz dieser Spur nennt man *Rückführbarkeit*. Es ist einfach einzusehen, daß Rückführbarkeit eine Bedingung für Komparabilität ist: wenn die Länge von Objekt A auf die Elle (vor Jahrhunderten bei Handel mit Leinen verwendet) und die von Objekt B auf das Fuß rückführbar wären, dann könnte man die Längen von A und B nicht vergleichen, da sie nicht in derselben Einheit gemessen worden sind (diesem Problem kann natürlich durch entsprechende Umrechnungsfaktoren

Günzler, H. (Hrsg.)
Akkreditierung und Qualitätssicherung
in der Analytischen Chemie
© Springer-Verlag Berlin Heidelberg 1994

abgeholfen werden: die Elle und das Fuß würden auf eine gebräuchliche
Einheit zurückgeführt werden, und die Rückführbarkeit wäre wieder hergestellt). Wir sagen, daß beide Messungen nicht auf dieselbe Einheit rückführbar
sind. Dies würde Grund zu Ungerechtigkeiten und somit Problemen in Handel
und Wirtschaft geben. Es wäre z.B. nicht möglich, Schrauben in einem
Einheitensystem herzustellen, welche in die Bohrungen passen, die in einem
anderen System gemacht worden sind. Es würde es weiterhin nicht erlauben,
wissenschaftliche Beobachtungen oder *wissenschaftliche Messungen* miteinander zu vergleichen. Mit anderen Worten: die Rückführbarkeit ist eine
Bedingung für die Vergleichbarkeit von Messungen. Man könnte auch sagen,
es ist der Zweck der Rückführbarkeit, Messungen vergleichbar zu machen.

Die Basis moderner Wissenschaften, Technologien und Handelsbeziehungen sind zuverlässige Messungen. Mehr und mehr wird das internationale
Einheitensystem (SI) für genau definierte Größen benutzt. Es besteht der
Trend, andere metrische und auch nicht-metrische Einheiten durch numerisch
genaue Umrechnungsfaktoren zum SI-System zu definieren.

Das SI-System kennt sieben Größen, denen die Basiseinheiten zugeordnet
sind. Die Masse wird in Kilogramm gemessen, die Länge in Metern,
Zeitintervalle in Sekunden usw. Für die Stoffmenge haben wir das Mol, aber es
besteht bei Chemikern die weitverbreitete Praxis, in der Größe Kilogramm zu
messen. Da die Avogadrokonstante die Relation zwischen Mol und Kilogramm herstellt (vorausgesetzt wir kennen auch die Atom- oder Molekülmasse
des betreffenden Stoffes), scheint dies für viele praktische Messungen nur ein
kleiner Verlust an Genauigkeit zu sein. Aber: ist das eigentlich nicht merkwür-
dig umständlich? Die Wurzeln dafür liegen in der Chemiegeschichte, diese
Praxis war früher einmal notwendig. Bleiben wir damit nicht hinter der Zeit
zurück, wenn dies nun ersetzt werden kann durch die zukunftsorientierte
SI-„Sprache"?

Lassen Sie uns prüfen, wie gut uns ein entsprechendes Vorgehen bei der
Längenmessung gefallen würde, wenn wir die Sekunde anstelle des Meters
benutzen würden. Wir würden z.B. eine Nanosekunde weit laufen, was die

Tabelle 1. Die Größen und Einheiten von Messungen. Physikalische Größen sind konven-
tionsgemäß in einem dimensionalen System organisiert, das auf sieben *Basisgrößen* aufbaut,
von denen jede ihre eigene Dimension hat. Diese Basisgrößen und die Symbole, die man zu
ihrer Bezeichnung verwendet, sind:

Physikalische Größe	Symbol	SI-Einheit	Symbol der SI-Einheit
Länge	l	Meter	m
Masse	m	Kilogramm	kg
Zeit	t	Sekunde	s
elektrische Stromstärke	I	Ampere	A
thermodynamische Temperatur	T	Kelvin	K
Stoffmenge	n	Mol	mol
Lichtintensität	I_V	Candela	cd

Entfernung bedeuten würde, die das Licht in 1 ns zurücklegt. Es gibt eine universelle Konstante, welche die Beziehung zwischen Meter und Sekunde genauer herstellt, als die Avogadrokonstante das Mol in Kilogramm umsetzt. Es gibt darüber hinaus keinen Parameter für die Beschreibung der Entfernung von ebensolcher Komplexität, wie es die Atommasse für das Mol ist. Trotzdem befürwortet niemand das Messen von Entfernungen in Sekunden.

Es war – und ist – wichtig, zu einer allgemein anerkannten Aufstellung von Einheiten zu kommen (Meter, Sekunde, Kelvin, ...), um Größen, die wir messen wollen, zu bestimmen. Wir konnten die Zahl der Größen, mit deren Hilfe wir die Natur beobachten, auf sieben reduzieren, und wir taten dies in einer offiziellen Liste (Länge, Zeit, Temperatur, ...), die das Kernstück des SI-Systems darstellt. Sie ist in Tabelle 1 wiedergegeben und wurde von der Conférence Générale des Poids et Measures (10. CGPM, 1954, 11. CGPM, 1960 und 14. CGPM, 1971) aufgestellt. Die Größe, mit der wir es in „chemischen Messungen" zu tun haben, ist die *Stoffmenge*, ihre Einheit ist das Mol (Symbol: mol). So wurde es durch die 14. CGPM im Jahre 1971 festgelegt.

7.1 Rückführbarkeit chemischer Messungen: Probleme

Eine erste Schwierigkeit bei der Einführung der Rückführbarkeit „chemischer Messungen" ist die Tatsache, daß Chemiker es gewöhnt sind, ihre Stoffmengen (Mengen von chemischen Verbindungen) in Gewicht oder Masse zu handhaben [1]. Der Begriff „quantity" für „Menge" wird im Englischen und Französischen sehr häufig benutzt. Dies ist sehr verwirrend, weil „quantity" im Englischen ausgerechnet auch die Bedeutung „Größe" hat (sowohl im Französischen als auch im Deutschen werden diese unterschiedlichen Bedeutungen auch durch unterschiedliche Wörter ausgedrückt: grandeur bzw. Größe und quantité bzw. Menge). Der Grund für die Verwendung von Gewichten war – und ist immer noch – daß die Waage ein so außergewöhnlich einfaches Werkzeug darstellt, um „Gewichte" von Substanzen durch „Wiegen" miteinander zu vergleichen. Eine wichtige Konsequenz, die sich aus der Teilchennatur der Materie ergibt, ist die Tatsache, daß (eine Anzahl von) Teilchen in chemischen Reaktionen miteinander in Wechselwirkung treten. Die Verhältnisse der Anzahl an reagierenden Teilchen sind daher einfach – und wichtig –, die Gewichts- oder Massenverhältnisse dieser reagierenden Teilchen sind es nicht (oder zumindest sind sie viel komplizierter).

Um diese einfachen Zahlenverhältnisse der Teilchen benutzen zu können, dachten sich frühere Chemiker das Konzept der Atom- und Molekulargewichte aus. Es erlaubt ihnen,

a) immer noch die Waage zu benutzen, um Mengen zu wiegen und
b) die Gewichtsverhältnisse in Zahlenverhältnisse der auf atomarer Ebene reagierenden Teilchen umzurechnen.

Eine weitere logische Schlußfolgerung aus der Entdeckung der Teilchennatur der Materie *mußte* sein, daß eine Einheit für die Stoffmenge eine Anzahl von Teilchen ist, und zwar

entweder   *1 (ein) Teilchen:* eine prinzipiell gute Wahl, die die Realität auf
atomarer Ebene wiederspiegelt, aber unbrauchbar auf makroskopischer Ebene ist, wo wir mit Substanzen umgehen. Wir können die individuellen Teilchen (Atome, Moleküle, Ionen, …) – noch – nicht bequem genug zählen, als daß dies für die analytische Chemie nützlich wäre;

oder N_A *(6 · 10^{23}) Teilchen:* eine gute Wahl für den Umgang mit „wägbaren Mengen" auf der sichtbaren und makroskopischen Ebene und so gewählt, daß die Anzahl an Teilchen in einem „Gewicht" von so vielen g angegeben wird, wie die Atommasse angibt (aus praktischen Gründen verwendet man g anstelle von kg).

Hier sei zu bemerken, daß jeder Bruchteil von $6 \cdot 10^{23}$ auch als Einheit geeignet wäre. Es ist allerdings zweckmäßiger, die Anzahl von Teilchen zu wählen, die in $12\,\text{g}$ ^{12}C enthalten sind anstelle von denen in $6\,\text{g}$ ^{12}C oder $3\,\text{g}$ ^{12}C.

Also stehen wir einer – de facto – praktischen Situation gegenüber, in der ein „falsches" Instrument, um Mengen zu messen, nämlich die Waage,

a) so zweckmäßig ist, um Mengenverhältnisse auf dem „Umweg" über die Masse zu messen, und
b) für die meisten chemischen Probleme genau genug ist (eine Ungenauigkeit des Umrechnungsfaktors für Atom- bzw. Molekülmassen von 10^{-3} ist in den meisten Fällen mehr als ausreichend), daß die mögliche Ungenauigkeit des Umrechnungsfaktors von Masse zu Menge vernachlässigbar ist, solange nicht das Gegenteil bewiesen wird. Wenn man dies in einer Gleichung ausdrückt, erhält man

$$\frac{N_1(E_1)}{N_2(E_2)} = \frac{n_1(E_1)}{n_2(E_2)}$$

für die Zahlenverhältnisse der Teilchen N und die verschiedenen Elemente oder Verbindungen E_1, E_2, die vollständig miteinander reagieren, z. B. $E_1 = C$ und $E_2 = O_2$ in der Reaktion $C + O_2 \rightarrow CO_2$. Für die Gewichts- oder Massenverhältnisse gilt:

$$\frac{m_1(E_1)/M_1(E_1)}{m_2(E_2)/M_2(E_2)} = \frac{n_1(E_1)}{n_2(E_2)}$$

wobei $M(E_1)/M(E_2)$, also das Verhältnis der molaren Massen M, der Umrechnungsfaktor ist.

Massen als Ersatz für „Mengen" zu verwenden, ist solange zulässig, wie die Unrichtigkeit des Umrechnungsfaktors (normalerweise $\leq 10^{-3}$) klein ist gegenüber der Unsicherheit der Wägung (im allgemeinen $\leq 10^{-2}$ oder 1%) und der „chemischen Rückschlüsse", die gezogen werden. Es ist wichtig, eine quantitative Vorstellung der Unsicherheit dieses Umrechnungsfaktors zu haben. Sie kann aus Abb. 1 abgeleitet werden, wo die gegenwärtigen Unsicherheiten unserer molaren oder Atommassen für alle Elemente angegeben sind. Aus

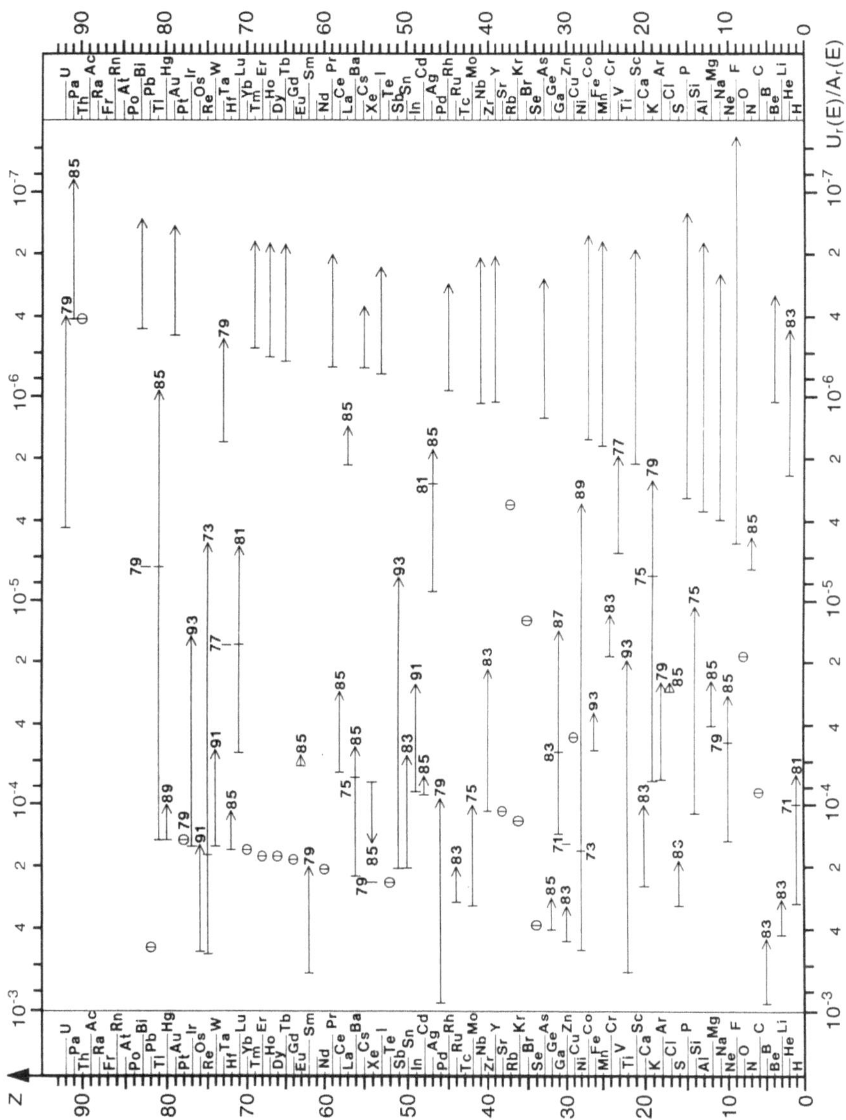

Abb. 1. Änderungen in den relativen Unsicherheiten, $U_r(E)/A_r(E)$, der von der IUPAC empfohlenen Atomgewichte der Elemente von 1969 bis 1993

$U_r(E)/A_r(E)$ ist die Abszisse in logarithmischer Auftragung; die Atomzahl, Z, ist die Ordinate. Die Elementsymbole sind in den linken und rechten Rändern angegeben. $\ominus$ bedeutet: keine Änderung. Die Länge des Balkens entspricht der Verbesserung von $U_r(E)/A_r(E)$ (Verschlechterung nur für Xe) von 1969 bis 1993. Die beiden letzten Zahlen des Jahres, in dem die letzte Änderung vorgenommen wurde, sind jeweils rechts vom Balken angegeben (außer für die monoisotopischen Elemente). Zeitlich dazwischenliegende Änderungen für alle Elemente, mit Ausnahme der monoisotopischen, sind auf der Ordinate durch kurze senkrechte Striche angegeben. Die Jahre, in denen diese zwischenzeitlichen Änderungen gemacht wurden, sind in der Abbildung über oder unter diesen Linien angegeben. Obwohl 66 Elemente seit 1969 genauere Standardatommassen bekommen haben, bleiben die Unsicherheiten von 24 Elementen größer als 0,01 %.

dieser Darstellung können die Unsicherheiten der Molekülmassen einfach berechnet werden.

Also: Aus praktischer Sicht ist das Wiegen zweckmäßig und genügt den Anforderungen.

So weit zur täglichen Praxis. Wenn wir allerdings unser grundliegendes Meßsystem „rückführbar" aufbauen wollen, müssen wir nach den „Spuren" suchen, die uns auf dem möglichst kürzesten und übersichtlichsten Weg von der täglichen Routinemessung zu der relevanten SI-Einheit führen, und dies mit so wenig „Umwegen" wie nur möglich. Im metrologischen Sinne ist das Wiegen eine gute und praktische Annäherung an diesen direktesten Weg. Hier ist allerdings zu beachten, daß dieser „Umweg" nicht mehr zulässig ist, wenn sich die Isotopenverteilung der chemischen Verbindungen – und damit ihre molaren Massen bzw. Atommassen – ändern, ein Phänomen, das im kleinen Maßstab in der Natur auftritt und das in größerem Umfang bei bestimmten Elementen vom Menschen hervorgerufen worden ist.

Ein weiteres Phänomen sollte uns davon abbringen, die „Masse" in der grundlegenden Maß- und Gewichtskunde (Metrologie) chemischer Reaktionen zu verwenden: bei jeder chemischen Reaktion ändern sich die Massen der reagierenden Verbindungen, weil Energie verbraucht oder gebildet wird. Wiederum ist der resultierende Effekt (extrem!) gering, aber es würde metrologisches und wissenschaftliches Denken verletzen, sich *verändernde* Massen zu benutzen, um *konstante* Mengen zu bestimmen.

Ein dritter grundsätzlicherer Einwand gegen den Gebrauch der Masse (und damit des Kilogramms) in der Metrologie chemischer Messungen ist die Tatsache, daß die Masse eine Eigenschaft der Materie ist, die mit Trägheit zu tun hat, während die Teilchenzahl (die Menge) nichts mit dieser Eigenschaft zu tun hat. Um die Natur zu untersuchen und zu beschreiben, haben wir durch die Übernahme des SI-Systems beschlossen, „Masse" und „Stoffmenge" sowohl wissenschaftlich als auch offiziell (und gesetzlich!) als zwei verschiedene Basisgrößen mit ihren eigenen Basiseinheiten „kg" und „mol" zu betrachten. Wir müssen uns an dieses System halten, es sei denn, wir haben

a) sehr gute Gründe, dies zu ändern (was natürlich eine viel größere Einsicht in unser Naturverständnis erfordern würde) oder

b) beschlossen, diese Änderung durch ein internationales Abkommen einzuführen.

Ein viertes Problem kommt durch den Unterschied zwischen „chemischen" und „physikalischen" Messungen zustande, oder besser: dadurch, daß daraus etwas Unterschiedliches gemacht wurde. Wenn man sich die Basisgrößen unseres SI-Systems in Tabelle 1 betrachtet, gibt es dort keinen Hinweis auf eine solche Unterscheidung. Mehr noch müssen wir uns die Frage stellen, warum es überhaupt eine Unterscheidung geben sollte. Wie wir in der Einleitung gesehen haben, haben Messungen etwas damit zu tun, qualitative Beobachtungen zu quantifizieren. Chemische Messungen oder die analytische Chemie quantifizieren in der gleichen Weise, wie „physikalische" Messungen dies tun. Wir sind es gewohnt, über Längenmessungen, Zeitmessungen usw. zu sprechen, wir sollten also auch über Mengenmessungen sprechen.

Sollte man nicht an dieser Stelle den Gedanken einbringen, daß die Chemiker den gleichwertigen und nach meiner Meinung überholten Gebrauch des Kilogramms als Einheit zur Quantifizierung der Stoffmenge aufgeben? Wie wäre es mit gemischten Einheiten für – sagen wir einmal – Konzentrationen, gemessen als Mol eines Elementes oder einer Verbindung pro Kilogramm einer Mischung? Oder Mol pro Kubikmeter einer Lösung? Damit hat man keine Probleme. Gemischte Einheiten sind wichtiger Bestandteil im SI-System. Die Dichte wird z. B. in kg/m^3 gemessen. Wenn es überhaupt ein Problem gibt, dann mit der Benutzung von kg/kg, welches eine dimensionslose Zahl ist und im SI-System vermieden wird.

Röntgen- und Massenspektrometrie sind nicht die einzigen Techniken, mit denen Chemiker die Stoffmenge besser messen als die Masse. Die Anwendung solcher direkten Meßmethoden für die Stoffmenge wird zweifellos künftig an Bedeutung gewinnen. Auch aus diesem Grunde schlage ich vor, die Umständlichkeit der Benutzung von Masseneinheiten zu beenden und durch die Stoffmenge zu ersetzen.

7.2 Physikalische und chemische Messungen: Gibt es prinzipielle Unterschiede?

Es erweckt immer mehr den Anschein, als würden „chemische" Messungen nur deshalb so genannt, weil sie von Chemikern ausgeführt werden, und „physikalische" Messungen von Physikern. Vielleicht achten wir mehr auf einen Unterschied zwischen „Chemikern" und „Physikern" als auf grundlegende Unterschiede in der Art der Messungen, die wir ausführen. Wissenschaftlich gesehen ist diese Differenzierung dennoch gekünstelt.

Was könnten mögliche Ursachen für solch eine Unterscheidung sein?

- Ist „Menge" in Physik und Chemie ein unterschiedlicher Begriff? Klar und deutlich nein: eine Teilchenzahl ist weder besonders „physikalisch" noch besonders „chemisch". Wenn überhaupt, dann trifft beides zu: die Zahl an sich kann „physikalisch" genannt werden, die Identität des Teilchens (Atom, Molekül) „chemisch".
- Deckt der Begriff „Menge" solche Operationen wie chemische Trennungen ab? Nein, aber er muß es auch nicht. Messungen sind per definitionem etwas, das *quantifiziert*, und Trennungen quantifizieren nicht. Es ist jedoch wichtig zu betonen, daß chemische Trennungen, z. B. die Trennung von verschiedenen Species *vor* der Messung (also vor dem Quantifizieren), ein sehr zweckmäßiger Schritt auf dem Weg zur Quantifizierung dieser Species (z. B. Moleküle) sein kann. Eine 100%ige Trennung kann sogar eine notwendige Voraussetzung dafür sein, daß Messungen zuverlässig und richtig sind, aber im Grunde genommen handelt es sich nicht um einen Meßvorgang.
- Die vorangegangene Überlegung führt uns zu etwas, was wie eine ziemlich wichtige Unterscheidung zwischen chemischen und physikalischen Messun-

gen erscheint: das Messen einer Menge einer identifizierten Species ist meistens eine Konzentrationsmessung der Species in einer Mischung aus verschiedenen Species (der sog. Matrix), es ist also die Messung einer einzelnen Komponente in einem komplexen System. Jetzt könnte man sagen, daß die Messung der einzelnen Komponente an sich eine physikalische Messung ist: *die einfache Komponente ist das System, das untersucht wird;* in einer chemischen Messung ist jedoch *das gesamte komplexe System das System, das untersucht wird.* Deshalb ist der chemische *Trennprozeß* – das Abtrennen der einzelnen Komponente vom komplexen System – auch so wichtig. Hat gerade hier die Chemie nicht überhaupt als solche angefangen? Das niederländische Wort für Chemie ist „Scheikunde", was sich von dem Wort „scheiden", also trennen, ableitet. „Scheikunde" ist die Fähigkeit zu trennen. Tatsächlich wurde die quantitative (= analytische) Chemie ja auch erst *nach* der Entwicklung von genügend guten Trennprozessen geboren; sie wurde eine Kunst, dann eine Wissenschaft, die von Chemikern betrieben wurde. Die Zeit ist nun gekommen, in der sich Mengenmessungen den Messungen anderer Basisgrößen, die in der Physik schon lange erfolgen, anschließen. Große Bereiche der Chemie fallen (noch?) nicht in diese Kategorie: die Ermittlung der Molekülstruktur, die qualitative Identifizierung von Species (in reinen Substanzen oder in kompletten Matrices), toxikologische Effekte, Zuordnung eines kristallographischen Types usw. Es ist wichtig, quantitative chemische Messungen (Mengenmessungen) von diesen anderen chemischen Methoden zu unterscheiden. Erst wenn weitere Fortschritte in diesen Bereichen hinsichtlich einer Quantifizierung (Atomabstände, Bindungswinkel) erzielt worden sind, können diese streng genommen durch das SI-System erfaßt werden.

7.3 Rückführbarkeit von Messungen: Gibt es Präzedenzfälle?

Jetzt, da wir einige Probleme der Rückführbarkeit bei chemischen Messungen erkannt haben, sollten wir solche Bereiche untersuchen, in denen diese schon lange etabliert und sogar offiziell organisiert ist.

Bei Massebestimmungen müssen alle Messungen nach einer internationalen Übereinkunft (und per Gesetz!) auf das Kilogramm rückführbar sein: „Das Kilogramm ist die Einheit der Masse; sie ist gleich der Masse des internationalen Prototyps des Kilogramms" (3. CGPM, 1901). Dieser Prototyp wird im BIPM (Bureau International des Poids et Measures) im Pavillon de Breteuil in Sèvres (in der Nähe von Paris) aufbewahrt. Das System wurde so organisiert, daß nationale Standardinstitute ein „nationales Kilogramm" haben, das auf das „internationale Kilogramm" in Sèvres auf dem Weg eines regelmäßigen Vergleichs (alle 30 Jahre) rückführbar ist. Jedes dieser nationalen Institute ist dafür verantwortlich, als Zentrum für Rückführbarkeit für sein eigenes Land zu agieren: alle Massebestimmungen müssen (per Gesetz!) auf das „nationale

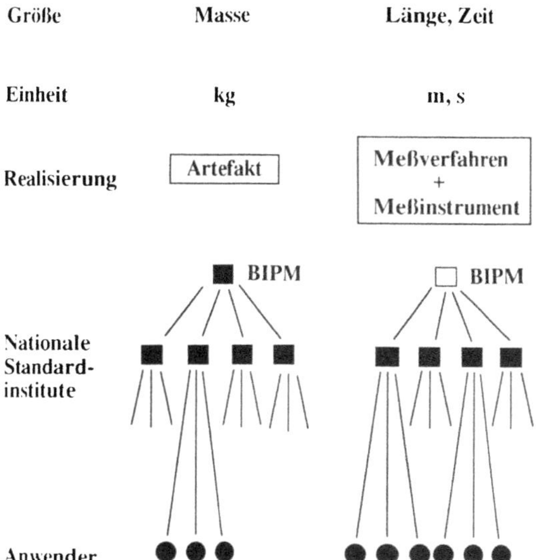

Abb. 2. Rückführbarkeit von Massen-, Längen- und Zeitmessungen

Kilogramm" rückführbar sein. Die Vergleichbarkeit der Massebestimmungen zweier Anwenderlabors wird dadurch ermöglicht, daß alle ihre Messungen auf die SI-Einheit rückführbar sind, indem sie mit der „*Realisierung*" *der SI-Einheit*, dem Prototyp des Kilogramms in Sèvres, verknüpft werden (Abb. 2). Man beachte, daß die Realisierung dieser SI-Einheit ein Artefakt ist: ein künstlich hergestelltes Stück Metall.

In der Längenmessung hat die 1. CGPM 1889 auf Anweisung der „Convention Internationale du Mètre" (1875) als Einheit 1/40 000 000 des Erdumfanges, der durch den Abstand zwischen zwei Kratzern auf einer Pt-Ir-Stange repräsentiert wird, eingeführt. Die Pt-Ir-Stange wird ebenfalls im BIPM in Sèvres aufbewahrt. Durch diese internationale Übereinkunft, die in die Gesetzgebung der meisten Länder implementiert ist, müssen alle Längenmessungen auf das Meter und damit auf seine „Realisierung", den Pt-Ir-Stab, rückführbar sein. Das System wurde wieder so organisiert, daß nationale Standardinstitute ein „nationales Meter" haben, der auf den internationalen Meter in Sèvres durch regelmäßige Vergleiche rückführbar ist (Abb. 2). Jedes dieser nationalen Institute war – und ist – dafür verantwortlich, als Zentrum für Rückführbarkeit in seinem Land zu agieren: alle Längenmessungen müssen (per Gesetz) auf das „nationale Meter" rückführbar sein. Da der Abstand zwischen zwei Strichen für moderne Messungen bald schon zu ungenau wurde, verband eine neue Definition, die im Jahre 1960 (11. CGPM) angenommen wurde, das Meter mit einer Zahl von Wellenlängen eines Energieüberganges in ^{86}Kr, und im Jahre 1983 definierte ihn die 17. CGPM als „die Weglänge, die vom Licht im Vakuum in einem Zeitintervall von 1/299 792 458 Sekunde zurückgelegt wird". Die Länge wurde damit also mit der Zeit verknüpft. Aber diese neuen Definitionen änderten nichts an dem grundsätzlichen Konzept der Rückführbarkeit und deren Anforderungen.

Ähnlich müssen alle Zeitmessungen auf die Sekunde rückführbar sein, welche ursprünglich als 1/86 400 des durchschnittlichen Sonnentages, dann des durchschnittlichen tropischen Sonnentages und jetzt als die Dauer von 9 192 631 770 Perioden der Strahlung, die dem Übergang zwischen zwei Hyperfein-Energieniveaus des Grundzustandes des ^{133}Cs-Atoms (13. CGPM, 1967) entspricht, definiert worden ist. Wiederum agieren das BIPM und (einige) nationale Standardinstitute als Knotenpunkte eines internationalen Netzwerkes, das Messungen in diesem Bereich – zur Erfüllung der Rückführbarkeit – mit der (Realisierung der) relevanten SI-Einheit verbindet.

Es muß betont werden, daß die SI-Einheit „Meter" nicht mehr länger mit einem Artefakt, dem Pt/Ir-Meter, sondern mit der natürlichen Lichtgeschwindigkeit verknüpft ist. Die SI-Einheit für die Länge ist jetzt in einer unveränderlichen und unzerstörbaren Eigenschaft der Natur, nämlich einer fundamentalen Konstanten (also: in der Lichtgeschwindigkeit) verankert.

Dasselbe geschah mit der Sekunde: sie ist ebenfalls in einer unzerstörbaren Eigenschaft der Natur verankert. Hier ist es wichtig, sich zu fragen, wie die theoretischen Definitionen von SI-Einheiten im Laboratorium „realisiert" werden, da Arbeiten im Labor die praktische Realisierung von Einheiten verlangt. Zwei sichtbare Marken an einer Säule auf dem Place de la Concorde in Paris im Jahre 1792 garantierten, daß jedermann Zugang zu einer neuen universellen Einheit für Längenmessungen bekam: eine einfache und effektive Form der „Realisierung"! Wie wir sehen können, geht die jüngste Entwicklung in der Realisierung von SI-Einheiten weg von einem „Artefakt" hin zu einem „Meßverfahren mit einem Instrument" (das Messen der Lichtgeschwindigkeit oder der Übergänge in ^{133}Cs oder das Zählen der Übergänge in ^{86}Kr). Wir müssen diesen Trend in Bereichen, wo die Rückführbarkeit schon lange etabliert ist, aufmerksam verfolgen. Selbst für das kg – das letzte Artefakt unseres SI-Systems – wird eine Änderung bereits diskutiert: soll nicht das kg als eine Anzahl von ^{12}C-Atomen definiert werden?

Wir fassen zusammen:

1. Es gibt Präzedenzfälle für die Rückführbarkeit von Messungen.
2. Rückführbarkeit ist nötig, um Vergleichbarkeit zu erhalten.
3. Das BIPM hat eine Schlüsselrolle in der Realisierung von SI-Einheiten und deren Rückführbarkeit.
4. Die Tendenz in der Realisierung von SI-Einheiten geht von „künstlich" (Artefakte) zu „naturverankert" (fundamentale Konstanten).
5. Meßverfahren mit einem Meßinstrument spielen eine Schlüsselrolle in der Realisierung von SI-Einheiten und damit in der Etablierung der Rückführbarkeit.

Es ist zu erwarten, daß Punkt 5 für Mengenmessungen („chemische" Messungen) eine sehr wichtige Rolle spielen wird.

7.4 Rückführbarkeit chemischer Messungen: Gegenwärtiger Stand

Obwohl die Stoffmenge die international anerkannte Größe in unserem SI-System (Tabelle 1) ist, wird der Ausdruck „chemische Messungen" weiterhin fast universell benutzt. Es wäre vernünftig, damit zu beginnen, stattdessen den Begriff „Stoffmengen- oder Mengenmessung" zu verwenden, genauso wie „Längenmessungen", „Zeitmessungen", „Strommessungen", usw. Der konsequente Gebrauch der korrekten Bezeichnung „Menge" (zur Erinnerung: dies bedeutet nur eine Species bzw. ein Teilchen) in der analytischen Chemie würde wesentlich dazu beitragen, mehr Klarheit bei der Beschreibung der analytischen Arbeit zu schaffen. Ein Ausdruck wie z. B. „Stoffmengenkonzentration" führte dann automatisch zu „$mol \cdot kg^{-1}$". Es bezeichnet eine Menge pro Masse (an chemischer Matrix). Natürlich stellt sich hier die Frage: warum an der „Masse" festhalten, um die Matrix zu beschreiben. Es gibt zwei gute Gründe hierfür:

a) die meisten chemischen Matrices sind so komplex, daß es unmöglich ist, über eine Stoffmenge zu sprechen: alle Species in der Matrix müßten qualitativ und quantitativ bekannt sein; davon sind wir aber weit entfernt;
b) die praktische Einfachheit und die breite Anwendbarkeit von Waagen in der täglichen Praxis macht die Massenbestimmung einfach, billig und ausreichend genau (sie „genügt den Anforderungen", ist also „fit for the purpose").

Aus den vorangegangenen Abschnitten wurde immer deutlicher, daß im Hinblick auf ein international organisiertes System zur Rückführbarkeit nichts existiert, was auch nur näherungsweise mit der Organisation der Messungen der anderen sechs SI-Größen vergleichbar wäre. Chemiker dagegen verwenden Referenzmaterialien oder gar zertifizierte Referenzmaterialien, um ihre Mengenmessungen zu kalibrieren, was ihre Messungen, so wie sie es nennen, auf diese Referenzmaterialien „rückführbar" macht. Dies verlagert das Problem jedoch nur auf die Rückführbarkeit dieser Referenzmaterialien auf unser SI-System, etwas, was bisher noch gar nicht überzeugend realisiert wurde. Selbst ein systematischer Vergleich von zertifizierten Referenzmaterialien wurde bisher nicht durchgeführt, außer in dem speziellen Fall von Gasen, die relativ einfache, eher physikalische als chemische Systeme darstellen. Vom formalen Standpunkt aus muß man also schließen, daß die Ergebnisse chemischer Messungen von gleichen Proben eigentlich die erforderliche Grundlage vermissen lassen, um vergleichbar zu sein. Momentan handelt es sich lediglich um Aussagen von isolierten Zahlen, was symbolisch in den Abb. 3 und 4 dargestellt ist. Oder anders ausgedrückt: es fehlt wegen des Mangels an Rückführbarkeit die Vergleichbarkeit. Bei den immer wichtigeren Entscheidungen, die auf der Basis von chemischen Messungen getroffen werden (medizinische Entscheidungen aufgrund klinischer Messungen, umweltpolitische aufgrund von Messungen umweltverschmutzender oder toxischer Sub-

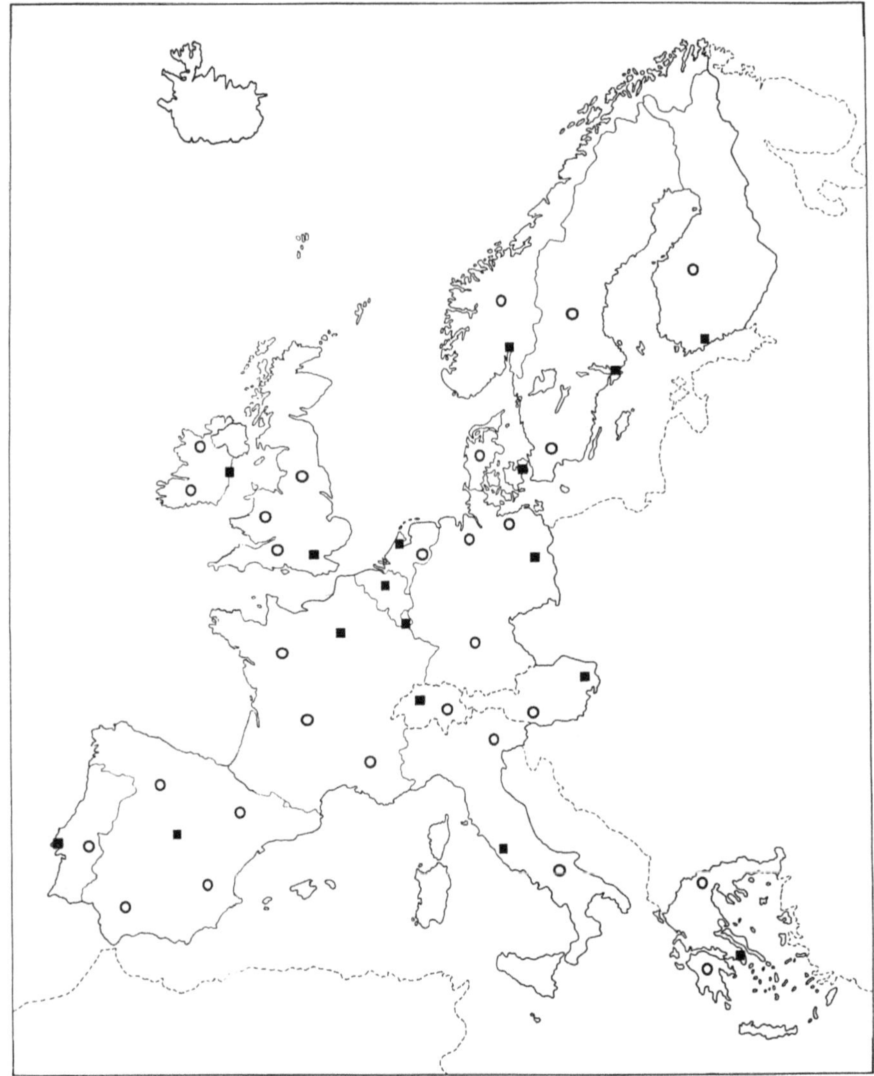

Abb. 3. Nicht vergleichbare Messungen von Stoffmengen: wo ist die Rückführbarkeit?

stanzen, Lebensmittelkontrolle aufgrund des Gehaltes an toxischen Substan-
stanzen), stellt sich die Frage, ob die Vergleichbarkeit nicht auf einer besseren
Struktur der Rückführbarkeit gefestigt wird, indem man (gesetzlich geregelte)
SI-Einheiten oder abgeleitete SI-Einheiten verwendet [2].

Wie bereits erwähnt, können nur *quantitative* chemische Messungen, also
Mengenmessungen, mit dem SI-System abgedeckt werden. Es ist schwierig zu
entscheiden, ob die Ermittlung der Molekülstruktur, die Untersuchung
chemischer Reaktionen usw. „Rückführbarkeit" überhaupt benötigen und

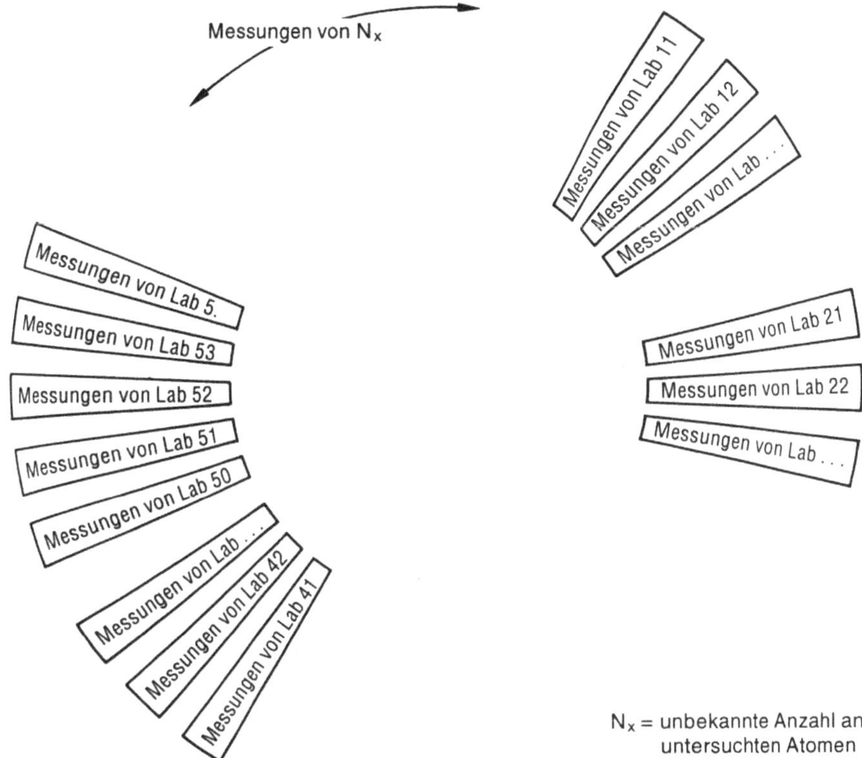

Abb. 4. Isolierte Messungen: keine Vergleichbarkeit

somit unter das SI-System fallen müssen: sie sind nur *qualitative* Beschreibungen der Natur. Der gegenwärtige Begriff „chemische Messung" ist zu zweideutig und bedarf einer genaueren Definition. Ist eine qualitative „Strukturanalyse" eine chemische Messung? Wahrscheinlich nicht. Wird jedoch das Molekulargewicht eines großen Moleküls „gemessen" (bestimmt?), muß dies auf die Atommasseneinheit u in Atom- und Molekülmassen rückführbar sein (u ist eine Einheit, die *mit* dem SI-System benutzt wird und deren Wert experimentell ermittelt wurde: $1{,}660\,540\,2(10) \cdot 10^{-27}\,\mathrm{kg}$). Deswegen werden die nicht-quantitativen chemischen Messungen hier nicht weiter betrachtet: dies ist ein Thema für sich.

Manchmal werden in analytischen chemischen Messungen Schemata zur „Rückführbarkeit" aufgestellt, in denen einige „primäre" chemische Referenzmaterialien in Form von (ultra)reinen Substanzen durch bekannte, sehr präzise chemische Reaktionen, wie z. B. Titrationen miteinander verknüpft werden (Abb. 5). Weitere chemische Reaktionen können dann andere (weniger reine) Substanzen mit einem solchen System verknüpfen. Die „Spuren" (traces), die in solch einem System aus altbekannten chemischen Reaktionen bestehen, machen die quantitative Bestimmung anderer Substanzen „rückführbar"

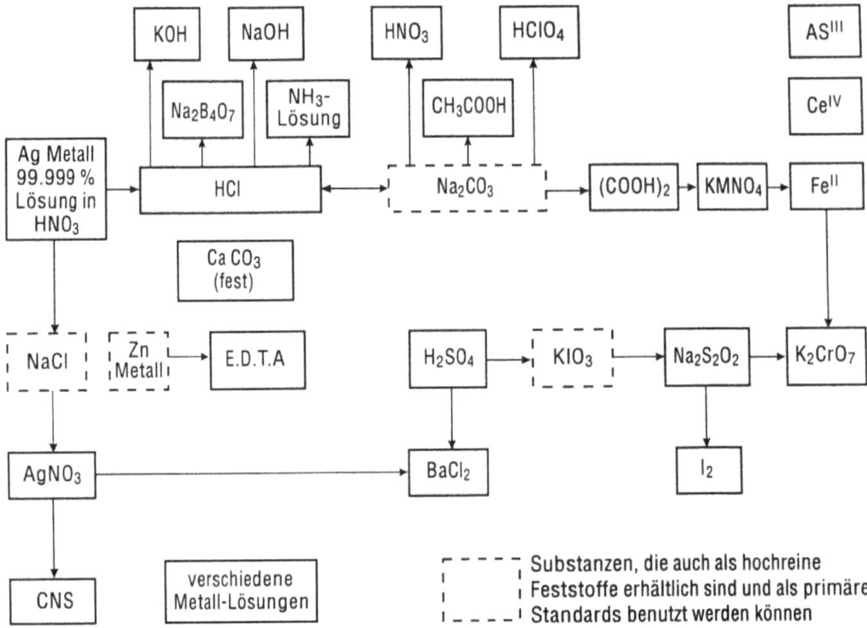

Abb. 5. Schema, das volumetrische Lösungen in Beziehung setzt mit Silber als primäres Referenzmaterial

(traceable) auf einen begrenzten Satz an primären Referenzmaterialien. Die gegenwärtige Situation ist die, daß eine Zahl von chemischen Laboratorien und Herstellern diese Referenzmaterialien zur Verfügung stellen, daß es jedoch kein organisiertes und international anerkanntes System gibt, das definiert, was auf was rückführbar sein soll. Ein mögliches anderes Schema ist in Abb. 6 [3] dargestellt. Es wurde jedoch bisher kein solches Schema eingeführt, mit einer Ausnahme: im klinischen Meßbereich wurde in einigen Teilen der Welt (USA) ein ziemlich einheitliches System aufgebaut.

Das *International Committee on Weights and Measures* (CIPM) ist jetzt in dieser Angelegenheit aktiv geworden und hat beschlossen, einige ausgewählte Meßvergleiche (Spurenelemente in Wasser 1991, in Gasen 1993) in einigen ausgewählten metrologischen Laboratorien als vorbereitenden Schritt zur Einrichtung eines internationalen Systems zur Rückführbarkeit chemischer Messungen einzuleiten. Dabei wird von einer „primären Referenzmethode" [1] Gebrauch gemacht: der IDMS (Isotopenverdünnungs-Massenspektrometrie) und der besonders genauen Gas-Massenspektrometrie. Im September 1993 diskutierte das CIPM einen Vorschlag zur Einrichtung eines *Consultative Committee on the Mole*, ähnlich den *Consultative Committees on the Definition of the Metre (1952), od the Second (1956), of Mass (1980)*, usw.

In Europa wurde ein Verband analytischer Chemiker aus den EG- und EFTA-Ländern (mit Beobachtern aus Osteuropa und USA) unter dem Namen EURACHEM gegründet, um an der Einführung der Vergleichbarkeit und

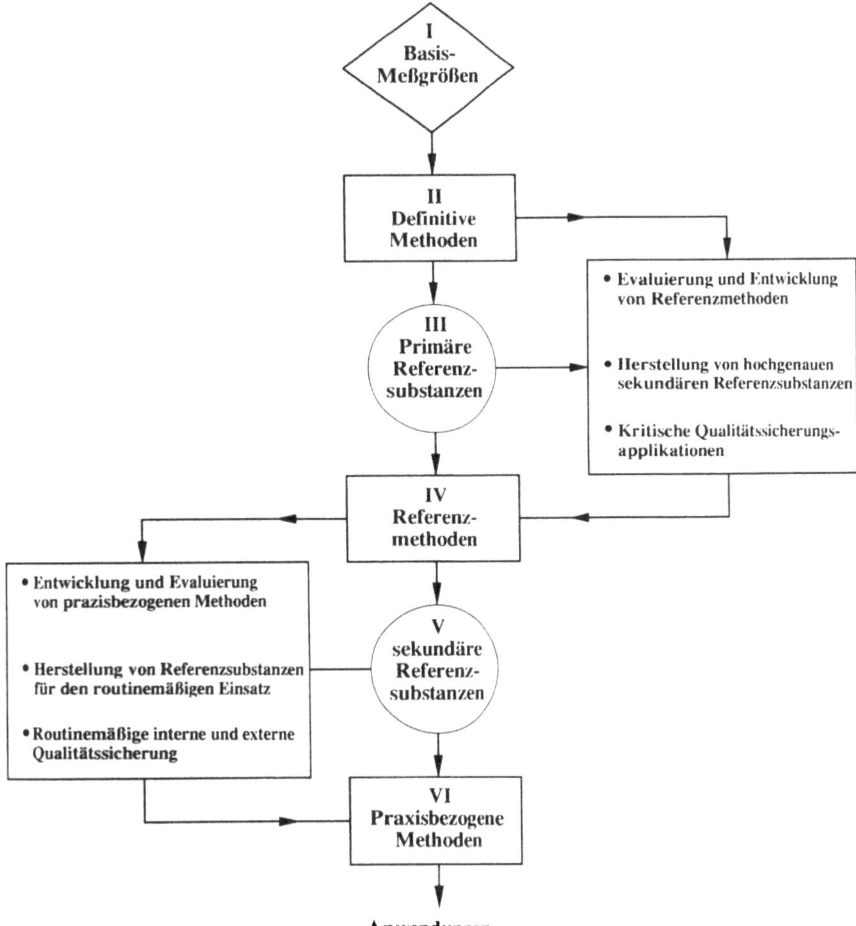

Abb. 6. Schematische Darstellung der Beziehung zwischen verschiedenen technischen Komponenten eines „idealisierten", auf Richtigkeit basierenden chemischen Meßsystems

einer besseren Qualität chemischer Messungen zu arbeiten. Dies führte 1993 zu einer weltweiten Initiative zur Verfolgung dieser Angelegenheit: der CITAC *(Cooperation on International Traceability in Analytical Chemistry)*. Auch der Europäische Verband für Metrologie, EUROMET, hat einen neuen Fachausschuß „Stoffmenge" eingerichtet. Er betrachtet die IDMS wegen ihrer Fähigkeit, Teilchen zu zählen und wegen ihrer Unabhängigkeit von Species (Ionen bzw. elektrische Ladungen werden gemessen) und Matrix (es wird das Verhältnis der Anzahl isotopischer Atome in der unbekannten Probe zu einer bekannten, zugesetzten Zahl isotopischer Atome bzw. Moleküle gemessen) als besonders geeignet [1, 4].

7.5 Die Knotenpunkte in einem System zur Rückführbarkeit

Wir erwarten, daß sich die nahende internationale Diskussion über Rückführbarkeit hauptsächlich um „zertifizierte" oder „primäre" oder international „anerkannte/akzeptierte" Referenzmaterialien drehen wird. Daher ist es wohl nützlich, sich folgende Fragen zu stellen: wird ein System eingerichtet werden, wo solche *Materialien* an den Knotenpunkten (den Verbindungspunkten zwischen den Radien und den konzentrischen Kreisen in Abb. 7) des Netzwerkes der Rückführbarkeit stehen, oder wo *Zahlen,* wovon diese Materialien die Träger sind, die Verbindungen des Systems bilden?

Sind Referenzmaterialien (RM) die Knotenpunkte

Seit Jahrzehnten suchen Chemiker nach Referenzmaterialien zur pragmatischen, manchmal empirischen Kalibrierung von Messungen. Im Rahmen der Diskussion über Rückführbarkeit könnte die Frage gestellt werden, ob ein RM nicht tatsächlich eine Art Transferform für eine Zahl darstellt (in physikalischen Messungen wird der Ausdruck „Transfer-Standard" oft benutzt, aber

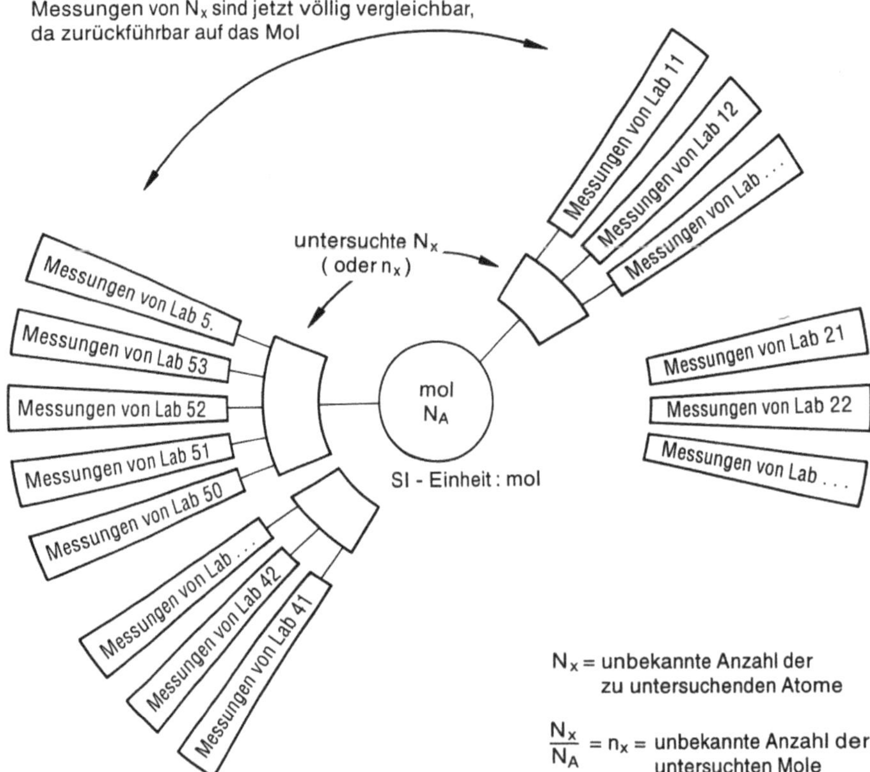

Abb. 7. Vergleichbarkeit von Messungen infolge von Rückführbarkeit auf das Mol

das Wort Standard sollte auf jeden Fall vermieden werden, da es keine einheitliche Bedeutung aufweist). Bei der Organisation der internationalen Rückführbarkeit von Massenmessungen werden „Gewichte" als „Transfer-Standards" bezeichnet, da sie *Zahlen* übertragen. Sind RM, besonders primäre RM, Träger von in einem „*Zertifikat*" zertifizierten Zahlen? Ist es nicht in der Tat ihre Aufgabe, sicherzustellen, daß unsere Messungen – Zahlenvergleiche – sich auf eine bekannte, zertifizierte Zahl, die uns in einem RM verfügbar gemacht wurde, beziehen? Wenn wir in einem Schema, wie es in Abb. 5 gezeigt ist, sagen, daß unsere Messungen auf ein bestimmtes RM rückführbar sind, meinen wir dann nicht tatsächlich, daß unsere Messungen rückführbar sind auf die zertifizierte *Anzahl* an Atomen, Molekülen oder Species in dieser RM? Und wenn solch eine Anzahl tatsächlich eine zertifizierte Zahl von Teilchen ist, ist sie dann nicht automatisch ein Bruchteil oder ein Vielfaches der Avogadrokonstanten? Letztendlich würde dann Rückführbarkeit auf das Mol (Abb. 7) Rückführbarkeit auf eine Zahl bedeuten: wir stellen sicher, daß unsere Mengenmessung in der Praxis ein zuverlässiger Bruchteil oder ein zuverlässiges Vielfaches des Mols ist. Einfach ausgedrückt: wir stellen sicher, daß wir in unserer Mengenmessung eine *zuverlässige Zahl* von Atomen, Molekülen, ...) bestimmen. Und ist das nicht schließlich Sinn und Zweck der analytischen Chemie?

Sind Referenzmessungen die Knotenpunkte?

Die Konsequenz eines Rückführbarkeits-Konzeptes mit Zahlen wäre die, daß Rückführbarkeit darin besteht, daß eine Verbindung zwischen unbekannten Teilchenzahlen N_X und einer bekannten Zahl, N_A (in mol^{-1}) hergestellt wird. Dies wird durch die einfache Gleichung

$$\frac{N_X}{N_A} = n_X$$

ausgedrückt, in der *n* die Stoffmenge der Substanz X in mol ist.

Um die Rückführbarkeit von Messungen in der Praxis zu realisieren, stellte das Institut für Referenzmaterialien und Messungen (IRMM) der EG zwei Programme auf, das *Regular Interlaboratory Measurement Evaluation Programme* REIMEP für spaltbare Substanzen (U, Pu) und das *International Measurement Evaluation Programme* IMEP für andere (Abb. 8 u. 9) [5]. Unbekannte Proben werden an interessierte Laboratorien geschickt. Diese Labors liefern als Resultat ihrer Messungen einen Wert ab und werden gebeten, eine Selbsteinschätzung zu geben über die „Unsicherheit" ihrer Behauptung, daß es sich um den wahren Wert handelt" (eine in der Praxis sehr nützliche Definition von Richtigkeit). Der Wert, der der Wahrheit am nächsten kommt, wird durch eine primäre Analysenmethode (IDMS) [1, 4], die rückführbar auf das Mol ist, ermittelt (Abb. 10): das Verfahren zur Mengenmessung, das zur Festsetzung des Wertes benutzt wird, ist analog demjenigen, das im IRMM als Meßverfahren für die Neubestimmung der Avogadrokonstanten entwickelt

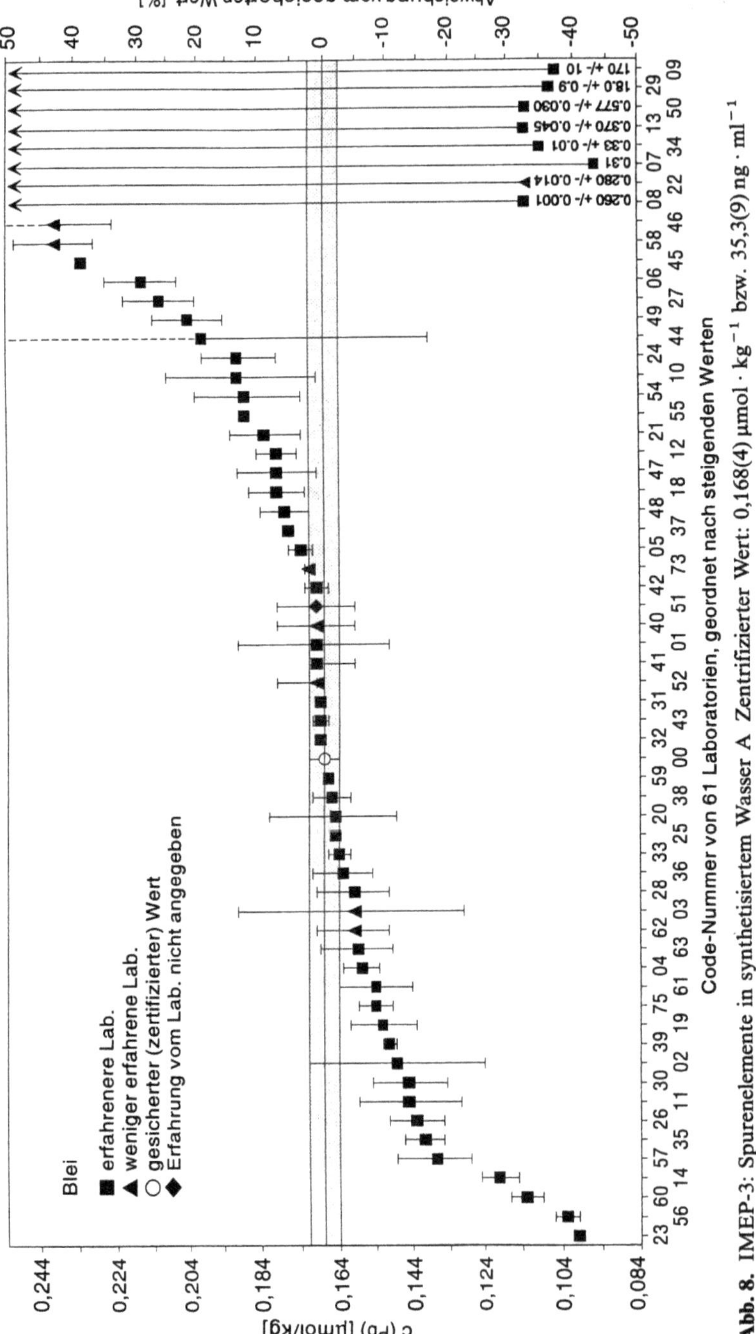

Abb. 8. IMEP-3: Spurenelemente in synthetisiertem Wasser A Zentrifizierter Wert: 0,168(4) µmol · kg^{-1} bzw. 35,3(9) ng · ml^{-1}

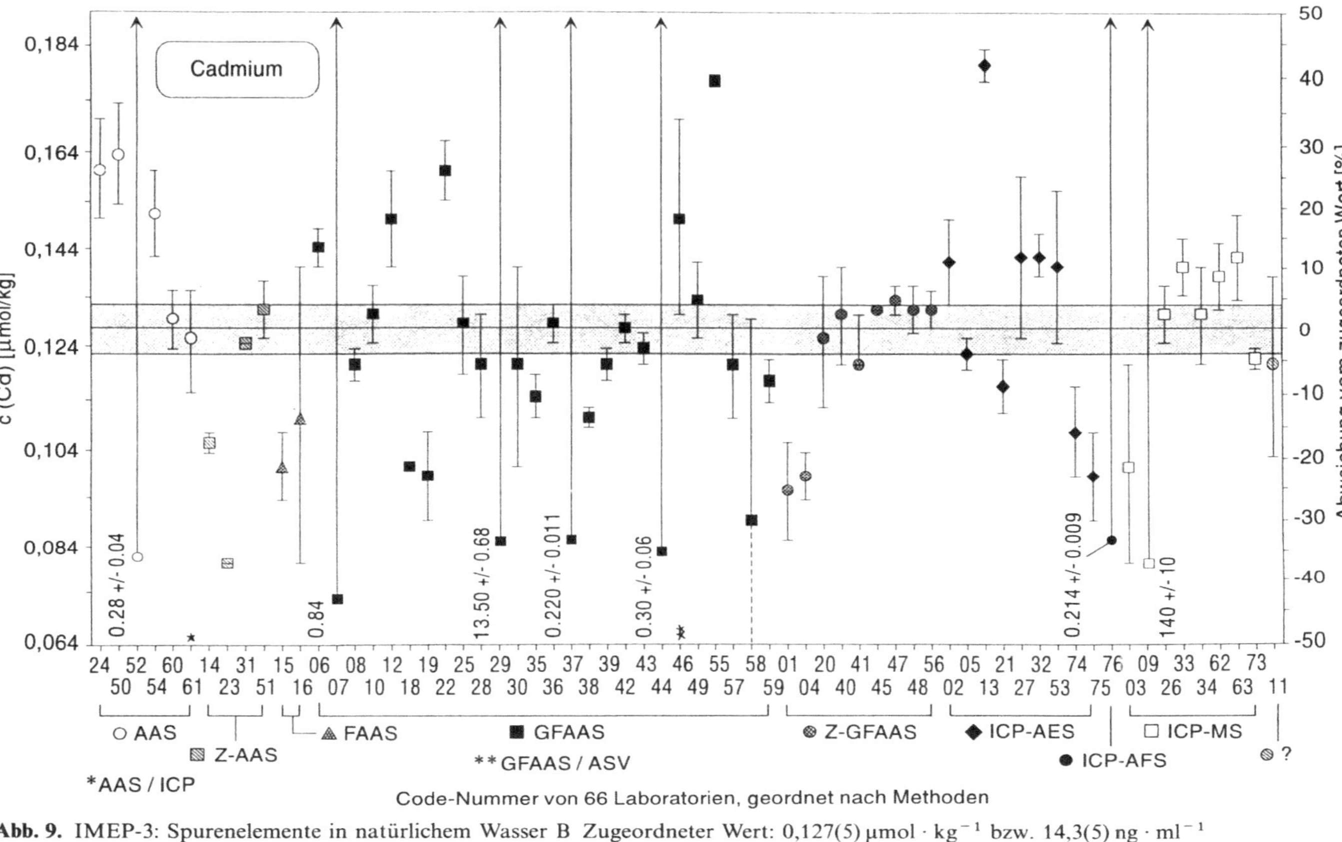

Abb. 9. IMEP-3: Spurenelemente in natürlichem Wasser B Zugeordneter Wert: 0,127(5) µmol · kg^{-1} bzw. 14,3(5) ng · ml^{-1}

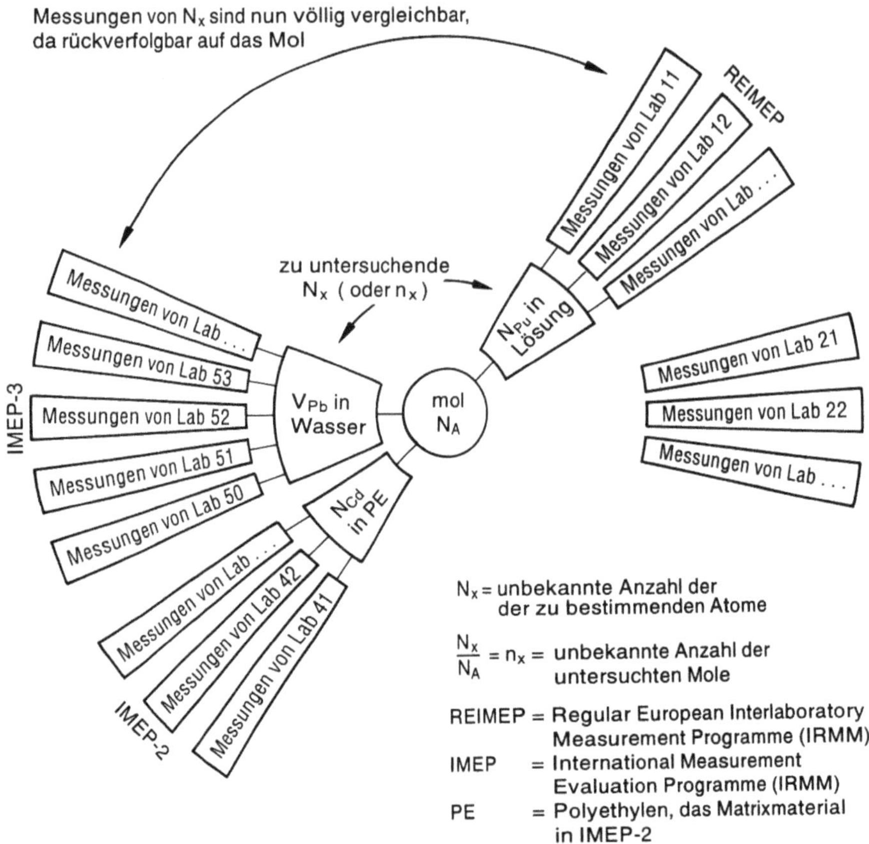

Abb. 10. Versuch zur Realisierung der Rückführbarkeit auf das Mol in der Praxis

wurde. Dieses Meßverfahren kann wahrscheinlich als das der Realisierung der Rückführbarkeit auf das Mol bisher am nächsten kommende Verfahren betrachtet werden. Eine wichtige Vorkehrung, die in REIMEP und IMEP getroffen werden muß, ist die, daß der auf N_A rückführbare Wert erst bekanntgegeben wird, nachdem alle Teilnehmer ihre Meßergebnisse eingereicht haben, da „Analytiker bessere Präzison und geringere Abweichungen vorweisen, wenn die zu analysierenden Proben im voraus bekannt sind" [6 – 8]. Diese Bemerkung führt dahin, Referenzmaterialien *nicht* als Knotenpunkte in einem System der Rückführbarkeit einzusetzen, da sie bekannte (zertifizierte) Werte aufweisen. Wir müssen zeigen, daß auch *die Meßergebnisse unbekannter Proben rückführbar sind.* Daher kommen wir immer mehr zu dem Schluß, daß das, was wir in der Praxis wirklich brauchen, Rückführbarkeit von *Zahlen (in der Praxis Meßergebnisse) auf eine Zahl (N_A)* sein müßte (Abb. 10).

Welche Rolle spielen nun RM in solch einem Konzept?

Die wirkliche Rolle von Referenzmaterialien: Kalibrierung?

Da jede Messung systematischen Fehlern unterworfen ist, muß sie durch ein „Kalibrierverfahren" korrigiert werden, indem man ein Referenzmaterial verwendet. Die Kalibrierung einer Messung (oder eines Meßverfahrens) ist in Wirklichkeit die Bestimmung eines Korrekturfaktors k für diese Messung (oder dieses Verfahren) mit Hilfe eines Referenzmaterials:

$$k = \frac{n_{RM(zertifiziert)}}{n_{RM(beobachtet)}}$$

Dieser Korrekturfaktor kann dann zur Messung einer unbekannten Menge n_X herangezogen werden, indem man den Wert n_{obs}. den man bei der Messung beobachtet oder aufgezeichnet hat, eicht:

$$n_X = k\,n_{obs}.$$

Somit kann man sich ein Modell für die Rückführbarkeit chemischer Messungen vorstellen, in dem *Brücken* eine in der Probe gemessene Zahl mittels einer kalibrierten Messung in Beziehung setzen zu einer Zahl und letztendlich zu N_A (diese Brücken sind die *Linien* entlang der Radien und zwischen den Verbindungspunkten in der Zeichnung in Abb. 10). Die Aufgabe eines RM mit bekannten Werten wäre es also, die „Brücken" zu kalibrieren.

Solch ein Modell erlaubt es auch, zwischen Rückführbarkeit und Unsicherheit zu unterscheiden. Rückführbarkeit ist die Fähigkeit, etwas aufzufinden. Rückführbarkeit ermöglicht es, ein Resultat auf etwas zurückzuführen. Rückführbarkeit hat etwas mit den *Verbindungen* (Spuren) innerhalb des Systems zu tun: mit den Radien in Abb. 7. Unsicherheit dagegen hat etwas zu tun mit der Festigkeit dieser Linien: diese sind sehr fest im Falle von kalibrierten Messungen (also mit geringer Unsicherheit), aber ziemlich locker, wenn die Unsicherheit groß ist oder die Messung überhaupt nicht kalibriert wurde. Aber selbst im Falle von größerer Unsicherheit muß die Verbindung (eine *Spur* oder *trace*) da sein, um Rückführbarkeit (traceability) zu gewährleisten: nämlich die Möglichkeit, die Spur zu finden und zu entscheiden, ob die Unsicherheit der Spur relativ zur Unsicherheit der Messung vernachlässigbar ist. Ein Vergleich mit Massemessungen soll dies veranschaulichen: wenn manche Wägungen ziemlich nachlässig durchgeführt werden, ist dies kein Grund dafür, daß Wägungen und Gewichte nicht auf das nationale und internationale kg rückführbar sind. Ähnlich gibt es einige Gründe dafür, daß Temperaturablesungen auf die primäre SI-Einheit rückführbar sein müssen, obwohl auf den ersten Blick Definition und Realisierung dieser Basiseinheit wenig hilfreich erscheinen.

7.6 Der Sinn und Zweck der Rückführbarkeit
von Mengenmessungen

Chemische Messungen überfluten buchstäblich unsere Gesellschaft, und Millionen von Messungen werden jeden Tag in Ländergemeinschaften wie Europa oder USA durchgeführt. Einige davon sind wichtig, weil wichtige Entscheidungen auf ihnen beruhen. So bestimmt eine Messung rund um einen „Grenzwert", ob Wasser trinkbar ist oder nicht (Abb. 8). Eine Messung rund um einen „Grenzwert" bestimmt weiterhin, ob Lebensmittel wegen ihres Cd-Gehaltes aus dem Verkehr gezogen werden müssen. Ungeachtet dessen, ob dieser Grenzwert sachgerecht und angemessen gewählt wurde, eine Messung muß entscheiden, ob ein Material diesen Wert einhält. Die Messung hat daher wichtige Konsequenzen, und es muß sichergestellt sein, daß sie zuverlässig und so weit wie möglich rückführbar ist auf das wissenschaftlich und – gesetzlich – anerkannte internationale SI-System oder ein anderes anerkanntes System, wenn das SI-System nicht anwendbar ist. Messungen zwischen zwei oder mehreren Parteien (Lieferant – Empfänger, Prüfer – Geprüfter, zwei Länder) müssen eine solide Grundlage für ihren Vergleich haben. Es ist nicht ausreichend, daß etwas als „vergleichbar" verordnet wird (wie im Falle von „Europa 1993"). Eine der Grundlagen für Vergleichbarkeit ist, wie oben erklärt, der Beweis der Rückführbarkeit auf eine anerkannte internationale Vereinbarung bezüglich der Messung.

Es ist wahr, daß „es in der Literatur viele Anhaltspunkte dafür gibt, daß nur wenige analytische Chemiker der Frage der Zuverlässigkeit ihrer analytischen Resultate Aufmerksamkeit schenken. Diese Chemiker glauben, daß es in der Meßwissenschaft ein Naturgesetz gibt, demzufolge der wahre Wert automatisch erhalten wird, wenn man den Anleitungen zur Durchführung der Messung genau folgt" [9]. Man müßte hinzufügen: der außerordentlich naive und unwissenschaftliche Glaube an die automatische Richtigkeit von Resultaten vollautomatisierter (und damit?) undurchsichtiger Meßinstrumente, die mit einer „black box"-Software verbunden sind, hat dem Analytiker die persönliche Verantwortung für die Zuverlässigkeit der *Zahlen*, die er abliefert, praktisch abgenommen. Die Angabe isolierter Werte sind keinesfalls hilfreich, um praktische Probleme zu lösen.

Es muß der Zweck eines (jeden) Systems zur Rückführbarkeit sein, für eine solide, wenn auch meistens versteckte Struktur in und hinter der gewaltigen Zahl chemischer Messungen zu sorgen, die jeden Tag überall benötigt werden. Dies ist erforderlich, um den Beteiligten, den involvierten Behörden und der breiten Öffentlichkeit die Sicherheit zu geben, daß die Meßergebnisse besser sind als die Angabe isolierter Werte, daß sie in Bezug stehen zu dem zu messenden Objekt, und dies überall in derselben Einheit, so daß sie direkt und selbst für unqualifizierte Personen einfach vergleichbar sind in natürlicher und logischer Konsequenz einer angemessenen wissenschaftlich-technischen Strukturierung auf internationaler Ebene.

Nun soll versucht werden, die Kriterien für Rückführbarkeit festzulegen.

7.7 Kriterien für die Rückführbarkeit von Mengenmessungen

In den vergangenen Jahren wurden einige Definitionen für Rückführbarkeit publiziert:

7.7.1 Die ISO-Definition 6.12 für Rückführbarkeit lautet:

„Merkmal eines Meßergebnisses, wodurch dieses in einer ununterbrochenen Kette von Vergleichen mit anerkannten Standards, im allgemeinen internationale oder nationale Standards, verbunden werden kann."

Bemerkungen:
- Die Definition erwähnt SI nicht, und das ist richtig so: Rückführbarkeit besteht zu einem System (z. B. SI) oder zu vereinbarten Artefakten (kg, Referenzmaterial);
- Die Definition kann auch in Fällen benutzt werden, in denen es keine SI-Einheiten oder nicht einmal abgeleitete Einheiten gibt (Härte, Flammpunkt, Oktanzahl);
- Der Definition mangelt es an Begriffen wie Unsicherheit, Präzision oder Richtigkeit, die in der überwiegenden Zahl der Fälle quantitativ wichtiger sind: Die Verkettungen in einem Rückführbarkeitssystem sind oft so schwach (d.h. die Unsicherheit ist so groß), daß ihre Existenz nicht wahrgenommen oder als unwichtig betrachtet wird;
- Die vorhergehende Beobachtung führt zu der Frage, ob nicht Präzision oder Richtigkeit (und der Bereich, auf den sie sich bezieht) in jeder Darstellung der Rückführbarkeit enthalten sein müßte: es würde die Stärke der Verkettungen und damit die Qualität der Rückführbarkeit erkennen lassen;
- Selbst der Ausdruck „anerkannter Standard" sollte vielleicht von einer Aussage über die (Un)richtigkeit begleitet sein;
- Die Definition läßt „eine ununterbrochene Kette von Vergleichen" undefiniert; laufende Ringversuchsprogramme spielen aber eine sehr wichtige Rolle für diese „Ketten".

7.7.2 Die neue ISO-Definition eines Referenzmaterials fordert „Rückführbarkeit auf eine genaue Realisierung der Einheit, in der die Meßgröße angegeben wird" [10]

Bemerkungen:
- Die Einbeziehung einer „zuverlässigen Realisierung" würde einen beachtlichen Fortschritt darstellen (siehe die Beschreibung einiger anderer – physikalischer – Größen in Abschnitt 3);
- Auch die Einbeziehung von „die Einheit, in der die Meßgröße angegeben wird" ist ein Fortschritt, sehr relevant für die Einheit mol und durch Extrapolation für andere – sogar empirische – Einheiten gebräuchlich, wie aus den Abschnitten 1 und 2 vielleicht deutlich geworden ist;

– Wenn das Konzept richtig ist, daß Rückführbarkeit von *Meßergebnissen* das ist, was wir wirklich einzuführen versuchen, dann sollte in der Definition die Rückführbarkeit von Meßergebnissen von einem Labor zum anderen eingeschlossen sein; dadurch werden sowohl externe als auch interne Qualitätssicherungs- und Qualitätskontroll-Programme Teil der Definition. Dies würde zu einem besseren Verständnis der Bedeutung der Rückführbarkeit in der Praxis beitragen, was dringend erforderlich ist.

7.7.3 Vier weitere mögliche Definitionen werden von B.C. Belanger erwähnt [11]

a) Rückführbarkeit ist dadurch gekennzeichnet, daß ein bestimmtes Instrument oder ein synthetischer Standard kalibriert worden ist, und zwar entweder durch das NBS in anerkannten Intervallen oder gegen einen anderen Standard in einer Kette oder Folge von Kalibrierungen, die letztendlich auf eine vom NBS ausgeführte Kalibrierung zurückführt.

b) Rückführbarkeit auf definierte Standards (nationale, internationale oder gut charakterisierte Referenzstandards, basierend auf fundamentalen Naturkonstanten) ist ein Merkmal definierter Messungen. Messungen sind dann und nur dann auf definierte Standards rückführbar, wenn fortlaufend wissenschaftlich streng bewiesen ist, daß der Prozeß Meßergebnisse (Daten) liefert, für die die gesamte Meßunsicherheit relativ zu nationalen oder anderen definierten Standards quantifiziert worden ist.

c) Rückführbarkeit kennzeichnet die Eigenschaft einzelner Meßwerte, durch eine ununterbrochene Kette von Vergleichen zu nationalen Standards oder national anerkannten Meßsystemen in Beziehung zu stehen.

d) Rückführbarkeit bedeutet die Möglichkeit, die Ergebnisse einer Messung quantitativ in Einheiten auszudrücken, die auf der Grundlage von anerkannten Referenzstandards, normalerweise nationalen Standards, realisiert worden sind.

Bemerkungen:

– Die erste Definition ist als solche auf internationaler Ebene nicht recht akzeptabel, liefert aber eine nützliche USA-interne Definition; außerdem liefert sie die nützliche Vorstellung, daß Rückführbarkeit zu einem Labor möglich wäre.

– Die zweite Definition konzentriert sich vielmehr auf die Qualität des Resultates und seine Unsicherheit, die als eine Art von „Gesamtunsicherheit" angesehen wird, die die Unsicherheiten eines jeden Schrittes entlang der Rückführbarkeits-Kette auf definierte „Standards" beinhaltet; auf diese Weise betont sie die Wichtigkeit der Qualität des Resultates und bewegt sich entlang der Linien, die in Abschn. 5 dargelegt wurden: Rückführbarkeit von Zahlen.

– Die dritte Definition weist ebenfalls mehr auf Resultate (Zahlen) als auf Referenzmaterialien als Schlüsselpunkte eines jeden Meßsystems hin, der Begriff „Kalibrierung" wird nicht einmal erwähnt.

– Die vierte Definition ist ziemlich vage und läßt Fragen über die „Realisierung von Einheiten, die auf der Grundlage von anerkannten Referenzstandards realisiert worden sind" offen; außerdem ist der Ausdruck „normalerweise nationale Standards" für den internationalen Gebrauch nicht akzeptabel.

Nun soll der Versuch unternommen werden, Kriterien zur „Rückführbarkeit von chemischen Messungen" auf der Grundlage der folgenden Definition zu formulieren:

– Die Rückführbarkeit von Meßergebnissen ist dadurch gekennzeichnet, daß diese mit dem Ergebnis einer anderen Messung verknüpft werden.
– Eine spezielle Form der Rückführbarkeit ist dadurch gekennzeichnet, daß die gemessene Größe so nahe wie möglich mit einer Realisierung der in Frage kommenden SI-Einheit oder einer davon abgeleiteten SI-Einheit verknüpft wird oder – falls dies nicht möglich ist – mit einer international anerkannten empirischen Einheit für diese Größe.
– Jeder Schritt eines Rückführungsvorganges ist ein Bindeglied. Mehrere solche Bindeglieder bilden eine Kette. Jedes Glied der Kette weist eine ihm eigene Unsicherheit auf. Die Summe der Unsicherheiten aller Glieder ermöglichte die Abschätzung der Gesamtunsicherheit der Kette und damit des Meßergebnisses, ausgedrückt in der jeweiligen Einheit.

Bedingungen für Rückführbarkeit chemischer Messungen würden dann sein:

1. Die Rückführbarkeit muß sich auf das *Ergebnis* der Messung beziehen.
2. Das Ergebnis muß das Teilchen oder die Eigenschaft, auf die es sich beziehen soll, spezifizieren.
3. Die Ergebnisse müssen
   – in der der zu messenden Größe entsprechenden SI-Einheit, oder
   – in einer geeigneten abgeleiteten SI-Einheit, oder,
   – wenn keine SI-Einheiten oder abgeleitete SI-Einheiten zur Verfügung stehen, einer entsprechenden international anerkannten empirischen Einheit
   ausgedrückt werden.
4. Es muß eine Beschreibung der Verknüpfung(en) zu der (bestmöglichen) Realisierung
   – der SI-Einheit mol, oder
   – der geeigneten abgeleiteten SI-Einheit, oder
   – wenn keine SI-Einheiten oder abgeleitete SI-Einheiten zur Verfügung stehen, zu der entsprechenden international anerkannten empirischen Einheit
   gegeben werden.
5. Es muß eine Aussage über die geschätzte Unsicherheit der Verknüpfung(en), wie in Abschn. 3 beschrieben, gemacht werden, und zwar entweder über
   – die gesamte geschätzte Unsicherheit, oder
   – die geschätzten Unsicherheiten eines jeden Schrittes in der Rückführbarkeits-Kette, die das Meßergebnis mit der Realisierung der verwendeten

Einheit verknüpft (dies sollte vor allem bei primären Referenzmaterialien der Fall sein).

7.8 Schlußfolgerungen

Es ist ziemlich klar, daß die Idee der Rückführbarkeit im Bereich chemischer Messungen nicht nur neu ist, sondern daß auch ein klares und allgemein anerkanntes Konzept fehlt.

Aber es scheint ebenfalls klar zu sein, daß die chemische Gemeinschaft der Außenwelt jetzt bald ein klares Bild darüber vermitteln muß, daß eine logische Struktur für chemische Messungen vorhanden ist, wann immer diese relevant – und notwendig – sind für Entscheidungen, die die Gesellschaft in der einen oder anderen Weise betreffen.

Eine Zusammenstellung von Regeln über „Gute Praxis" sowie formale Verfahren zur Akkreditierung mögen nützlich und in der Tat notwendig sein. Aber sofern diese Regeln nur die Übereinstimmung mit beschriebenen Verfahren überwachen, scheinen sie sich hauptsächlich auf die Frage zu beziehen, ob *wir das Richtige machen*. Was wir zusätzlich – oder überhaupt erst einmal – beweisen müssen, ist jedoch, ob *wir die Dinge richtig machen*. Dies gilt auch für Messungen. Es mag bei einigen Anwendungen richtig sein, daß zwei Parteien zufrieden sind, weil sie mit ihren Messungen am gleichen Material durch schieren Zufall oder weil sie beide gleichermaßen falsch liegen nahezu die gleichen Resultate erzielen. Aber in wichtigen Fällen oder auf internationaler Ebene ist dies am Ende unbefriedigend. Eine Stoffmenge entspricht einer existierenden physikalischen oder chemischen Realität. Nur durch das Streben nach der Realität und durch eine zuverlässige Aussage über den Bereich, der von dieser Realität abgedeckt wird, können wir eine wirklich zufriedenstellende wissenschaftliche und gesellschaftliche Grundlage dafür schaffen, daß man sich international auf Meßergebnisse einigt. Es ist auch eine deontologische Verpflichtung für den Analytiker, dies zu tun.

Das höchste Ziel einer jeden Messung, eines jeden Schrittes, der zur Vergleichbarkeit von Messungen beiträgt und eines jeden Konzeptes zur Rückführbarkeit von Messungen, muß ganz klar sein: Resultate zu erarbeiten, die richtig und innerhalb der angegebenen Unsicherheit zuverlässig sind, wobei alle Unsicherheiten von jedem Schritt in der Messung und der Rückführbarkeits-Kette inbegriffen sein müssen.

Der breiten Öffentlichkeit muß die Versicherung gegeben werden, daß die Messung „gut" *ist* und daß sie nicht bloß so *aussieht* oder *als solche bezeichnet* wird.

Danksagung. Der Autor möchte sich für die vielen fruchtbaren Diskussionen bei H. S. Peiser, der früher mit der NIST in Verbindung stand, bedanken. Er ist ebenfalls äußerst dankbar für den regen Gedankenaustausch mit seinen Kollegen am IRMM, A. Lamberty, K. Mayer und P. Taylor.

8 Referenzmaterialien für die Qualitätssicherung

Ph. Quevauviller und B. Griepink

8.1 Einleitung

Zum Funktionieren einer modernen Gesellschaft sind genaue Messungen unbedingt erforderlich. Ohne sie können vor allem hoch technisierte Industrien nicht betrieben werden, der Handel wird durch Auseinandersetzungen beeinträchtigt, die Gesundheitsfürsorge wird zur Empirie, und die Gesetzgebung, beginnend bei Umwelt- und Arbeitsschutzgesetzen bis hin zu Gesetzen, die die allgemeine Landwirtschaftspolitik oder den Einzelhandel betreffen, kann nicht erfolgreich sein. Das Aufeinanderabstimmen von Meßsystemen ist eine weithin anerkannte Notwendigkeit, der mit Hilfe von Weisungen oder Normen Rechnung getragen werden kann, was jedoch nicht alle Probleme löst. Tatsächlich sind die Analysen, die benötigt werden, um diese Normen und Weisungen zu erfüllen, manchmal so schwierig, daß Laboratorien unterschiedliche Ergebnisse finden können, auch wenn sie dieselbe Methode anwenden. Solche Diskrepanzen zwischen den Laboratorien tragen nicht zur Anerkennung dieser Normen und Weisungen bei und haben deshalb keinen Harmonsierungseffekt. Um eine gute Qualitätssicherung der Analytik zu gewährleisten, wurden daher Maßnahmen ergriffen, die Regeln, Richtlinien (z. B. gute Laborpraxis, ISO 25, die EN 45 000 Serie usw.) und Akkreditierungssysteme umfassen. Sie sollen vor allem dazu dienen, die Richtigkeit der produzierten Daten und damit ihre Vergleichbarkeit sicherzustellen. Es gibt verschiedene Möglichkeiten, Richtigkeit zu erzielen, die in guten Laboratorien auch angewendet werden [1, 2]; sie umfassen die Erstellung eines Qualitätssicherungshandbuches, die Weiterbildung des Personals, eine gute Organisationsstruktur des Labors, die Benutzung von validierten Methoden, die Anwendung statistischer Methoden (z. B. Kontrolldiagramme), externe Maßnahmen zur Qualitätskontrolle (z. B. Teilnahme an Ringversuchen, die zur Gegenüberstellung mit Ergebnissen aus anderen Laboratorien führen) und die Benutzung von zertifizierten Referenzmaterialien. In dem begrenzten Rahmen dieses Kapitels wird der Rolle von Referenzmaterialien (RM) und zertifizierten Referenzmaterialien (ZRM) in der chemischen Analyse besondere Beachtung geschenkt. Sie sind für einige der oben erwähnten Grundvoraussetzungen notwendig: Methodenvalidierung (ZRM), Aufzeichnung von Kontrolldiagrammen (RM), Proben in Ringversuchen (RM) usw. und stellen damit eines der notwendigsten Werkzeuge für eine gute analytische Qualitätskontrolle dar [3]. Andere Aspekte der Qualitätssicherung (z. B. Vorgehensweise, Management usw.) wurden in Kapitel 4 dieses Buches behandelt.

Günzler, H. (Hrsg.)
Akkreditierung und Qualitätssicherung
in der Analytischen Chemie
© Springer-Verlag Berlin Heidelberg 1994

8.2 Definitionen

Folgende ISO-Definitionen sind relevant [4]:

- Referenzmaterial: Ein Material oder eine Substanz, deren eine oder mehrere
  Eigenschaften genügend gut gesichert sind, daß sie für die Kalibrierung einer
  Apparatur, die Beurteilung einer Meßmethode oder die Zuweisung von
  Werten zu Materialien benutzt werden kann.
- Zertifiziertes Referenzmaterial: Ein Referenzmaterial, von dem ein oder
  mehrere Eigenschaftswerte durch ein anerkanntes Verfahren gesichert sind,
  das begleitet wird von oder zurückverfolgt werden kann auf ein Zertifikat
  oder ein anderes Dokument, das durch eine Zertifizierungsstelle ausgegeben
  wird.

8.3 Anforderungen an die Herstellung von Referenz- und Zertifizierten Referenzmaterialien

Der fundamentale Unterschied zwischen RM und ZRM ist, daß einige
Parameter der ZRM mit großer Genauigkeit bekannt sind. Das ZRM, das für
eine Verifizierung benutzt wird, sollte eine ähnliche Zusammensetzung haben
wie die unbekannte Probe. Eine weitere Grundvoraussetzung ist, daß sowohl
bei der Analyse des ZRM als auch der unbekannten Probe dieselben
Fehlerquellen auftreten können. ZRM von guten Lieferanten können auf die
Basiseinheiten zurückgeführt werden und verknüpfen damit die Ergebnisse des
Benutzers mit denen der internationalen wissenschaftlichen Gemeinschaft.

8.3.1 Auswahl

Die oben genannte Forderung nach analytischer Repräsentanz bedeutet in den
meisten Fällen die Ähnlichkeit:

- der Matrixzusammensetzung
- des Gehaltes an Analyten
- der Art der Bindung dieser Analyten
- des Fingerprint-Musters von möglichen Interferenzen
- des physikalischen Zustands des Materials.

Bei der Vorbereitung eines RM sollten diese Punkte sorgfältig berücksichtigt
werden. So sind zum Beispiel für die Bestimmung von Verbindungen, die an
einen Matrixbestandteil gebunden sind (z. B. organometallische und organische Verbindujgen), künstlich zugesetzte Substanzen nicht repräsentativ für
reale Proben. In der Praxis kann eine Ähnlichkeit zwischen Probe und RM
jedoch nicht immer völlig verwirklicht werden. Das Material muß homogen
und stabil sein, um sicherzustellen, daß die an die Labors gelieferten Proben
gleich sind. Deshalb müssen Kompromisse eingegangen und die Vorbereitung
des Materials dem jeweiligen Fall angepaßt werden.

8.3.2 Vorbereitung

Die vorzubereitende Menge an RM bzw. ZRM ist abhängig von der analytischen Probengröße, der Stabilität, der Verwendungsmenge und der Häufigkeit ihres Gebrauchs; sie kann zwischen 5 und 20 kg an festem Material (z. B. Böden, Sedimente) oder 5–20 l an Flüssigkeit für die Vorbereitung von RM für Routineanalysen, bis zu 100 kg an Festmaterial oder einigen Kubikmetern an Flüssigkeit im Falle von ZRM variieren. In der Praxis werden RM meistens in einem einzigen Labor benutzt, während ZRM in größerem Maßstab hergestellt werden. In einigen Fällen werden allerdings auch RM im großen Maßstab produziert (z. B. für Vergleichsstudien zwischen Laboratorien). Die benötigte Probenmenge und die Zahl der Laboratorien, die an der Analyse einer gegebenen Substanz beteiligt sind, diktieren die erforderliche Herstellungsmenge. Der Hersteller muß so ausgerüstet sein, daß er große Substanzmengen verarbeiten kann, ohne die analytische Repräsentanz wesentlich zu verändern. Der Umgang mit z. B. 3 bis 5 kg Rohmaterial stellt bereits die Grenze für eine normale Laborausrüstung und manuelles Arbeiten dar; für größere Mengen und vor allem größere Volumina ist es notwendig, zu halbindustriellem Maßstab hochzurüsten.

Mahlen, Sieben, Filtern, Mischen oder Homogenisieren der Materialien sind typische Arbeitsgänge, die nur in spezialisierten Laboratorien oder Industriezweigen durchgeführt werden können. Der empfindlichste und schwierigste Schritt bei der Vorbereitung ist die Stabilisierung. Diese muß jedem speziellen Fall angepaßt werden und sollte vor der Bearbeitung genauestens untersucht werden, um der Integrität des Materials so weit wie möglich Rechnung zu tragen. Um chemische oder mikrobielle Veränderungen zu vermeiden, werden die Materialien gewöhnlich getrocknet. Dies kann abhängig von der Flüchtigkeit der Analyten und der Matrixverbindungen durch Ofentrocknung (z. B. für Sediment [5]) oder durch Gefriertrocknung (z. B. für Fisch [6] oder Sediment [7]) erreicht werden.

Einige Materialien können durch γ-Strahlung mit einer ^{60}Co-Quelle sterilisiert werden. Dieses Verfahren kommt allerdings hauptsächlich für Substanzen in Frage, die zur Elementbestimmung benutzt werden, da viele Verbindungen unter γ-Strahlung zerfallen (z. B. Zinnverbindungen [8] oder Pestizide [9]). Das Material kann auch tiefgefroren werden, kann jedoch dann nur einmal benutzt werden, weil Wiedereinfrieren nicht mehr zu homogenem Material führen muß. Außerdem ist der weltweite Transport von tiefgefrorenem Material beschwerlich und nicht immer durchführbar. Das Material muß homogenisiert und in adäquaten Gefäßen aufbewahrt werden. Im Falle von Gasen und Flüssigkeiten ist die Homogenität nicht das größte Problem; größere Beachtung erfordert die Stabilität. Feste Materialien sind schwierig zu homogenisieren. Es hat sich jedoch gezeigt, daß die Homogenität für Probegrößen von 100 mg [2] ausreichend ist, wenn (i) die Partikelgröße kleiner als 125 µm, (ii) die Partikelgrößenverteilung genügend eng ist und (iii) die Dichten der Partikel sich nicht um mehr als den Faktor 3–4 unterscheiden. Daher wird ein gründliches Mahlen und Homogenisieren vor und während des

Abfüllens empfohlen. Leider bringen Substanzen kleiner Partikelgröße auch einige Nachteile mit sich, da sie sich gewöhnlich besser analysieren lassen als die reale Probe (bessere Extraktion der Analyten oder einfachere Vermischung mit der Matrix wegen der großen Kontaktoberfläche). Außerdem kann statisches Aufladen bei einigen Materialien von sehr kleiner Partikelgröße und geringem Wassergehalt Probleme bei der Probenahme verursachen (wie im Falle von menschlichem Haar beobachtet [10]).

8.3.3 Homogenität

Die Probe eines Referenzmaterials kann in der Chemie nur einmal benutzt werden, weil sie gewöhnlich während der Analyse zerstört wird. Daher sollte die Menge an RM in der Flasche oder Ampulle ausreichen, um mehrere Bestimmungen durchführen zu können. Je mehr Proben man jedoch entnimmt, desto kleiner ist die Chance, daß der in der Flasche verbleibende Rest noch mit dem Ausgangsmaterial identisch ist.

Um sicherzustellen, daß die Gehalte an RM in einer Flasche oder Ampulle und von einem Probengefäß zum anderen identisch sind (*within-* und *between vial homogeneity*), muß die Homogenität überprüft werden. In einer im *Community Bureau of References* (BCR) entwickelten Methode werden dazu einerseits mehrere (z. B. 10) Bestimmungen des betreffenden Analyten mit Probenahme aus derselben Flasche wiederholt und andererseits Bestimmungen aus verschiedenen Flaschen, die während der Abfüllung regelmäßig zur Seite gestellt werden, durchgeführt. Für diese Bestimmung sollten 2–5% der Flaschen benutzt werden. Der erhaltene Variationskoeffizient (CV) kann mit dem CV der Endbestimmung der Methode verglichen werden (abgeschätzt aus z. B. 5 wiederholten Bestimmungen an einer Aufschlußlösung). Bei einem derartigen Vergleich mit einem Extrakt oder der Aufschlußlösung wird nicht berücksichtigt, daß die Extraktions- oder Aufschlußprozedur zur statistischen Unsicherheit des Ergebnisses beitragen. Er führt daher nur zu konservativen Schlußfolgerungen.

Die kleinste Probemenge, für die die Homogenität ausreichend ist, sollte vom Hersteller ermittelt und angegeben werden. Unterhalb dieser Entnahmemenge trägt die Unsicherheit, verursacht durch Inhomogenität, signifikant zur Unsicherheit der Referenz- oder zertifizierten Werte bei (z. B. maximal 30% der gesamten Unsicherheit). Entmischung während des Transportes und der Langzeitlagerung verursacht ein zusätzliches Problem. Der Rehomogenisierung des Materials vor der Entnahme einer Testportion sollte daher besondere Beachtung geschenkt werden.

8.3.4 Stabilität

Die Eigenschaften des Referenzmaterials und die untersuchten Parameter sollten sich über einen langen Zeitraum nicht verändern. Daher sollte die

Langzeitstabilität untersucht werden. Die Stabilität kann abgeschätzt werden, indem man das Verhalten des Materials unter beschleunigten Alterungsbedingungen, wie z. B. erhöhter Temperatur, auswertet. Das BCR führt momentan Studien über die Stabilität von ZRM bei Raumtemperatur und bei 35–40 °C durch. Indem die Resultate mit denen von Proben verglichen werden, die bei −20 °C aufbewahrt wurden, wo die Alterung des Materials sehr gering bis vernachlässigbar ist, können mögliche Veränderungen des Materials nachgewiesen werden. Die Ergebnisse, die bei +20 °C erhalten werden, können zu einer Einschätzung der Stabilität der Probe bei der Umgebungstemperatur im Labor herangezogen werden, während die Ergebnisse bei 40 °C benutzt werden können, um die Stabilität unter den schlechtesten Bedingungen (z. B. während des Transportes) und über längere Zeiträume abzuschätzen. Man nimmt an, daß eine Probe, die bei 40 °C ein Jahr lang stabil ist, bei 20 °C über einen noch längeren Zeitraum stabil bleibt (Arrhenius). Dies trifft jedoch nicht zu, wenn das Material mit bestimmten Bakterien oder Schimmelpilzen kontaminiert wird, deren optimale Stoffwechseltemperatur bei 20–35 °C liegt. Da jedoch in den meisten Fällen der Wassergehalt unter 5 Gew.% liegt oder die Proben γ-bestrahlt worden sind, um die Keimzahl zu verringern, kann man davon ausgehen, daß solch eine Kontamination nicht auftritt. Stabilitätsuntersuchungen sollten in jedem Falle in regelmäßigen Intervallen, z. B. alle 3 Jahre, nach der Zertifizierung durchgeführt werden.

8.3.5 Wie erhält man Referenzwerte

Mehrere zulässige Ansätze können gemacht werden, um Referenzwerte für ein RM zu erhalten [1]: ein Ansatz besteht darin, eine gut beherrschte Methode in einem bestimmten Labor einzusetzen, das sich als leistungsfähig gezeigt und bewiesen hat, den Gehalt an den betreffenden Elementen oder Verbindungen mit der üblichen analytischen Unsicherheit bestimmen zu können. Es muß hier betont werden, daß dieser Wert zur Bestimmung der Langzeitreproduzierbarkeit eines Labors dienen soll. Falls in dem Labor bei der Benutzung dieser einen Methode jedoch eine systematische Abweichung auftritt, ist der erhaltene Wert nicht sicher. Außerdem gibt der Einsatz von nur einer Methode in nur einem Labor keine korrekte Abschätzung der Unsicherheit, wie sie mit anderen Methoden erreicht werden kann. Wenn jedoch ein einzelnes Labor bewiesen hat, daß es eine Analyse mit guter Richtigkeit und Präzision durchführen kann, sollte dieses Ergebnis entsprechend hoch bewertet werden.

Ein anderer Weg, der häufiger eingeschlagen wird, besteht darin, mehrere unabhängige Methoden in einem Labor heranzuziehen. Die Resultate sind zuverlässiger, wenn zwei oder mehr unabhängige Methoden dasselbe Ergebnis liefern. Folglich wird die Zuverlässigkeit weiter erhöht, wenn verschiedene Methoden, die in unterschiedlichen Laboratorien von unterschiedlichem Laborpersonal angewandt wurden, Ergebnisse liefern, die sehr gut übereinstimmen.

8.3.6 Wie erhält man zertifizierte Werte

Der zertifizierte Wert sollte eine richtige Schätzung des wahren Wertes mit einer zuverlässigen Schätzung der Unsicherheit sein. Der ISO Guide 35-1985 gibt verschiedene zulässige Ansätze, ein Referenzmaterial zu zertifizieren, die von der Art des ZRM und des zu zertifizierenden Parameters abhängig sind. Eine Möglichkeit zur Zertifizierung eines Parameters in einem RM ist die sogenannte definitive Methode (z.B. Isotopenverdünnungs-Massenspektrometrie in der anorganischen Spurenanalyse) in einem einzelnen Laboratorium. Dieses Labor kann jedoch, wie schon erwähnt, einen systematischen Fehler begehen, so daß der zertifizierte Wert falsch sein kann. Es wurde tatsächlich oft beobachtet, daß Resultate von definitiven Methoden wegen Unzulänglichkeiten des Operateurs oder aus anderen Gründen systematisch falsch sein können. Wenn man Resultate einer einzigen Methode aus nur einem Laboratorium benutzt, kann man ohnehin keine genaue Abschätzung der Unsicherheit machen. Außerdem existieren solche „definitiven Methoden" kaum in der organischen Spurenanalyse und verursachen in manchen anorganischen Analysen Schwierigkeiten (z.B. bei der Quecksilberbestimmung in Fischgewebe mittels Isotopenverdünnungs-ICP-MS, wo große Mengen an Methylquecksilber den Ionisierungsschritt stören [11]). Der häufiger eingeschlagene Weg besteht auch hier darin, mehrere unabhängige Methoden, einschließlich der definitiven Methoden, wenn möglich, einzusetzen. Die Zertifizierung ist dann möglich, wenn erwiesen ist, daß zwei oder mehrere unabhängige Methoden in verschiedenen hochqualifizierten Laboratorien dieselben Resultate erzielen.

Solche Laboratorien sollten nach strengen Regeln der Qualitätssicherung arbeiten. Um systematische Fehler zu vermeiden, müssen die Laboratorien grundsätzlich eine exakte Kalibrierung der eingesetzten Apparaturen sicherstellen. Kalibrierungsreagenzien müssen von ausreichender Reinheit und bekannter Stöchiometrie sein. Besondere Vorsichtsmaßnahmen müssen getroffen werden, wenn alle Labors das Kalibrierungsreagenz von ein und demselben Lieferanten beziehen. Es dürfen weiterhin nur reine Lösungsmittel und Reagenzien benutzt werden. Die chemischen Ausbeuten sollten genau bekannt sein, und Vorsichtsmaßnahmen zur Vermeidung von Verlusten (z.B. durch Bildung von unlöslichen oder flüchtigen Verbindungen oder durch unvollständige Extraktion) und Kontaminationen sind zu treffen. Wenn die Ergebnisse aus völlig unterschiedlichen Analysenmethoden (Methodenvergleich), die in unterschiedlichen, voneinander unabhängig arbeitenden Laboratorien ermittelt wurden (Laboratoriumsvergleich), übereinstimmen, kann daraus geschlossen werden, daß der systematische Fehler jeder Methode vernachlässigbar ist und der Mittelwert der Ergebnisse die beste Annäherung an den wahren Wert darstellt.

8.4 Der Einsatz von referenz- und zertifizierten Referenzmaterialien in der chemischen Analyse

Die Anwendung von ZRM ist u. a. von Taylor [12] und Griepink und Stoeppler [1] umfassend beschrieben worden. Auf einige Grundlagen wird weiter unten nochmals eingegangen.

8.4.1 Die Rolle der Referenzmaterialien

RM können sein:

a) reine Lösungen, die für Testmethoden, z. B. für anorganische Analysen, benutzt werden;

b) Materialien, die in einem oder mehreren Teilschritten einer Analyse eingesetzt werden, wie z. B. bei der organischen oder Element-Speziesanalyse, also z. B. der reine Extrakt oder die reine Lösung zur Überprüfung der Trennung, der Rohextrakt zur Überprüfung der Vorreinigung oder eine aufgestockte Probe zur Beurteilung der Wiederfindungsrate;

c) Labor-Referenzmaterialien zur Analyse durch den Anwender, deren Zusammensetzung einschließlich der interessierenden Nebenprodukte und Spuren so ähnlich wie möglich der der Matrix sind und die einen bekannten Gehalt an Analyten (Zielwert) aufweisen; diese Substanzen können im Labor hergestellt werden, um die Langzeitreproduzierbarkeit der Routineanalysen zu überprüfen, und dienen der Evaluierung der Leistungsfähigkeit von Laboratorien in Ringversuchen.

8.4.1.1 Anwendung der RM in statistischen Kontrollprogrammen

Referenzmaterialien können auch zur Überprüfung der Langzeitreproduzierbarkeit einer Methode eingesetzt werden, indem man Kontrolldiagramme aufstellt [1, 13]. Sobald eine Methode unter statistischer Kontrolle ist, d. h. sobald Schwankungen in den Resultaten rein zufällig und nicht systematisch erfolgen, sollten Kontrolldiagramme gemacht werden, um mögliche systematische Schwankungen, wie z. B. eine Drift, zu erkennen. Ein Kontrolldiagramm ist die graphische Darstellung der mit einem Referenzmaterial erhaltenen Ergebnisse in Abhängigkeit von der Zeit. Ein RM sollte mit 10–20 unbekannten Proben analysiert werden, in Abhängigkeit von der Häufigkeit der Schwankungen. Um nicht zufällige Schwankungen in den Proben erkennen zu können, sollte das RM von gleicher Problematik wie die unbekannten Proben sein (analytische Ähnlichkeit). Desweiteren muß die Zusammensetzung homogen und über einen längeren Zeitraum unverändert sein.

In einem Shewart-Kontrolldiagramm (Abb. 1 und 2) zeichnet das Labor für jedes analysierte RM zu einem gegebenen Zeitpunkt den erhaltenen Mittelwert $\bar{X}$ oder die Differenz zwischen zwei Werten R auf. Im $\bar{X}$-Diagramm können dann gestrichelte und durchgezogene Kontrollinien eingezeichnet

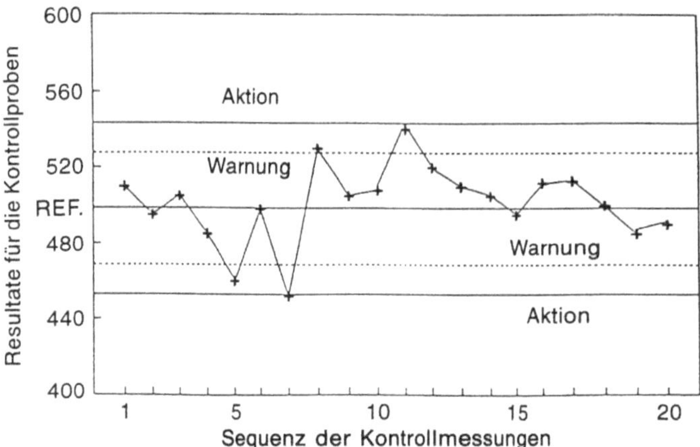

Abb. 1. Beispiel eines $\bar{X}$-Diagrammes (willkürliche Einheiten). $\bar{X}$ ist der bei jeder durchgeführten Analyse erhaltene Wert. Die Warning- und Action-Linien entsprechen einem Risiko von 5% bzw. 1%, daß die Resultate nicht zur Gesamtpopulation der Ergebnisse gehören (oder mit anderen Worten, daß die Schwankung mit einer Wahrscheinlichkeit von 99% bzw. 95% systematischen Ursprungs ist)

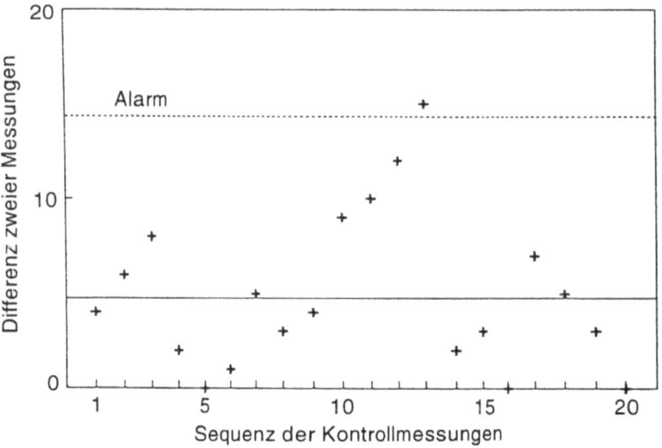

Abb. 2. Beispiel eines R-Diagrammes (willkürliche Einheiten). R ist die Differenz zweier aufeinanderfolgender Messungen

werden, außerhalb derer eine Schwankung mit einer Wahrscheinlichkeit von 95% (gestrichelte Linie: *Warnung*) bzw. 99% (durchgezogene Linie: *Action*) systematischer Natur ist. Die Ergebnisse einer Methode werden als unkontrolliert betrachtet, wenn (i) die obere oder untere durchgezogene Kontrollinie überschritten wird, (ii) die gleiche gestrichelte „Warnlinie" zweimal hintereinander überschritten wird oder (iii) mehr als 10 aufeinanderfolgende Messungen auf derselben Seite der „Sollinie" liegen, die dem Mittelwert des RM entspricht.

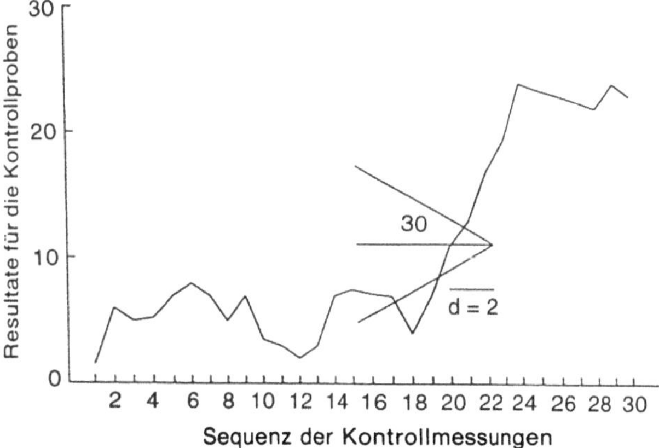

Abb. 3. Beispiel eines Cusum-Diagrammes (willkürliche Einheiten). Die Summe der Differenzen zwischen den Meßergebnissen und einem Referenzwert werden gegen die Zeit aufgetragen. Auf diese Weise können Drifts in Methoden und Tendenzen entdeckt werden (d und 30°: Charakteristika der V-Maske, die vom Benutzer definiert werden [13])

Für eine schnellere Ermittlung von statistischen Fehlern können sog. „Cusum"-Diagramme (von engl. *cumulative sum*) benutzt werden. In diesen Diagrammen werden die kumulativen Summen aus den Differenzen zwischen gefundenen und wahrscheinlichen Werten $S_i = \Sigma \bar{X}_i - \bar{X}_{ref}$ gegen die zum Zeitpunkt i erhaltenen Resultate aufgezeichnet. Dabei bedeuten S_i die kumulative Summe, $\bar{X}_i$ die gemessenen Werte und $\bar{X}_{ref}$ die Referenzwerte. Da sich die Fehler bei der Differenzbildung gegenseitig verstärken, sollte $\bar{X}_{ref}$ genau bekannt sein. Daher sollte man bei dieser Darstellungsweise bevorzugt auf ZRM zurückgreifen.

8.4.1.2 Anwendung der Referenzmaterialien in Ringversuchen

RM können herangezogen werden, um die Leistungsfähigkeit von analytischen Techniken in Ringversuchen abzuschätzen [9]. Es kann sich hierbei um Lösungen oder Extrakte aus Tests von Teilschritten einer analytischen Methode handeln (Detektion, Trennung), oder um Proben, die für die gesamte Analyse repräsentativ sind und mit denen man somit die gesamte Prozedur testen kann.

RM für Ringversuche werden von einem Zentrallabor aus an die Teilnehmer verteilt. Sie werden aufgefordert, eine bestimmte Anzahl Bestimmungen des oder der betreffenden Analyten unter Wiederholbedingungen durchzuführen. Die Resultate können dann in technischen Meetings diskutiert werden, um mögliche Fehlerquellen festzustellen und später im Labor zu eliminieren. Durch Vergleich verschiedener Techniken mit unterschiedlichen analytischen Teilschritten (z. B. unterschiedliche Extraktion, Trennung, Derivatisierung oder Detektion) können Fehlerquellen (z. B. ein systematischer Fehler bei einer

bestimmten Technik) ermittelt werden. In ähnlicher Weise kann die Leistungsfähigkeit eines Labors hinsichtlich einer bestimmten Technik beurteilt werden,
indem man seine Ergebnisse mit denen von anderen Labors, die dieselbe
Technik anwenden, vergleicht. Auch hier ist es wieder von größter Wichtigkeit,
daß RM für solche Studien homogen und stabil sind.

Die in Vergleichsstudien zwischen einzelnen Laboratorien auftretenden
Diskrepanzen werden in verschiedenen Organisationen eingehend diskutiert,
was wiederum zu einer besseren Qualität der Analyse führt. Typische Beispiele
von Ringversuchen des BCR bestätigen dies [14]: selbst wenn die Mehrzahl der
Ergebnisse, die bei einer bestimmten Methode in verschiedenen Laboratorien
erhalten werden, übereinstimmt, können diese trotzdem falsch sein. In
Statistiken werden Ausreißer ermittelt; es kommt jedoch vor, daß es sich dabei
um die richtigen Werte handelt. Solche Irrtümer sind nicht selten, wenn es sich
um Techniken handelt, die mehrere Analysenschritte umfassen. Dies wurde
z. B. bei einem Ringversuch an Hexachlordibenzofuran demonstriert, in
welchen nur einem von 10 Labors die vollständige Trennung zweier Komponenten (F 118 und F 119) gelang, während die anderen diese Verbindungen
nicht trennen konnten und nur einen Wert für F 118 angaben, welcher
eigentlich der Summe von F 118 und F 119 entsprach. Die Ergebnisse des ersten
Labors wurden als Ausreißer betrachtet, obwohl es in Wirklichkeit das einzige
war, das richtige Daten produzierte. Im Falle der Analyse von Quecksilber in
Fisch dachte man, die auftretende Diskrepanz rühre vom unvollständigen
Abbau des organischen Quecksilbers im Mikrowellenofen her [11]. Spätere
Untersuchungen haben dann aber gezeigt, daß die Probleme während der
Ionisierung bei der ICP-MS auftraten und nicht beim Abbau. Diese Beispiele
zeigen, daß, welche Fortschritte man beim Verbessern der Qualität der
chemischen Analyse auch immer macht und wie groß die Erfahrung auch
immer ist, man sehr sorgfältig vorgehen muß, um eine gute Qualitätssicherung
zu gewährleisten, und daß dies niemals eine Standardroutine werden kann.

Ringversuche sind auch ein gutes Werkzeug bei der Planung einer
Zertifizierung, da diese Studien es erlauben, (i) die Präparation eines vorgesehenen Referenzmaterials (Homogenität, Stabilität) zu testen, (ii) systematische Fehlerquellen zu ermitteln und zu beseitigen und (iii) eine Gruppe von
Expertenlabors auszuwählen. Solche Studien sind außerdem nützlich, um eine
Check-Liste aufzustellen, die von den Teilnehmern benutzt werden kann, um
eine gute Qualität der Analysen zu erzielen. Die Check-Listen beinhalten
Vorkehrungen, die getroffen werden müssen, um systematische Fehler zu
vermeiden, die zu Verlusten oder Kontaminationen während der einzelnen
Analysenschritte führen, nämlich bei der Vorbereitung (Wägefehler, Verdünnen usw.), der Extraktion bzw. dem Aufschluß (mögliche Adsorption und
Desorption, Kontaminierung durch Reagens oder Probengefäß usw.), der
Derivatisierung oder Trennung (unvollständige Wiederfindungsrate), der
Detektion (Störungen) und der Kalibrierung (Kalibrierungsreagenzien nicht
rein genug, Stöchiometrie nicht gegeben).

8.4.2 Die Rolle der zertifizierten Referenzmaterialien

ZRM werden von einigen Organisationen, wie z. B. dem *National Institute of Science and Technology (NIST)*, USA, auch als Standard-Referenzmaterialien bezeichnet. Der Einsatz von ZRM stellt eine gute Möglichkeit dar, die Richtigkeit einer Analyse zu gewährleisten. Referenzmaterialien, die nach den Regeln des ISO-Guide 35 zertifiziert worden sind, erlauben es, die Ergebnisse des Benutzers mit denen der internationalen wissenschaftlichen Gemeinschaft zu vergleichen. Außerdem erlauben sie es dem Benutzer, seine Leistungsfähigkeit zu jedem gewünschten Zeitpunkt zu überprüfen. ZRM können in folgende Kategorien eingeteilt werden:

a) reine Substanzen oder Lösungen, die zur Kalibrierung und/oder zur Identifizierung dienen;

b) Matrix-Referenzmaterialien, die die Matrix, die vom Benutzer analysiert wird und einen zertifizierten Gehalt aufweist, so weit wie möglich repräsentieren. Solche Substanzen sind hauptsächlich zur Überprüfung eines Meßvorganges gedacht und können für die Kalibrierung eines bestimmten Meßinstrumentes herangezogen werden (z. B. für die Emissionsspektrometrie mit Funkenanregung, die Röntgenfluoreszenzanalyse und solche Techniken, bei denen eine Kalibrierung mit einem Material ähnlich dem der zu analysierenden Matrix erforderlich ist);

c) Methodendefinierte Referenzmaterialien für spezielle Probleme, wie z. B. für die Analyse filtrierbarer oder in Königswasser löslicher Fraktionen von Spurenelementen aus Böden, Aschen und Schlacken, zur Ermittlung der Bioverfügbarkeit eines bestimmten Elementes oder zur Bestimmung von Pestiziden, die sich mit Chloroform extrahieren lassen; der zertifizierte Wert wird durch die angewandte Methode definiert, die nach einem strikt einzuhaltenen Protokoll ausgeführt wird.

ZRM sind Produkte von sehr hohem Wert, deren Herstellung und Zertifizierung sehr kostspielig sind (in der Regel einige hunderttausend ECU). Daher sollten sie nur zur abschließenden Verifizierung einer Analyse und nicht für Routineanalysen oder für externe Qualitätssicherung eingesetzt werden (Ringanalysen). ZRM werden in der Regel in großen Mengen hergestellt und werden wie folgt eingesetzt:

8.4.2.1 Zur Kalibrierung

ZRM, die aus reinen Verbindungen bestehen, können zur Kalibrierung herangezogen werden (z. B. reine PAHs, die von der US Umweltschutzbehörde hergestellt werden). Matrix-ZRM sollten nicht zur Kalibrierung benutzt werden, es sei denn, es sind keine geeigneten Kalibrierungsreagenzien erhältlich. In bestimmten Fällen müssen jedoch Methoden (z. B. Funken-MS, wellenlängendispersive RFA usw.) mittels Matrix-ZRM mit probenähnlicher, wohlcharakterisierter Matrix (z. B. Legierungen, Zement) verwendet werden.

Bei solchen Methoden kann Genauigkeit nur erzielt werden, wenn mit zertifizierten Referenzmaterialien kalibriert wird.

8.4.2.2 Zum Erzielen der Richtigkeit

Wenn eine neue analytische Methode oder eine neue Apparatur entwickelt wird, muß der Analytiker nach der Evaluierung aller kritischen Punkte die Richtigkeit der erhaltenen Ergebnisse nachweisen. Normalerweise werden die Ergebnisse mit denen, die mit einer klassischen Methode erhalten wurden, verglichen. Dies setzt voraus, daß man die klassische Methode in dem jeweiligen Labor voll unter Kontrolle hat. Einige kritische Faktoren, wie z. B. der Einfluß von Kontaminationen aus dem eigenen Labor können jedoch nicht im Labor selbst, sondern nur durch die Teilnahme an entsprechenden Ringversuchen untersucht werden. Dies erlaubt dann den Vergleich der Laborresultate mit außenstehenden Laboratorien. Zertifizierte Refenzmaterialien ermöglichen es jedoch, das gleiche Verfahren zu jedem gewünschten Zeitpunkt durchzuführen, wann immer es notwendig ist [1, 2]. ZRM können außerdem zur Untersuchung einer standardisierten Methode herangezogen werden, wenn diese zum ersten Mal in einem Labor angewendet wird.

Die meisten chemischen Analysen beinhalten Schritte, in denen die Probe entweder physikalisch zerstört (z. B. saurer Abbau, Schmelzen oder Trockenveraschung) oder der Analyt aus der Matrix extrahiert wird. Um die Richtigkeit der Analyse zu gewährleisten, ist es notwendig, aufzuzeigen, daß keine Kontaminationen oder Verluste während des Analysenganges auftreten. Die gesamte Analyse kann überprüft werden, indem man ein ZRM mit einer Matrix benutzt, die ähnlich der der unbekannten Probe ist. Wenn die zertifizierten Werte nicht mit den im Labor ermittelten übereinstimmen, ist dies ein Zeichen dafür, daß während der Analyse ein oder mehrere Fehler auftreten.

8.4.2.3 Andere Einsatzmöglichkeiten von ZRM

ZRM dienen außerdem dazu, die Äquivalenz zweier Methoden zu demonstrieren, was den Labors erlaubt, auf neu entwickelte analytische Geräte umzusteigen. Der Analytiker kann die Leistungsfähigkeit seiner Methode mit der von anderen Labors vergleichen, ohne an Ringversuchen teilnehmen zu müssen. Solch ein Einsatz ist dann notwendig, wenn Messungen auf internationaler Ebene in Einklang gebracht werden müssen.

8.4.3 Lieferanten

Es gibt eine ganze Reihe von Lieferanten von RM und ZRM für die verschiedenen Anwendungsbereiche. Einige von ihnen sind auf ein bestimmtes Interessengebiet spezialisiert, wie z. B. das *National Research Council of*

Canada (NRCC) auf Meeresanalytik. Zwei Hauptgremien, nämlich das *National Institute of Science and Technology (NIST)* in den USA und das *Community Bureau of Reference (BCR)* der Kommission der Europäischen Gemeinschaft in Brüssel [15] decken mehrere Anwendungsbereiche ab und gewährleisten aufgrund der beachtlichen produzierten Mengen die Verfügbarkeit von ZRM über einen langen Zeitraum. Die Internationale Atomenergiebehörde in Wien stellt hauptsächlich Substanzen für radiochemische Messungen zur Verfügung, vertreibt aber auch einige Referenzmaterialien für andere Analysen [16]. Das *ISO Council on Reference Materials (REMCO)* [17] veröffentlicht ein Verzeichnis von Referenzmaterialien, und IUPAC [18] gibt einen Katalog mit allen erhältlichen ZRM heraus. Darüberhinaus gibt es noch einige Zusammenstellungen der existierenden ZRM für speziellere Fälle, wie z. B. die NOAA-Datenbank [19]. Die umfangreichste Informationsquelle über Referenzmaterialien ist jedoch die COMAR-Datenbank, ein gemeinsames Unternehmen des *Laboratoire National d'Essais* (Paris, Frankreich), der Bundesanstalt für Materialforschung und -Prüfung (BAM, Berlin, Deutschland) und des *National Physical Laboratory* (Teddington, Großbritannien).

8.4.4 ZRM für die Umweltanalytik

Die zertifizierten Referenzmaterialien zur Umweltüberwachung sind hauptsächlich solche Substanzen, deren chemische [20], biochemische, mikrobiologische [21] oder manchmal auch physikalische Parameter zertifiziert sind. Klassische Matrices wie Sedimente und Wasser werden zur Überwachung einer Reihe von Elementen und Verbindungen in der Umwelt (z. B. Hauptkomponenten, Schwermetalle, chemische Spezies, PAHs, Pestizide, PCBs, Dioxine usw.) analysiert. ZRM sind ein notwendiges Werkzeug für die endgültige Validierung der in Überwachungskampagnen eingesetzten Methoden. Verfügbare ZRM zur Bestimmung von Spurenelementen oder Spuren organischer Verbindungen sind vorwiegend Fluß-, See-, Flußmündungs- und Meeressedimente sowie Frisch-, Grund- und Meerwasser.

Auch tierische oder pflanzliche Gewebe werden in der Umweltanalytik eingesetzt. Sie dienen zur Beurteilung der globalen Umweltverschmutzung (tierische oder pflanzliche Objekte) oder der Kontaminierung von Nahrungsketten. Die bisher für diesen Zweck hergestellten ZRM umfassen sowohl Muscheln, Austern, Shrimps, Plankton und Fischgewebe als auch Meerwasser- (z. B. Seelattich) und Landpflanzen (Roggengras, Heupuder).

Einige industrielle Produkte, wie z. B. Kohle, können auch zur ökonomischen Beurteilung der Materialien und zur Überprüfung einer potentiellen Kontaminierung durch toxische Verbindungen oder Elemente herangezogen werden. Deshalb können auch Kohle-ZRM für die Umweltüberwachung interessant sein.

8.4.5 ZRM für die Lebensmittelanalytik

Messungen in Lebensmitteln und landwirtschaftlichen Produkten spielen eine Schlüsselrolle in verschiedenen Bereichen, wie z. B. in der menschlichen und tierischen Ernährung, bei der Kontrolle von unerwünschten Produkten in Nahrungs- und Futtermitteln und bei der Beurteilung des kommerziellen Wertes landwirtschaftlicher Produkte [22, 23]. Nahrungsmittel wie Fleisch, Getreide und Milch werden gewöhnlich auf ihre Gehalte an toxischen organischen (z. B. PAHs und PCBs) oder anorganischen Substanzen (Schwermetalle, Hauptgruppenelemente), an Nitraten und Pestiziden sowie auf ihre ernährungsphysiologische Qualität hin untersucht. Andere Substanzen wie Schellfisch-Toxine, Mycotoxine oder heterozyklische Amine oder die Analyse von Nährstoffen, wie z. B. Fettsäuren, Steroiden, Gesamtfett, Proteinen, Kohlenhydraten, Ölen und fettlöslichen Vitaminen in Gemüse, Öl, Milch, tierischem Fett-, Muskel- und Lebergewebe, Mehl, Brot usw. werden ebenfalls in Betracht gezogen. Schließlich werden veterinärmedizinische Arzneimittel in tierischem Urin, Muskel- und Lebergewebe sowie in Eiern analysiert.

Es ist somit verständlich, daß der Bedarf an zertifizierten Referenzmaterialien im Bereich der Lebensmittel- und Landwirtschaftsanalytik ständig steigt, um eine gute Qualitätskontrolle sicherzustellen.

8.4.6 ZRM für die klinische Chemie

Genaue Bestimmungen im Bereich der klinischen Chemie sind besonders wichtig, da sie die Grundlage für die Annahme von Referenzmethoden bilden, die von einer großen Zahl von Institutionen benutzt werden [24]. Zur Qualitätskontrolle toxischer Elemente (z. B. Cd, Pb) oder Hauptgruppenelemente (z. B. Ca, Li, Mg) und Hormonen (z. B. Kortison, Progesteron) werden am häufigsten Serum- und Blut-RM in gefriergetrockneter Form verwendet.

Auch werden teilweise gereinigte oder hochreine Proteine zur Kalibrierung von z. B. Thromboplastin, das zur Bestimmung der Koagulationszeit von Plasma benutzt wird, oder von Apolipoproteinen eingesetzt. Schließlich werden teilweise gereinigte oder hochreine Enzyme zur Standardisierung der Meßergebnisse enzymatischer Reaktionen benötigt; Enzyme von besonderem Interesse sind γ-Glutamyltransferase, alkalische Phosphatase, Kreatinkinase BB, Alaninaminotransferase usw.

Hersteller von analytischen Geräten produzieren ebenfalls Serum-Referenzmaterialien zur Qualitätskontrolle der Messungen von biochemischen Parametern. Meistens sind jedoch diese RM verschiedener Hersteller nicht vergleichbar, was wiederum die Notwendigkeit der ZRM-Produktion unterstreicht.

8.4.7 Andere zertifizierte Referenzmaterialien

Auch industrielle Produkte werden zur Kalibrierung von automatischen Analysegeräten benutzt. Ganze Reihen von ZRM wurden für diesen Zweck hergestellt, so z. B. Nichteisenmetalle (z. B. Al, Cu, Pb, Ni, Ti, Zr) mit zertifiziertem Gehalt an Nichtmetallen (z. B. O, C, B, N) oder Nichteisenmetalle und Legierungen (z. B. Cu, Pb, Zn) mit zertifiziertem Gehalt an Spurenelementen. Diese ZRM werden hauptsächlich von internationalen Körperschaften, wie z. B. der Stahl- und Zementindustrie, hergestellt.

Literatur

1. Griepink B, Stoeppler M (1992) Quality assurance and validation of results. In: Hazardous Metals in the Environment, Stoeppler M (ed), Elsevier 17:517–534
2. Maier EA (1991) Certified reference materials for the quality control of measurements in environmental monitoring. Trends in Analytical Chemistry 10:340–347
3. Griepink B (1990) The role of CRMs in measurement systems. Fresenius' J Anal Chem 338:360–362
4. ISO (1985) Certification of reference materials – General and statistical principles, ISO/IEC Guide 35-1985, International Organization for Standardization, Geneva, Switzerland
5. Griepink B, Muntau H (1988) EUR Report, 11850 EN, CEL Brüssel
6. Quevauviller Ph, Kramer GN, Griepink B (1992) A new certified reference material for the quality control of trace elements in marine monitoring: cod muscle (CRM 422). Mar Pollut Bull 24(12):601–606
7. NRCC (1990) BCSS-1, MESS-1, PACS-1, BEST-1. Marine sediment reference materials for trace metals and other constituents. National Research Council Canada, Ottawa
8. Allen DW, Brookst JS, Unwin J, McGuiness D (1989) Studies on the degradation of organotin stabilizers in poly(vinyl chloride) during gamma irradiation. Appl Organometal Chem 1:311–317
9. Maier EA, Quevauviller Ph, Griepink B (1993) Interlaboratory studies as a tool for many purposes: proficiency testing, learning exercises, quality control and certification of materials. Anal Chim Acta, in press
10. Quevauviller Ph, Maier EA, Vercoutere K, Muntau H, Griepink B (1993) Certified reference material (CRM 397) for the quality control of trace element analysis of human hair, Fresenius' J Anal Chem 343:335–338
11. Campbell MJ, Vermeir G, Dams R, Quevauviller Ph (1992) Influence of chemical species on the determination of mercury in a biological matrix (cod muscle) using inductively coupled plasma mass spectrometry. J Anal At Spectr 7:617–621
12. Taylor JK (1993) Handbook for SRM-Users (NBS Special Publ), No 260-100, pp 100, 2nd edition
13. Hartley TH (1990) Computerized Quality Control: Programs for the Analytical Laboratory. Ellis Horwood, Chichester, 2nd Edition, pp 99
14. Griepink B, Quevauviller Ph, Maier EA, Vandendriessche S (1993) BCR: a service to quality assurance in analytical chemistry – some experiences and achievements with regard to reference material preparation. Fresenius' J Anal Chem 346:530–535
15. BCR Catalogue (1992) BCR Reference Materials. Community Bureau of Reference (BCR), Commission of the European Communities, Rue de la Loi 200, 1049 Brussels, Belgium
16. Cortes Toro E, Parr RM, Clements SA (1990) Biological and environmental reference materials for trace elements, nuclides and organic microcontaminants – A survey, IAEA/RL/128 (Rev 1), International Atomic Energy Agency, Vienna

17. Directory of Certified Reference Materials. Secretary for REMCO, ISO, Case Postale 56, 1211 Geneva, Switzerland
18. IUPAC (1976) Physico-chemical measurements: Catalogue of reference materials from National laboratories. Pure and Applied Chemistry 48:503
19. Cantillo AY (1992) Standard and reference materials for marine science. NOAA National Status and trends program for Marine Environmental Quality. US Department of Commerce, Rockville, MD, USA, third edition, pp 575
20. Griepink B, Maier EA, Quevauviller Ph, Muntau H (1991) Certified reference materials for the quality control of analysis in the environment. Fresenius' J Anal Chem 339:599–603
21. Mooijman KA, In't Veld PH, Hoekstra JA, Heisterkamp SH, Havelaar AH, Notermans SHW, Roberts D, Griepink B, Maier EA (1992) Development of microbiological reference materials. EUR Report, 14375 EN, CEC Brussels, pp 122
22. Belliardo JJ, Wagstaffe PJ (1988) BCR reference materials for food and agricultural analysis: an overview. Fresenius' J Anal Chem 332:533–538
23. Cornelis R (1992) Use of reference materials in trace element analysis of foodstuffs. Food Chem 43:307–313
24. Colinet E (1992) Quality assurance in the field of biomedical analyses: the role and the contribution of the BCR Program of the European Communities. Microchem J 45 (in press)

9 Ringversuche als Element der Qualitätssicherung

W. P. Cofino

9.1 Einleitung

In der modernen Gesellschaft spielt die Qualität von Erzeugnissen, Dienstleistungen und Waren eine wichtige Rolle. Mangelhafte Qualität kann zu wirtschaftlichen Verlusten führen und die menschliche Gesundheit oder die Umwelt beeinträchtigen. Verbraucher verlangen immer häufiger Aussagen über die Qualität von Erzeugnissen und Dienstleistungen. Die Akkreditierung kommt diesem Bedürfnis nach – sie stellt sicher, daß eine Organisation auch wirklich das liefert, worauf sie Anspruch erhebt.

Organisationen, die nach Akkreditierung streben, müssen ein Qualitätssystem erfüllen, das einem spezifischen Standard entspricht. Für Laboratorien, die chemische Analysen und Kalibrierungen durchführen, basiert die Akkreditierung auf EN 45001 [1] und ISO 25 [2]. Diese Standards enthalten Kriterien, die bei allen technischen und administrativen Vorgängen erfüllt werden müssen, die mit der chemischen Analyse einhergehen. Diese Kriterien umfassen Vorgehensweisen zur Verifizierung der Qualität der Analyse, u. a. durch die Teilnahme an Ringversuchen.

In diesem Kapitel werden Ringversuche in der Akkreditierung diskutiert. Die verschiedenen Arten von Ringversuchen werden in Abschn. 9.2 umrissen. Abschn. 9.3 betrachtet die Art und Weise, wie Akkreditierungsgremien die Auflagen in EN 45001 umsetzen, die sich auf Ringversuche beziehen. In Abschn. 9.4 wird die Bedeutung von Ringversuchen für die Akkreditierung in einem größeren Zusammenhang diskutiert.

9.2 Die verschiedenen Arten von Ringversuchen

Man kann drei grundlegende Arten von Ringversuchen unterscheiden: während sich die beiden ersten auf die Leistungsfähigkeit von Methoden oder Laboratorien konzentrieren, geht es bei der dritten Art von Ringversuchen darum, einem Material den wahrscheinlichsten Wert einer bestimmten Größe mit angegebener Unsicherheit zuzuweisen.

Eine Nomenklatur für analytische Ringversuche, die die folgenden Definitionen vorsieht, ist in Vorbereitung [3]:

– Ein Ringversuch ist eine Untersuchung, in der verschiedene Laboratorien eine Größe in einer oder mehreren identischen Proben eines homogenen

Günzler, H. (Hrsg.)
Akkreditierung und Qualitätssicherung
in der Analytischen Chemie
© Springer-Verlag Berlin Heidelberg 1994

Materials unter dokumentierten Bedingungen messen, wobei die Resultate in einem gemeinsamen Bericht zusammengestellt werden.

- Eine Studie über die Leistungsfähigkeit einer Methode (Methodenvergleichsstudie) ist ein Ringversuch, bei dem sich alle Labors an dasselbe schriftliche Protokoll halten und die gleiche Testmethode verwenden, um eine bestimmte Größe in einer Reihe identischer Proben zu messen. Die erhaltenen Ergebnisse werden dazu herangezogen, die Leistungsmerkmale der Methode abzuschätzen; in der Regel handelt es sich hierbei um die Genauigkeit innerhalb eines bzw. zwischen verschiedenen Labors und, falls erforderlich und möglich, andere relevante Merkmale, wie systematische Fehler, interne Parameter der Qualitätskontrolle, Empfindlichkeit, Bestimmungsgrenze und Anwendbarkeit.
- Eine Studie über die Leistungsfähigkeit eines Labors (Laborvergleichsstudie) ist ein Ringversuch, der aus einer oder mehreren Analysen oder Messungen besteht, die von einer Gruppe von Laboratorien an einem oder mehreren homogenen Proben mit einer einzigen von jedem Labor ausgewählten bzw. verwendeten Methode durchgeführt werden. Die erhaltenen Ergebnisse werden mit denen anderer Labors oder mit bekannten oder zugewiesenen Referenzwerten verglichen, in der Regel mit dem Ziel, die Leistungsfähigkeit eines Labors zu beurteilen und zu verbessern.
- Eine Studie zur Zertifizierung eines Materials ist ein Ringversuch, bei dem einer Größe (Konzentration oder Eigenschaft) eines Testmaterials ein Referenzwert („wahrer Wert") zugewiesen wird, in der Regel mit einer angegebenen Unsicherheit.

In der Literatur wird relativ häufig der Begriff Leistungstest benutzt. ISO 43 [4] und EN 45001 [1] beschreiben Leistungstest als „Methoden zur Überprüfung der Leistungsfähigkeit eines Labors mit Hilfe von Ringversuchen." ISO 25 [2] liefert eine etwas andere Definition: „Die Bestimmung der Leistungsfähigkeit eines Labors hinsichtlich Kalibrierung und Test mit Hilfe von vergleichenden Ringversuchen." Ein kürzlich erschienenes IUPAC-ISO/REMCO-Protokoll führt ein Leistungstestschema ein, das als „Methode zur Überprüfung der Leistungsfähigkeit eines Labors hinsichtlich eines Tests mit Hilfe von Ringversuchen" beschrieben wird. Es beinhaltet den Vergleich von Laborresultaten mit denen anderer Labors in bestimmten Zeitintervallen mit dem vorrangigen Ziel, die Wahrheit zu ergründen [5].

Im Rahmen dieses Kapitels halten wir uns an die von der IUPAC vorgeschlagenen Definitionen und verwenden die Begriffe Leistungstests und Leistungstestschemata nicht. Stattdessen werden die Begriffe Laborvergleichsstudien bzw. Schemata für Laborvergleichsstudien verwendet [3].

Alle drei Arten von Ringversuchen sind wichtig, um Qualität beim Testen zu erzielen. Dies wird in ISO25 und vor allem in EN 45001 bestätigt. Der letztgenannte Standard erhält einen Paragraphen über die Kooperation mit anderen Laboratorien und Gremien, die Standards und Vorschriften herausgeben [6]. EN 45001 räumt implizit die Notwendigkeit gut getesteter, validierter Methodik und zertifizierter Referenzmaterialien ein und ermutigt zur Organisation von und zur Teilnahme an Methodenvergleichsstudien und Ringversuchen zur Zertifizierung von Materialien. Grundsätzlich schenken ISO 25 und EN 45001 den Laborvergleichsstudien jedoch mehr Beachtung. Im folgenden beschränken wir uns auf diese Art von Ringversuchen.

9.3 Studien über die Leistungsfähigkeit eines Labors in der Akkreditierungspraxis

Akkreditierungssysteme verwenden Kriterien, die auf EN 45001 und ISO 25 basieren. Beide Standards beinhalten Klauseln über Ringversuche. Die *Westeuropäische Vereinigung zur Akkreditierung von Laboratorien* (WELAC) hat kürzlich Kriterien für Leistungstests in der Akkreditierung herausgegeben [7]. In diesem Abschnitt werden die Klauseln in ISO 25 und EN 45001 und die WELAC-Kriterien diskutiert.

9.3.1 Die Zielsetzungen der Teilnahme an Laborvergleichsstudien

Laborvergleichsstudien liefern Informationen in dreierlei Hinsicht [8]:

1) Individuelle Labors erhalten Informationen über ihre Leistungsfähigkeit und können somit die Verläßlichkeit ihrer Resultate objektiv einschätzen und beweisen [5].
   ISO 25 und EN 45001 definieren zwei Zielsetzungen der Teilnahme an Laborvergleichsstudien:

   – Messungen müssen, wann immer es möglich ist, auf nationale oder internationale Standards rückführbar sein. Wenn die Rückführbarkeit nicht erreicht werden kann, muß das Labor Beweise für die Richtigkeit seiner Analyse liefern. Die Teilnahme an einem geeigneten Ringversuch wird als eine Möglichkeit angegeben [9, 10].
   – Die Qualität der Durchführung des Tests muß von anderen überprüft werden, indem Kontrollen durchgeführt werden, wobei eine davon die Teilnahme an Ringversuchen zum Laborvergleich darstellt [11, 12].

2) Dritte, wie z. B. Akkreditierungsstellen oder Verbraucher, können ein Labor dazu auffordern, Informationen über ihre Leistungsfähigkeit zur Verfügung zu stellen.
   EN 45001 besagt ausdrücklich, daß ein akkreditiertes Labor den Akkreditierungsstellen erlauben muß, seine Ergebnisse aus Laborvergleichsstudien genau zu prüfen.

3) Die Allgemeinheit wird über den Stand der Praxis hinsichtlich analytischer Leistungsfähigkeit informiert. Eine schwache Gesamtleistung aller beteiligten Labors weist auf die Notwendigkeit einer Harmonisierung und Validierung der Methoden über Ringversuche zum Methodenvergleich und/oder zur Herstellung eines (zertifizierten) Referenzmaterials hin. Eine schwache Gesamtleistung kann aber auch auf einen unzulänglichen Entwurf von z. B.

Überwachungsprogrammen infolge ungenügender Angaben über die analytische Methode zurückzuführen sein.

ISO 25 besagt, daß ein Laboratorium sich, wann immer es angebracht ist, an Ringversuchen beteiligen soll [13]. EN 45 001 macht eine ähnliche Aussage [14] und fügt hinzu, daß ein Labor an jedem angemessenen Programm für Ringversuche teilnehmen soll, das die Akkreditierungsstelle als notwendig bzw. vernünftig erachtet [15]. ISO 25 und EN 45 001 besagen beide, daß das vom Labor erstellte Handbuch der Qualitätssicherung einen Bezug herstellen soll zu Verifizierungspraktiken, einschließlich den Ringversuchen.

Die WELAC-Kriterien folgen den in EN 45 001 gemachten Auflagen. Die WELAC ist sich dessen bewußt, daß die obligatorische Teilnahme an Laborvergleichsstudien bezüglich aller zu untersuchender Parameter eine große Belastung für die Labors darstellen würde, die eine große Palette an analytischen Dienstleistungen anbieten. Die Kriterien der WELAC deuten daher an, daß ein Labor eine bestimmte Strategie für die Teilnahme an Ringversuchen entwickeln soll. Diese Strategie kann z. B. daraus bestehen, daß verschiedene Methoden abwechselnd von verschiedenen Laboratorien durch Laborvergleichsstudien beurteilt werden. Diese Strategie muß von der Akkreditierungsstelle genehmigt werden. Sowohl individuelle Labors als auch eine Gruppe von Labors können solch eine Vereinbarung mit der Akkreditierungsstelle treffen [7].

9.3.2 Beurteilung der Leistungsfähigkeit eines Labors

Laborvergleichsstudien können auf verschiedenen Wegen realisiert werden und müssen nicht immer dem gleichen Qualitätsstandard entsprechen. Ein Labor muß selbst abwägen, ob die Organisation und Realisierung des Ringversuches die Schlußfolgerungen im Hinblick auf seine Leistungsfähigkeit richtig wiedergibt. Die folgenden Faktoren müssen von einem Labor (und einer Akkreditierungsstelle) in Betracht gezogen werden, besonders dann, wenn die Resultate mit denen anderer Laboratorien verglichen werden [16, 17]:

– die Herkunft und der Charakter der zu testenden Proben (Charakteristiken der Matrix, Konzentrationsbereiche);
– die Zahl der Teilnehmer und ihre Erfahrung mit der zu testenden Methodik;
– die verwendeten Testmethoden und, wo möglich, die Zuordnung der Ergebnisse zu bestimmten Methoden;
– die Organisation der Studie (statistisches Modell, Zahl der Testwiederholungen, Art der zu messenden Parameter, Methode, mit der der zugewiesene Wert festgelegt wurde);
– die vom Organisationsgremium verwendeten Kriterien zur Beurteilung der Leistungsfähigkeit der Teilnehmer.

Ein zentraler Punkt in der Beurteilung der Leistungsfähigkeit eines Labors ist eine Betrachtung des systematischen Fehlers. Die Größe des systematischen Fehlers wird angegeben als die Differenz zwischen dem Meßwert des Labors und dem zugewiesenen Wert, der die beste Abschätzung des wahren Wertes ist. Anhand der Größe des systematischen Fehlers kann die Leistungsfähigkeit eines Labors eingeschätzt werden. Um die Größe des systematischen Fehlers zu beurteilen, benötigt man ein Leistungskriterium. Dazu definiert man Funktionsbereiche, die um den zugewiesenen Wert zentriert sind und denen bestimmte Leistungsniveaus zugeschrieben werden. Häufig wird die Standardabweichung aus den Messungen aller beteiligten Labors ermittelt, um eine statistische Grundlage für diese Funktionsbereiche zu schaffen. Akkreditierungsstellen können dann anhand der Größe des systematischen Fehlers eine Einteilung der Labors in verschiedene Leistungsniveaus vornehmen. ISO/REMCO N 280 empfiehlt jedoch, keine derartige Klassifizierung vorzunehmen und schlägt die Verwendung von „Entscheidungsgrenzen" basierend auf den z-Werten als Alternative vor [5].

z-Werte sind verbunden mit einer Umwandlung der Laborresultate gemäß:

$$z_i = \frac{x_i - X}{\sigma} \text{ mit:}$$

z_i: z-Werte für Labor i

x_i: Ergebnis des Labors i

X: zugewiesener Wert

σ: aus den Messungen aller beteiligten Labors ermittelte Standardabweichung, die als Leistungskriterium gewählt wurde.

Der z-Wert überführt den geschätzten systematischen Fehler eines Labors in die Einheiten der Standardabweichung, die als Leistungskriterium gewählt wurde. Nun ist es möglich, eine Klassifizierung des Labors anhand der z-Werte vorzunehmen (bzw. mit ihrer Hilfe Entscheidungsgrenzen aufzustellen). Zur Beurteilung der Daten muß die Verteilung der Meßergebnisse um den zugewiesenen Wert als Mittelwert mit der gewählten Standardabweichung einer Gaußschen Normalverteilung entsprechen. Für diese Normalverteilung wäre $|z| \leq 2$ in 95 % der Fälle, während die Wahrscheinlichkeit, daß $|z| \geq 3$ ist, etwa 0,3 % beträgt. Eine akzeptable Einteilung wäre dann, daß z-Werte im Falle von $|z| \leq 2$ zufriedenstellen sind, fragwürdig, wenn $2 < |z| < 3$ und unbefriedigend, wenn $|z| \geq 3$ [5]. Hier ist zu beachten, daß der zugewiesene Wert mit einer gewissen Unsicherheit verbunden ist. Beurteilungen über die Leistungsfähigkeit eines Labors müssen diese Unsicherheit mit berücksichtigen.

Die WELAC verfolgt die Strategie, sich so weit wie möglich an internationale Standards zu halten, und befolgt daher die Richtlinien, die in Standards wie ISO/REMCO N 280 [5] als Grundlage für die Beurteilung der Leistungsfähigkeit von Laboratorien mit Hilfe von Laborvergleichsstudien beschrieben sind. Die WELAC hat diese Richtlinien in mancher Hinsicht erweitert und z. B. die Gaußverteilung als Modell übernommen. Die WELAC-Richtlinien, ausgedrückt in Form von z-Werten, beurteilen die Leistungsfähigkeit eines Labors in Bezug auf eine zu bestimmende Größe als nicht zufriedenstellend, wenn

1) ein Ergebnis ein Ausreißer ist oder einen absoluten z-Wert größer als 3 besitzt;
2) die Ergebnisse einer ganzen Reihe von Proben in einer Laborvergleichsstudie absolute z-Werte größer als 2 besitzen;
3) die Ergebnisse für einen bestimmten Parameter in aufeinanderfolgenden ähnlichen Laborvergleichsstudien absolute z-Werte größer als 2 besitzen.

Die WELAC macht keine Aussagen darüber, wie man an die zugewiesenen Werte herankommt und gibt an, daß die Standardabweichung aus der laborübergreifenden Varianz (Reproduzierbarkeit) benutzt werden kann, um die z-Werte zu berechnen. Sie betont, daß ihre Richtlinien zwar nicht erschöpfend sind, aber die einzuschlagende Richtung aufzeigen [7].

Die Ermittlung der zugewiesenen Werte und der als Leistungskriterium gewählten Standardabweichungen bedarf einer soliden Grundlage. Sie können grundsätzlich auf zwei Wegen erhalten werden:

- Es werden der Mittelwert und die Standardabweichung der Laborvergleichsstudie verwendet, die nach der statistischen Behandlung der Daten berechnet werden.
- Die zugewiesenen Werte und die (laborübergreifende) Standardabweichung werden unabhängig voneinander ermittelt.

Bei der statistischen Behandlung von Laborvergleichsstudien werden häufig Ausreißertests (z. B. Cochran, Grubbs, Dixon) herangezogen, gefolgt von der Berechnung des Mittelwertes und der Standardabweichung, vergleichbar zu der in ISO 5725 [18] dargelegten Vorgehensweise. Solche Berechnungen gehen von der Annahme aus, daß die Daten einer Gaußverteilung folgen und daß die Varianzen aller Labors gleich sind. Solche Voraussetzungen werden in der Praxis häufig nicht erfüllt. Gegenwärtig wird der Einsatz robuster Statistik befürwortet [19–21]. Diese Art von Statistik ist nicht auf eine bestimmte Verteilung der Daten angewiesen, und Berichte über ihre Anwendung klingen vielversprechend [22, 23].

Die Mittelwerte und Standardabweichungen, die mit Hilfe verschiedener statistischer Methoden berechnet werden, können voneinander abweichen. Noch wichtiger ist, daß diese Parameter die Verteilung der Daten der teilnehmenden Labors beschreiben und als solche subjektiv sind. Die Nähe des Mittelwertes zu der wahren Konzentration und die Größe der Standardabweichung hängt u. a. ab von der generellen Erfahrung mit den Methoden, den Konzentrationsbereichen und der zu testenden Matrix, der verwendeten Methoden, dem Grad, zu welchen diese Methoden validiert und miteinander in Einklang gebracht worden sind, der Verfügbarkeit von zertifizierten Referenzmaterialien für die zu bestimmende Substanz und die Matrix und dem Anteil an qualifizierten Labors in der Studie. Die Annahme, daß der Mittelwert den wahren Wert angemessen wiedergibt, ist weder durch eine große Teilnehmerzahl gesichert noch dadurch, daß eine Gruppe von Labors ähnliche Resultate liefert. Große Vorsicht ist daher geboten, wenn man die übereinstimmende Konzentration und Standardabweichung, die aus einer Laborvergleichsstudie erhalten werden, selbst zur Beurteilung der Leistungsfähigkeit des Labors heranzieht. Dieser Ansatz mag für einfache Methoden und für empirische Methoden, in denen der Analyt durch die Versuchsbedingungen definiert ist, akzeptabel sein. In der Regel wird diese Vorgehensweise jedoch als weniger angemessen betrachtet [5].

In ISO/REMCO N 280 [5] sind einige Ansätze für die unabhängige Beurteilung von zugewiesenen Werten und der (laborvergleichenden) „Target"-Standardabweichung beschrieben. Die zugewiesenen Werte können folgendermaßen erhalten werden [5]:

- als übereinstimmender Wert einer Gruppe von Expertenlabors;
- durch Zugabe einer bekannten Menge oder Konzentration des Analyten zu einer Matrix, die keinen Analyten enthält;
- durch direkten Vergleich des Testmaterials mit zertifizierten Referenzmaterialien mit Hilfe einer geeigneten Analysenmethode unter Wiederholbedingungen.

Die Target-Standardabweichung kann ebenfalls auf verschiedenen Wegen erhalten werden [5]:

- durch Abschätzung der Interlabor-Präzision, die für den beabsichtigten Zweck der Messung benötigt wird;
- durch die Feststellung, wie die Labors arbeiten sollten;
- durch Bezugnahme auf die Reproduzierbarkeit, die aus einer entsprechenden Beurteilung der Leistungsfähigkeit der Methode resultiert;
- durch Bezugnahme auf ein verallgemeinertes Modell, z.B. die „Horvitz-Kurve" [24].

ISO/REMCO und WELAC betonen, daß die Leistungskriterien mit den Leistungsmerkmalen, die für die Zielsetzung der Messung erforderlich sind, in Beziehung stehen und nicht auf dem Stand der Technik basieren sollten [5, 7]. In allen Fällen müssen die Optionen und Resultate sorgfältig geprüft werden. Die Organisatoren müssen über genügend Erfahrung und Sachkenntnis hinsichtlich der Methoden, der zu testenden Matrices und der Statistik verfügen bzw. dies zumindest anstreben.

Die WELAC-Kriterien besagen, daß ein Labor das Ergebnis der Beurteilung seiner eigenen Leistungsfähigkeit für jede Laborvergleichsstudie, an der es teilgenommen hat, dokumentieren soll. Falls es nötig ist, müssen Korrekturen vorgenommen und ebenfalls dokumentiert werden. Wenn ein Labor nicht an einer von der Akkreditierungsstelle als obligatorisch betrachteten Laborvergleichsstudie teilnimmt, muß es die Gründe angeben, warum es dies nicht getan hat [7].

Eine Akkreditierungsstelle kann die Akkreditierung eines bestimmten Tests oder einer bestimmten Sorte von Tests widerrufen, wenn ein Labor keine Korrekturen vornimmt oder wenn sich diese Korrekturen als unwirksam erweisen, was mit Hilfe der Resultate aus darauffolgenden Laborvergleichsstudien beurteilt wird. Bevor die Akkreditierungsstelle eine solche Maßnahme ergreift, unterzieht sie das Labor einer gründlichen Prüfung, in der das gesamte Qualitätssystem in Betracht gezogen wird [7].

9.3.3 Die Durchführung von Laborvergleichsstudien

Die Ergebnisse einer Laborvergleichsstudie liefern sowohl dem Labor als auch der Akkreditierungsstelle wichtige Informationen. Daher muß man sich mit der Qualität der Laborvergleichsstudie selbst auseinandersetzen. Das WE-LAC-Dokument stellt Kriterien für den Aufbau und die Durchführung von Laborvergleichsstudien auf [7]. Diese Kriterien bilden zusammen mit den in ISO 25 und EN 45001 gemachten Auflagen die Grundlage für ein Qualitätssystem für Ringversuche. Die Organisation muß entsprechende wirtschaftliche und technische (Methodik, Statistik) Qualitäten besitzen. Bestehende Wissenslücken in technischen Fragen (z. B. der Statistik) können durch Zuhilfenahme externer Experten beseitigt werden. Es muß ein qualifizierter Koordinator für die Studie ernannt werden. Es müssen Vorbereitungen für die Qualitätsprüfungen getroffen werden. Eine vollständige Datei über die Studie muß vorbereitet und geführt werden. Der Aufbau der Laborvergleichsstudie muß in einem Plan zur Studie genauestens dokumentiert sein. Die Datei der Laborvergleichsstudie muß die gesamte Korrespondenz mit den Teilnehmern enthalten. Besondere Aufmerksamkeit muß der Kommunikation mit den Teilnehmern geschenkt werden. Diese müssen umfassend informiert werden, z. B. über die Zielsetzung der Studie, die Kriterien für die Auswahl der Teilnehmer, die auszuführenden Aktivitäten und speziellen Anforderungen, die erfüllt werden müssen, die Art und Weise, wie die Daten behandelt und präsentiert werden sollen, den Grad, bis zu welchem die Ergebnisse veröffentlicht werden sollen (einschließlich z. B. ob die Labors kodiert sind oder nicht) sowie darüber, wozu die Resultate später benutzt werden. Die Proben müssen die in der täglichen Praxis anzutreffenden Proben so gut wie möglich repräsentieren. Homogenität und Stabilität müssen gesichert sein.

Die amerikanische ASTM bereitet ebenfalls einen Standard mit Richtlinien für die „Entwicklung und Durchführung von Programmen zu Laborleistungstests" vor [25].

Einige Akkreditierungsstellen beabsichtigen, die Organisatoren von Laborvergleichsstudien zu akkreditieren, wenn sie Qualitätssysteme geschaffen haben, die die WELAC-Kriterien erfüllen.

9.4 Laborvergleichsstudien und die Qualität der Durchführung eines Tests

Die Qualität, mit der ein Test durchgeführt wird, ist von allgemeinem Interesse. Laborvergleichsstudien sollen einen Teil eines Systems bilden, das allgemein die Qualität der Durchführung eines Tests sicherstellt. Der grundlegende Aufbau eines solchen Systems, das auf dem „Plan, Do, Check, Action"-Kreis von Deming basiert, ist schematisch in Abb. 1 dargestellt.

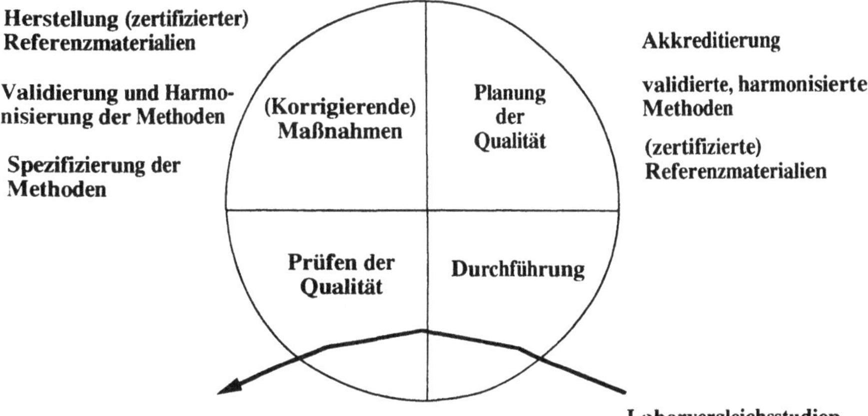

Abb. 1. Schema eines Systems zur Verbesserung und Aufrechterhaltung einer allgemeinen Qualität der Durchführung eines Tests

Die Qualität, mit der ein Test durchgeführt wird, muß von vornherein geplant sein, d.h. es müssen Maßnahmen getroffen werden, um schlechte Qualität (die sich durch eine geringe Vergleichbarkeit der Ergebnisse der Labors untereinander manifestiert) von vornherein zu vermeiden. Diese Maßnahmen umfassen die Einbeziehung von (akkreditierten) Qualitätssystemen, die Harmonisierung und Validierung von (Standard-)Methoden und die Bereitstellung von (zertifizierten) Referenzmaterialien. In der zweiten Phase werden die Messungen von den teilnehmenden Labors durchgeführt. Laborvergleichsstudien sind als Teil des betrachteten Systems organisiert. Abgesehen davon, daß individuelle Labors eine objektive Rückmeldung über ihre Leistungsfähigkeit erhalten, erhält man auch Information über die Gesamtleistung aller beteiligten Labors (s. Abschn. 3 und [8]). In der dritten Phase werden die Resultate der Laborvergleichsstudien untersucht, jetzt speziell im Hinblick auf die allgemeine Leistungsfähigkeit. Wenn eine nicht akzeptable Gesamtleistung beobachtet wird, sollte etwas dagegen unternommen werden (Phase 4): wenn man die Studie lediglich wiederholen würde, würde die Notwendigkeit, daß Maßnahmen getroffen werden müssen, nur noch deutlicher hervorgehoben werden. Diese Maßnahmen können die Entwicklung und Validierung z.B. einer (Standard-)Methodik oder von Referenzmaterialien umfassen sowie die Spezifizierung einer Methodik. Letzteres kann besonders dann wichtig sein, wenn empirische Methoden benutzt werden (z.B. organir scher Kohlenstoff in Umweltproben [8]). Die Beendigung dieser Maßnahmen kann als Start eines neuen Kreislaufs betrachtet werden.

In dem hier beschriebenen Ansatz wird hervorgehoben, daß eine Struktur geschaffen werden sollte, durch die Laboratorien geeignete Instrumente zur Entwicklung, Handhabung und Validierung von Methoden und zur Überprüfung von deren Leistungsfähigkeit an die Hand gegeben werden. Die Entwicklung und Unterstützung solcher Instrumente sollte in einer gemeinsamen

Aktion erfolgen – nur in diesem Fall wird das gesamte Potential von Akkreditierungspraktiken, validierter Methodik, der Verfügbarkeit von (zertifizierten) Referenzmaterialien und die Erkenntnisse aus Laborvergleichsstudien voll ausgeschöpft.

Literatur

1. CEN/CENELEC (1989) European Standard EN 45 001, "General Criteria for the operation of testing laboratories", Brussels, Belgium
2. International Organization for Standardization (1990) ISO/IEC Guide 25, "General requirements for the technical competence of testing laboratories", Third Edition, Geneva
3. Horwitz W (1991) Projekt 27/87 Nomenclature for Interlaboratory Studies, Fourth Draft, IUPAC
4. International Organisation for Standardization (1984) ISO/IEC guide 43, "Development and Operation of Laboratory Proficiency Testing", Geneva
5. International Organisation for Standardization (1993) ISO/REMCO N 280, "Proficiency Testing of Chemical Analytical Laboratories", Geneva. Republication of the Technical Report "The International Harmonized protocol for the Proficiency Testing of (Chemical) Analytical Laboratories, IUPAC Pure & Appl Chem 65 (1993) 2123–2144
6. EN 45 001, section 6.3
7. WELAC Western European Laboratory Accreditation Cooperation, Working Group 4: Proficiency Testing. Revised draft proposal, revision of October 1992
8. Cofino WP (1993) "Quality Assurance in Environmental Analysis". In: D Barcelo (ed) "Techniques in Environmental Analysis, Elsevier, Amsterdam
9. ISO 25, clause 9.3
10. EN 45 001, clause 5.3.3
11. ISO 25, clause 5.6c
12. EN 45 001, clause 6.3
13. ISO 25, clause 4.2j
14. EN 45 001, clause 6.3
15. EN 45 001, clause 6.2d
16. National Accreditation Board of the Netherlands STERLAB (1991) "Accreditation and Interlaboratory Studies", STERLAB, Rotterdam
17. Western European Laboratory Accreditation Cooperation (WELAC) (1993) "WELAC Criteria for Proficiency Testing in Accreditation"
18. International Organization for Standardization (1986) International Standard 5725, "Precision of test methods – Determination of repeatability and reproducibility for a standard test method by inter-laboratory tests", Geneva
19. Analytical Methods Committee (1989) "Robust Statistics – How not to reject outliers. Part 1. Basic Concepts". Analyst 114:1693
20. Analytical Methods Committee (1989) "Robust statistics – How not to reject outliers. Part 2. Inter-laboratory trials". Analyst 114:1699
21. Lischer P (1990) „Statistik und Ringuntersuche (Auszug aus dem Schweiz. Lebensmittelbuch)", Schriftenreihe der FAC Liebefeld Nummer 6, Eidgenössische Forschungsanstalt für Agrikulturchemie und Umwelthygiene, Liebefeld-Bern
22. Miller JN (1993) "Tutorial review: Outliers in experimental data and their treatment". Analyst 118:455
23. Thompson M, Mertens B, Kessler M, Fearn T (1993) "Efficacy of robust analysis of variance for the interpretation of data from collaborative trials". Analyst 118:235
24. Horwitz W (1982) Anal Chem 54:67A-76A
25. ASTM Committee E-36, Standard Guide for the development and operation of laboratory proficiency testing programs, in preparation

10 Akkreditierungskompetenz: Anforderungen an Akkreditierungsstellen

Georg J. Mechelke

10.1 Normengrundlage

Die Norm DIN EN 45003 „wurde mit dem Ziel erstellt, das Vertrauen in diejenigen Akkreditierungssysteme und -stellen zu stärken, die dieser Norm entsprechen, und damit auch in Prüflaboratorien, die nach solchen Systemen begutachtet und akkreditiert werden" (Vorwort DIN EN 45003). Das Vertrauen in die Akkreditierungskompetenz der Akkreditierungsstellen bestimmt somit auch das Vertrauen in die Prüfkompetenz der akkreditierten Prüflaboratorien. DIN EN 45002 und DIN EN 45003 legen daher den Akkreditierungsstellen Publizitäts-, Offenlegungs- und Erklärungspflichten auf. Diese Transparenz besteht gegenüber antragstellenden und akkreditierten Prüflaboratorien und allen „Interessierten" in unterschiedlicher Intensität; Transparenz entsteht erst gar nicht bei zu wahrender Vertraulichkeit nach Ziffer 13 DIN EN 45003. Diese Norm legt „Allgemeine Kriterien für Stellen, die Prüflaboratorien akkreditieren" fest. Am 23.06.1989 von CEN/CENELEC als europäische Norm angenommen, mit dem Status einer nationalen Norm am 01.05.1990 versehen, wird sie aller Voraussicht nach von dem ISO/IEC-Leitfaden 58: 1993 „Akkreditierungssysteme für Kalibrier- und Prüflaboratorien – Allgemeine Anforderungen für Betrieb und Anerkennung" in nicht allzuferner Zukunft ersetzt werden. Die Anforderungen an Akkreditierungsstellen sollen daher nicht in exegetischer Normarbeit dargelegt werden, sondern schwerpunktmäßig aus praktischer Anschauung in einer für Norm und Leitfaden gleichermaßen gültigen Weise.

10.2 Organisation und Qualitätsmanagementsystem

Zur Bewältigung ihrer Aufgaben bedarf die Akkreditierungsstelle einer Organisation, die – unabhängig von der gewählten Rechtsform – die unter Ziffer 4 und 5 DIN EN 45003 und Ziffer 4.2 des Leitfadens festgelegten Anforderungen erfüllt. Diese werden geprägt von den Geboten kommerzieller und finanzieller Unabhängigkeit, Unparteilichkeit in Durchführung und Entscheidung, ausgewogener Zusammensetzung und Kompetenz der Ausschüsse und Trennung zwischen begutachtenden und entscheidenden Tätigkeiten.

Günzler, H. (Hrsg.)
Akkreditierung und Qualitätssicherung
in der Analytischen Chemie
© Springer-Verlag Berlin Heidelberg 1994

Daraus ergibt sich eine organisatorische Gestaltung der Akkreditierungsstelle, die in ihren Grundzügen in allen Ländern der Europäischen Wirtschaftsunion gleich ist. Die im Deutschen AkkreditierungsRat (DAR) vertretenen Akkreditierungsstellen verfügen alle über Gremien, die Funktionen eines „Lenkungsausschusses" wahrnehmen und meist auch so bezeichnet sind. Während der Lenkungsausschuß die Akkreditierungspolitik und das Akkreditierungsregelwerk festlegt, entscheidet der Akkreditierungsausschuß über Gewährung, Aufrechterhaltung, Erweiterung, Aussetzung und Zurückziehung der Akkreditierung. Der Beschwerdeausschuß ist bei Streitigkeiten über diese Entscheidungen anzurufen.

Über die Einsetzung weiterer Ausschüsse, deren Bezeichnung und Aufgabenstellung entscheidet die Akkreditierungsstelle unter Wahrung der Interessen Dritter nach normfreiem Ermessen. Von der Empfehlung in Ziffer 7 EN 45003 und Ziffer 4.2.1 k des Leitfadens, ein oder mehrere Sektorkomitees einzurichten, abgesehen, sind Norm und Leitfaden gremienneutral.

Norm und Leitfaden schweigen auch hinsichtlich der persönlichen und fachlichen Anforderungen, die Mitglieder dieser Gremien zu erfüllen haben. Soweit sie Begutachter auswählen und bestellen, sollten sie mindestens die für Begutachter in Ziffer 7 DIN EN 45002 und Ziffer 5 des Leitfadens festgelegten Anforderungen erfüllen.

Das von der Akkreditierungsstelle eingerichtete Qualitätsmanagementsystem muß der Art, dem Bereich und dem Umfang der ausgeübten Akkreditierungstätigkeit „angemessen sein". Dieses Gebot qualitätssichernder Angemessenheit überläßt der Akkreditierungsstelle einen weiten Gestaltungsraum. Er ist in einem Qualitätssicherungshandbuch und in Qualitätsmanagement-Verfahrensanweisungen zu dokumentieren und in internen Audits zu überprüfen. Eine Überprüfung durch Dritte ist weder in der Normenreihe DIN EN 45000 noch im Leitfaden vorgesehen. Sie wird gleichwohl in Form der „Evaluierung" durch andere Akkreditierungsstellen im Zuge der internationalen Anerkennungsvereinbarungen durchgeführt.

10.3 Akkreditierungsregelungen

Die Akkreditierungsregelungen sind der wichtigste Bestandteil des Akkreditierungsregelwerkes einer Akkreditierungsstelle. Sie sind gleichsam die Allgemeinen Kompetenzbestätigungsbedingungen der Akkreditierungsstelle, legen sie doch die Bedingungen für die Gewährung, Aufrechterhaltung, Erweiterung, Aussetzung und Zurückziehung der Akkreditierung fest. Die Bedingungen müssen ausschließlich kompetenzbestimmt sein. Der Zugang zu dem von der Akkreditierungsstelle beschriebenen Akkreditierungssystem darf nicht von der Größe des Prüflaboratoriums oder von der Mitgliedschaft in einer Vereinigung oder Gruppe abhängig gemacht werden. Die Akkreditierungsregelungen oder „Akkreditierungsrichtlinien" werden häufig ausdrücklich vereinbarter Bestandteil eines zwischen Antragsteller und Akkreditierungsstelle geschlossenen

„Akkreditierungsvertrages". Dessen Bestimmungen sollten streng zwischen der Durchführung des Akkreditierungsverfahrens und den für das Prüflaboratorium aus der Akkreditierung erwachsenden Rechten und Pflichten trennen. Der Eindruck eines vertraglich zugesicherten Akkreditierungsautomatismus wird dadurch vermieden. Die Entscheidung des Akkreditierungsausschusses sollte vom Antragsteller nicht als unabwendbares Ereignis gesehen werden, sondern als Zäsur zwischen ausschließlich eigenkontrollierter und überwachter Prüftätigkeit. Es empfiehlt sich daher, bci Antragstellung einen Vertrag über die „Durchführung des Akkreditierungsverfahrens" und nach positiver Entscheidung des Akkreditierungsausschusses einen „Akkreditierungsvertrag" abzuschließen. Dies entspricht der in Ziffer 5 DIN EN 45 002 und Ziffer 12 DIN EN 45 003 getroffenen Regelung.

Die Akkreditierungsregelungen sind ständig auf Angemessenheit, Praktikabilität und Übereinstimmung mit den Normen von ISO und CEN sowie den Regelungen der TGA, des DAR, WELAC, WECC und ILAC zu überprüfen. Die Akkreditierungsstelle wird gut beraten sein, frühzeitig internationale Fortentwicklungen der Regelwerke aufzunehmen, um durch Vergleichbarkeit ihres Regelwerkes die Akzeptanz der Prüfergebnisse der von ihr akkreditierten Prüflaboratorien zu fördern.

10.4 Arbeitsweise

Von den in den Akkreditierungsregelungen der Akkreditierungsstelle festgelegten Verfahrensregeln ist ihre Arbeitsweise zu trennen. Eine Akkreditierungsstelle hat Akkreditierungsverfahren in nicht diskriminierender Weise und zügig durchzuführen. Akkreditierungsverfahren von mehr als einjähriger Dauer sind zu vermeiden. Kann die Akkreditierungsstelle aufgrund mangelhafter Vorbereitungen und Informationen durch das Prüflaboratorium das Verfahren nur mit zeitlichen Unterbrechungen bearbeiten, ist es entsprechend den Bestimmungen der Akkreditierungsregelungen zu beenden. In keinem Fall sollte eine Akkreditierungsstelle dem Prüflaboratorium während des Akkreditierungsverfahrens die Möglichkeit geben – gleichsam im Fortgang des Verfahrens – sukzessive den Anforderungen der DIN EN 45 001 und ihren Akkreditierungskriterien zu genügen. Dies widerspräche der Norm, die von einer zum Zeitpunkt der Antragstellung behaupteten und entsprechend den Akkreditierungsregelungen nachzuweisenden Kompetenz ausgeht. Ebensowenig wie einer Akkreditierungsstelle die Funktion einer Staatsanwaltschaft oder eines Gerichtes zukommt, ist sie Kompetenzbestätigungsamme oder -berater (siehe Ziffer 4.2.1.1 des Leitfadens). Davon zu unterscheiden sind freilich die im Bericht über die Begutachtung an Ort und Stelle nach Ziffer 6 DIN EN 45 002 enthaltenen Mängelbeseitigungs- bzw. Änderungsvorschläge oder Auflagen.

10.5 Sektorkomitees

Die fachlichen Aspekte der Arbeitsweise der Akkreditierungsstelle werden von den Sektorkomitees maßgeblich bestimmt. Die Aufgaben der Sektorkomitees werden in Ziffer 7 DIN EN 45003 mit einem Satz umschrieben und ihre Mindestanzahl festgelegt. Auch Ziffer 4.2.1k des Leitfadens beschränkt sich auf einen Satz. Über die an die Mitglieder zu stellenden Anforderungen schweigen Norm und Leitfaden – ganz im Gegensatz zu Ziffer 7.1 DIN EN 45002 und Ziffer 5 des Leitfadens – in denen die Qualifikationsanforderungen an Begutachter festgelegt sind. Dies überrascht. Ohne Sektorkomitees ist eine Akkreditierungsstelle nicht in der Lage, die spezifischen technischen Kriterien zu erarbeiten, die als Anforderungen an die Prüfkompetenz auf einem bestimmten Prüfgebiet gelten sollen. Die Sektorkomitees setzen den technischen Qualitätsstandard einer Akkreditierungsstelle, dessen Erreichen und Einhaltung die Begutachter während des Akkreditierungsverfahrens und der anschließenden Überwachung überprüfen. An die Fachkompetenz der Mitglieder eines Sektorkomitees sind daher hohe Ansprüche zu stellen. Die Mitglieder müssen Kenntnisse und Erfahrungen in Qualitätssicherung haben, mit den Prüfverfahren und Prüfungsarten aufgrund langjähriger Erfahrung vertraut und auf dem neuesten Stand der Normung sein. Den Vorsitzenden der Sektorkomitees obliegt insbesondere die Stellungnahme zu prüfverfahrensrelevanten Problemen, die anläßlich der Begutachtung an Ort und Stelle auftauchen. Dadurch können sie wesentlich zur effizienten Durchführung des Akkreditierungsverfahrens beitragen.

Die Sektorkomitees sollten im Rahmen des „Qualifizierungsverfahrens für Begutachter" die Begutachter empfehlen, deren nachgewiesene Kompetenz den Abschluß eines Begutachter-Rahmenvertrages nahelegt. Aus dem daraus folgenden Verbot der Selbstbestellung ergibt sich, daß Mitglieder der Sektorkomitees nicht als Begutachter bestellt werden können.

Dem Meinungs- und Erfahrungsaustausch unter den Sektorkomitees kommt große Bedeutung zu, um eine Gleichwertigkeit der Akkreditierungs- und Begutachtungsanforderungen zu gewährleisten und Partikularinteressen zu verhindern.

10.6 Begutachtung

Eine Akkreditierungsstelle übt ihre Tätigkeit im wesentlichen durch Begutachtung aus. Diese ist an Ort und Stelle, d.h. in den im Akkreditierungsantrag angegebenen Betriebseinheiten des Prüflaboratoriums durchzuführen. Laborräume, die nicht vom beantragten Geltungsbereich der Akkreditierung erfaßt werden, sind den Begutachtern nicht zugänglich zu machen. Die zur Vorbereitung dieser Begutachtung nach Ziffer 6.2 DIN EN 45002 erforderlichen Informationen sind der Akkreditierungsstelle zuvor zu geben und von den Begutachtern „auszuwerten" (Ziffer 6.2.1 des Leitfadens). Diese Auswertung wird von den Akkreditierungsstellen meist als „Formale Begutachtung" nach

DIN EN 45001 und 45002 bezeichnet. An Ort und Stelle ist die Erfüllung der „Allgemeinen Kriterien zum Betreiben von Prüflaboratorien", insbesondere der unter Ziffer 5 festgelegten „Technischen Kompetenz", zu begutachten. Ob „zusätzliche technische Kriterien" vom Prüflaboratorium erfüllt werden müssen und welche Begutachtungsmittel (Fragebogen, Durchführung von Prüfverfahren) zur Kompetenzfeststellung einzusetzen sind, entscheidet allein die Akkreditierungsstelle. Zu beachten sind freilich die inhaltlichen Erfordernisse des Begutachtungsberichtes nach Ziffer 6 und Ziffer 9 der DIN EN 45002 und nach Ziffer 6.4 des Leitfadens, welche die Verwendung von Fragebogen an Ort und Stelle nahelegen. Die in diesen Berichten darzulegende Eignung des Labors, im beantragten Geltungsbereich der Akkreditierung Prüfungen durchzuführen, setzt die Überprüfung der ausgeübten Prüftätigkeit voraus. Diese kann durch Begutachtung der Durchführung bestimmter Prüfverfahren vor Ort beurteilt werden. Deren Bestimmung nach Art und Anzahl der Entscheidung des Begutachters zu überlassen, verbietet das Gebot der Anwendung gleicher Begutachtungskriterien. Die Prüfverfahren sind daher nach einem in den Regeln des Begutachtungsverfahrens dargestellten System festzulegen und durchzuführen. Bewährt hat sich ein Losverfahren, das je nach Anzahl der für den einzelnen Prüfgegenstand zur Akkreditierung angemeldeten Prüfverfahren die Durchführung einer bestimmten Anzahl ausgeloster Prüfverfahren vorsieht. Die Begutachtung der Durchführung von Prüfarten wird analog vorzunehmen sein. Auf diese Weise sind kalkulierbare Prüfverfahrenspräferenzen von Begutachtern ausgeschlossen.

Der Begutachtung der tatsächlichen Prüfkompetenz nachgeordnet ist die Begutachtung des Aufzeichnungssystems.

Die Prüfung des Aufzeichnungssystems wird durch Einsichtnahme in das Qualitätssicherungshandbuch, die Geräte- und/oder Prüfverfahrenshandbücher und prüfungsbegleitende Unterlagen, wie Arbeitsanweisungen und Qualitätssicherungsverfahrensanweisungen vorgenommen. Den in den Handbüchern enthaltenen Kalibrier-, Wartungs- und Prüfprotokollen kommt neben den Prüfaufzeichnungen eine besondere Bedeutung zu, geben sie doch einen unmittelbaren Eindruck realisierter und nicht nur dokumentierter Qualitätssicherung. Der Einsichtnahme in schriftliche Dokumente steht die Sichtnahme der auf Bildschirmen erscheinenden Daten gleich. Sie bedeutet Prüfung auf Vollständigkeit, Plausibilität und Nachvollziehbarkeit der in einem Laborinformationssystem zu einem bestimmten Prüfvorgang gespeicherten Daten. Dokumentierte Qualitätssicherung ist dann schlüssiger Beweis für ein funktionierendes Aufzeichnungssystem, wenn alle die tägliche Prüftätigkeiten voraussetzenden und begleitenden Daten auffindbar und nachvollziehbar sind.

Das Aufzeichnungssystem nach EN 45001 verpflichtet das Prüflaboratorium weder auf einen bestimmten Aufbau noch zu einer einzuhaltenden Terminologie. So finden sich u. a. „Gerätehandbücher", „Gerätebücher", „Prüfverfahrenshandbücher", „Prüfprotokolle", „Kalibrierungs- und Wartungsprotokolle", „Analysenzertifikate", „Laborinformationssystem". Angesichts der über Jahre hinweg in einem Prüflaboratorium gebrauchten und verstandenen Terminologie ist Behutsamkeit und Fingerspitzengefühl bei der

Prüfung des Aufzeichnungssystems von Nöten. Von dem Labor zu fordern
ist jedoch Geschlossenheit des Systems, inhaltliche Vollständigkeit nach
EN 45001, terminologische Klarheit und Kenntnis des Laborpersonals.

Ein strukturell, inhaltlich und gestalterisch noch so überzeugendes Aufzeichnungssystem ist mangelhaft, wenn die Mitarbeiter die Begriffe in den
verwendeten Formularen entweder nicht verstehen oder ihren Zweck ver-
kennen.

Die Begutachtungskriterien und das Begutachtungsverfahren sind dem
Prüflaboratorium bei Antragstellung mitzuteilen. Es ist nicht Aufgabe der
Akkreditierungsstelle, das Laboratorium mit Fragen zu überraschen, sondern
die Kompetenzbehauptung des Labors nachzuvollziehen und nachvollziehbar
zu dokumentieren. Dies bedeutet, daß ein Laboratorium, das in Kenntnis der
gestellten Anforderungen Schwächen oder sogar Mängel zeigt, die mit der
Antragstellung behauptete Kompetenz gleichsam widerruft. Dabei mögen
Mängel des Aufzeichnungssystems eher deklaratorische als inhaltliche Defizite
offenbaren. Mangelhafte Durchführung beantragter Prüfverfahren ist immer
schlüssiger Beweis von Inkompetenz.

10.7 Begutachter

Die Qualität der Begutachtung wird maßgeblich durch die Prüfverfahrens- und
Prüfartkompetenz der Begutachter bestimmt. Die Akkreditierungsstelle hat
jedoch auch darauf zu achten, ob die weiteren Anforderungen der Ziffer 7
DIN 45002 und der Ziffer 5.1 des Leitfadens erfüllt sind. Dabei hilft ihr das in
eigener Verantwortung festzulegende „Qualifizierungsverfahren für Begutachter". Diese sind auszuwählen, durch Abschluß eines Rahmenvertrages als
Begutachter der Akkreditierungsstelle zu bestellen und im Einzelfall zu
beauftragen.

Die Beauftragung eines Einzelbegutachters oder die Zusammensetzung
eines Begutachterteams wird bestimmt durch den zu begutachtenden Geltungsbereich der beantragten Akkreditierung und die Vermeidung von Interessen-
konflikten zwischen zu begutachtendem Prüflaboratorium und Begutachtern.
Bei Einsatz eines Begutachterteams ist darüber hinaus der zu erwartenden
Zusammenarbeit zwischen Leitendem Begutachter und den Begutachtern
große Bedeutung beizumessen.

Deren Aufgaben und Befugnisse sind nicht hierarchisch abzugrenzen,
sondern nach persönlichen und fachlichen Gesichtspunkten einer als Team
arbeitenden Gruppe. Der Begutachter ist nicht Zuarbeiter des Leitenden Begutachters, sondern begutachtet nach eigenem besten Können und in eigener
Verantwortung. Somit wird – und muß – sich der Leitende Begutachter nur in
begründeten Fällen über den Begutachtungsbericht bzw. das Votum eines
Begutachters hinwegsetzen. Dies kann, Böswilligkeit ausgeschlossen, nur bei
fahrlässig fehlerhafter Begutachtung der Fall sein. Dies, Besserwisserei oder
oberlehrerhafte Attitüte, schließen einen Begutachter von jeder (weiteren)
Begutachtung aus.

Der Begutachter kann während der Begutachtung an Ort und Stelle eine nicht zu unterschätzende motivierende oder demotivierende Wirkung insbesondere auf die Mitarbeiter, die mit der Durchführung von Prüfverfahren betraut wurden, ausüben. Er sollte daher darauf bedacht sein, etwaige Vorführungsängste abzubauen, gerechtfertigte Anerkennung freimütig zu äußern und konstruktive Kritik offen zu üben. In keinem Falle hat er notengebender Prüfer zu sein. Dies widerspräche der „Akkreditierung" als leistungsneutraler oder bewertungsfreier Kompetenzbestätigung. Die möglichen betriebsverfassungsrechtlichen Probleme für die Prüflaboratorien und die haftungsrechtlichen Risiken für die Akkreditierungsstelle seien hier unerörtert. Für eine Begutachtung ungeeignet sind auch Reformer, die auf dem Wege der Begutachtung Normen ändern wollen; werden diese Reformwünsche jedoch als Ergebnis der Begutachtung vorgebracht, können sie die Normungsarbeit vorantreiben und damit die Prüftätigkeit für alle „interessierten Kreise" verbessern helfen.

10.8 Entscheidung über die Akkreditierung

Die Entscheidung, ob ein Prüflaboratorium akkreditiert wird, ist von der Akkreditierungsstelle aufgrund des Begutachtungsergebnisses zu fällen (Ziffer 6.5 und Ziffer 6.6 DIN EN 45 002 und Ziffer 6.5 des Leitfadens). Nach Ziffer 6.6 der EN 45 001 ist es zulässig, die Akkreditierung zeitlich zu begrenzen und an bestimmte Bedingungen zu knüpfen. Eine zeitliche Begrenzung ist in Europa mit Ausnahme Schwedens allgemeine Praxis. Die Dauer der gewährten Akkreditierung reicht von zwei bis fünf Jahren. Die von der Norm eingeräumte Möglichkeit, die Entscheidung über die Bestätigung der Kompetenz an bestimmte Bedingungen zu knüpfen, birgt Konfliktpotential und ist nach dem Leitfaden nicht mehr gegeben. Dies ist zu begrüßen. Die Kompetenzbehauptung des Labors ist entweder zu bestätigten oder zu verneinen. Eine durch Bedingungen oder Auflagen eingeschränkte Kompetenzbestätigung kann es ebensowenig geben wie eine durch Noten oder Punkte qualifizierte. Davon zu unterscheiden sind Bestimmungen oder Auflagen, die als Voraussetzung für die Gewährung der Akkreditierung angeordnet werden. Akkreditierungsstellen, die Akkreditierungen unter Bedingungen oder Auflagen gewähren, fördern weder die Vergleichbarkeit der Prüfergebnisse, noch tragen sie zur Vertrauensbildung bei; sie leisten vielmehr Wettbewerbsverzerrungen unter den Prüflaboratorien Vorschub und untergraben letztlich das Vertrauen in eine geprüfte Produktqualität.

10.9 Sorgfalts- und Schutzpflichten

Die in Ziffer 10 DIN EN 45 003 und unter Ziffer 4.5 f und 6.6 des Leitfadens unter den Überschriften „Akkreditierungsdokumente" und „Gewährung der Akkreditierung" festgelegten Aufgaben sind wegen ihrer Wettbewerbsrelevanz auf dem Markt der jeweiligen Prüftätigkeit mit größter Umsicht auszuführen. Akkreditierte Prüflaboratorien haben aufgrund bestätigter Kompetenz einen Wettbewerbsvorsprung vor Laboratorien mit nicht nachgewiesener, ja nach DIN EN 45001 noch nicht einmal behaupteter Kompetenz. Akkreditierte Prüflaboratorien konkurrieren zudem auf gleichen Prüfgebieten. Der Geltungsbereich der gewährten Akkreditierung ist daher eindeutig in den Akkreditierungsdokumenten aufzuführen. Dies bedeutet Vermeidung terminologischer Großzügigkeit auf der ersten Seite der Akkreditierungsurkunde und genaue Aufzählung und Benennung der akkreditierten Prüfverfahren im, nach DAR Sprachgebrauch, „Anhang zur Akkreditierungsurkunde", d. h. auf den folgenden Seiten.

Die Nutzung des Logos der Akkreditierungsstelle ist genau zu regeln und abgestufte Sanktionsmöglichkeiten bei Zuwiderhandlungen vorzusehen. Bei der rapide steigenden Zahl akkreditierter Prüflaboratorien in Europa ist das aus unscharfen Beschreibungen des Geltungsbereiches der Akkreditierung und laxen Eingriffsmöglichkeiten bei Mißbrauch des Logos entstehende Konfliktpotential für akkreditierte Labors und Akkreditierungsstellen gleichermaßen beträchtlich.

10.10 Überwachung

Der Überwachung akkreditierter Prüflaboratorien kommt eine weitaus größere Bedeutung zu, als der unter Ziffer 11 EN 45002 zu findende Satz vermuten läßt. Für die Vertrauensbildung in eine gleichbleibend kompetente Prüfdurchführung ist sie ausschlaggebend. Die Akkreditierung von Prüflaboratorien wird sich als vertrauensbildende Maßnahme nur durchsetzen, wenn die zu einem bestimmten Zeitpunkt festgestellte Prüfkompetenz ständig gewahrt und überwacht wird. Dies gilt um so mehr, als Akkreditierungen mit einer Gültigkeitsdauer bis zu fünf Jahren aufgrund von zweitägigen Begutachtungen an Ort und Stelle gewährt werden.

Überwachungsregelungen sind im „Akkreditierungsvertrag" zu vereinbaren. Sie sollten die Akkreditierungsstelle berechtigen, sich zu jeder Zeit nach Terminvereinbarung durch Überprüfung und Kontrollmessungen geeigneter Art davon zu überzeugen, daß die in der Akkreditierungsurkunde aufgeführten Prüfverfahren normgerecht durchgeführt werden. Das Prüflaboratorium ist zu verpflichten, regelmäßig und lückenlose Protokolle seiner Kalibriermaßnahmen zu führen und der Akkreditierungsstelle auf Anforderung offenzulegen. Die Akkreditierungsstelle muß berechtigt sein, die Prüfberichte einzusehen und die Ergebnisse der von dem Prüflaboratorium durchgeführten internen Qualitätssicherungsaudits zu überprüfen. Als weitere kompetenzsichernde Überwachungsmaßnahme sind von der Akkreditierungsstelle oder von einer durch sie bestimmten Stelle Ringversuche durchzuführen und zu bewerten. Die Prüfleistungen der Prüflaboratorien müssen den vorher bekanntgegebenen Kriterien der Akkreditierungsstelle genügen. Bei mangelhaften Prüfleistungen ist die Akkreditierung zu widerrufen. Über wichtige organisatorische Änderungen und Maßnahmen, welche die Prüftätigkeit betreffen, ist die Akkreditierungsstelle immer zu informieren (siehe auch Ziffer 7.3 des Leitfadens). Um Diskussionen über die Bedeutung einer Änderung zu vermeiden, empfiehlt es sich, die Aufnahme der Akkreditierungsstelle in den Änderungsdienst für das Qualitätssicherungshandbuch des akkreditierten Prüflaboratoriums zu vereinbaren.

Nur wenn die Verpflichtung des Prüflaboratoriums, im Geltungsbereich der gewährten Akkreditierung einen gleichbleibenden Prüfstandard einzuhalten, nicht nur überwacht, sondern auch mit der Aufrechterhaltung der Akkreditierung verknüpft wird, wird eine Vertrauensbasis geschaffen.

In Grundsatzfragen der Überwachung sind sich alle WELAC-Akkreditierungsstellen einig. Dieses grundsätzliche Minimum bedarf der Ausgestaltung, wobei Besonderheiten der Prüfgebiete bzw. der Prüfgegenstände zu berücksichtigen sind. Der verbraucherschützende Aspekt der Akkreditierung sollte bei der Entscheidung über Art, Umfang und Häufigkeit der Überwachungsmaßnahmen nicht unberücksichtigt bleiben.

10.11 Akkreditierung und Normung

Die Akkreditierungsstelle überwacht gemäß der im Akkreditierungsvertrag getroffenen Regelungen die normgerechte Durchführung der Prüfverfahren. Sie sollte auch die Anpassung der Normen an die tatsächliche Entwicklung mitinitiieren und damit die Anwendung der Normen sichern helfen. Die Begutachtung der Durchführung der Prüfverfahren ergibt zusätzliche Informationen zur möglichen Verbesserung der Prüfdurchführung gemäß einzelner Normen. Hierdurch können die Hinweise auf normgerechte Arbeiten sowie die routinemäßige Überprüfung der Normen auf den Stand der Technik ergänzt werden. Die Akkreditierungsstelle sollte entsprechende Vorschläge der jeweiligen Normungsorganisation zur Kenntnis bringen und somit eine „Modernisierung der Normen" anregen. Nur nach akzeptierten Normen wird tatsächlich geprüft; dadurch wird die Vergleichbarkeit der Prüfergebnisse gefördert.

Die Akkreditierung stärkt damit Akzeptanz der Normen und Stellung der Normungs-Organisationen. Eine derartige Wirkung geht von der Zertifizierung von QS-Systemen nicht aus. Die Tätigkeit einer Zertifizierungsstelle ist normenneutral, die einer Akkreditierungsstelle kann normenfördernd sein. Diskrepanzen zwischen Prüftätigkeit und Prüfnorm können daher nur durch Zusammenarbeit zwischen Akkreditierungsstelle und Normungsorganisationen ausgeräumt werden.

10.12 Nationale und internationale Anerkennungsvereinbarungen

Von existenzieller Bedeutung für jede Akkreditierungsstelle ist ihre nationale und, zumindest mittelfristig, europaweite Anerkennung durch andere Akkreditierungsstellen. Die gegenseitige Anerkennung ist in Deutschland Voraussetzung für die Mitgliedschaft in der Trägergemeinschaft für Akkreditierung (TGA) und im Deutschen Akkreditierungsrat (DAR). Auf europäischer Ebene ist eine gegenseitige Anerkennung aller EG- und EFTA-Akkreditierungsstellen fast Wirklichkeit.

Die gegenseitige Anerkennung der Akkreditierungssysteme bedeutet jedoch keinen Anerkennungszwang der Prüfergebnisse eines akkreditierten Prüflaboratoriums durch Dritte. Die gegenseitige Anerkennung der Akkreditierungssysteme kann diese Anerkennung jedoch erleichtern. Die gegenseitige Anerkennung setzt die Prüfmarktmechanismen nicht außer Kraft; Ziel für die Akkreditierungsstelle kann es nur sein, durch Akkreditierungskompetenz Bestandteil dieses Mechanismus zu werden.

11 Die Bedeutung der Akkreditierung im Vergleich mit GLP

Hendrik Schlesing

11.1 Einleitung

Vor mehr als zwanzig Jahren wurde die Forderung nach einem einheitlichen Maßstab für die Qualität von Untersuchungen immer lauter und fand ihren Niederschlag zunächst im gesetzlich geregelten Bereich, wo sie sich allerdings zunächst im wesentlichen in der Vereinheitlichung von Verfahren erschöpfte. Erst mit der Einführung der GLP wurde ein genereller Maßstab festgelegt, der unabhängig von den Einzelverfahren als Bemessungsgrundlage für die Qualität eines Laboratoriums diente. Da GLP aber ein sehr begrenztes Anwendungsgebiet hat, entstand später konsequenterweise ein genereller Maßstab für die Akkreditierung aller Prüflaboratorien. Im folgenden wird zunächst die GLP vorgestellt, dann werden die Gemeinsamkeiten, aber auch die Unterschiede zwischen GLP und der Akkreditierung herausgearbeitet sowie ein Ausblick und Anregungen für weitere Entwicklungen gegeben.

11.2 GLP – Gute Laborpraxis

11.2.1 Entstehung

Anfang der 70er Jahre stellte die FDA (Food and Drug Administration) in den Vereinigten Staaten von Amerika bei der Überprüfung von toxikologischen Studien, die durch Auftragsinstitute durchgeführt worden waren, Unstimmigkeiten fest. In den sogenannten Kennedy-Hearings wurden deshalb die Behörden, die Auftragsinstitute und die Pharmaunternehmen nach den Ursachen befragt. Aus diesen Hearings gingen dann auch einige Anregungen zur Beseitigung der Probleme hervor. Diese Anregungen wurden von der FDA aufgegriffen und in den „Regulatorien zur guten Laborpraxis" zusammengefaßt. Ziel dieser 1979 im Federal Register veröffentlichten Regeln war und ist es, die Basis für die Durchführung von Prüfungen im toxikologischen Bereich festzulegen. Mit der Verbindlichkeit der Veröffentlichung mußten alle Firmen, die Prüfungen im Rahmen von Zulassungs-, Erlaubnis-, Registrierungs-, Anmelde- oder Mitteilungsverfahren bezüglich des Arzneimittelgesetzes der USA durchführen wollten oder durchführen lassen wollten, sich dieser Regulation unterstellen. Seit diesem Zeitpunkt also gibt es auch die entspre-

Günzler, H. (Hrsg.)
Akkreditierung und Qualitätssicherung
in der Analytischen Chemie
© Springer-Verlag Berlin Heidelberg 1994

chenden Kontrollen seitens staatlicher Stellen, ob eine Überprüfung gemäß
GLP durchgeführt wurde oder nicht.

Da diese Regelung auch alle Importeure von Pharmazeutika in die USA
betraf, war die logische Folge, daß sich auf internationaler Ebene auch die
OECD (Organisation für wirtschaftliche Zusammenarbeit und Entwicklung)
mit der Internationalisierung dieser Standards befaßte. Neben dem Hauptziel,
die Qualität der Prüfungen zu verbessern, war die gegenseitige Anerkennung
der im jeweiligen Land unter GLP abgelaufenen Prüfungen Ziel der Harmoni-
sierungsbemühungen der OECD. Nach dreijähriger Arbeit wurden 1981 die
„OECD-Grundsätze der guten Laborpraxis" veröffentlicht und von den EG-
Mitgliedsstaaten anerkannt. 1987 wurden sie in eine EG-Richtlinie aufgenommen. Parallel zu dieser Entwicklung wurden Leitlinien für die Inspektion von
GLP-Studien erarbeitet, die dann 1990 in einer EG-Richtlinie veröffentlicht
wurden. In der Bundesrepublik Deutschland wurde die „Gute Laborpraxis"
im Jahr 1990 nach einer Empfehlungsphase, die mit der Veröffentlichung der
OECD-Grundsätze 1983 im Bundesanzeiger begann, mit der Verabschiedung
des neuen Chemikaliengesetzes gesetzlich vorgeschrieben. In einer nachfolgenden Verwaltungsvorschrift wurden im gleichen Jahr die Leitlinien für die
Inspektion festgeschrieben.

11.2.2 Rechtliche Grundlagen

In § 19a) Abs. 1 des Chemikaliengesetzes, Abs. 1 ist die GLP – Gute Laborpraxis – festgeschrieben:

„(1) Nicht-klinische, experimentelle Prüfungen von Stoffen oder Zuberei-
tungen, deren Ergebnisse eine Bewertung ihrer möglichen Gefahren für
Mensch und Umwelt in einem Zulassungs-, Erlaubnis-, Registrierungs-,
Anmelde- oder Mitteilungsverfahren ermöglichen sollen, sind unter Einhal-
tung der Grundsätze der Guten Laborpraxis nach dem Anhang 1 zu diesem
Gesetz durchzuführen."

Nicht-klinische experimentelle Prüfungen, wie oben erwähnt, werden
neben dem Chemikaliengesetz in folgenden Gesetzen vorgeschrieben:

- Arzneimittelgesetz
- Pflanzenschutzgesetz
- Lebensmittel- und Bedarfsgegenständegesetz
- Sprengstoffgesetz

Grundsätzlich muß also jeder, der im oben erwähnten gesetzlich beschriebenen
Rahmen Prüfungen durchführt, für die Einhaltung der GLP-Grundsätze
sorgen. Die Prüfungen selbst sind im Gesetz in folgende Kategorien zusammengefaßt:

- physikalisch-chemische Eigenschaften und Gehaltsbestimmungen
- toxikologische Eigenschaften
- ökotoxikologische Eigenschaften
- Verhalten im Boden, im Wasser und in der Luft
- Rückstände.

Jeder, der berechtigt glaubhaft machen kann, daß er in einer Prüfeinrichtung Prüfungen unter GLP durchführt, kann eine GLP-Bescheinigung beantragen, die neben der rechtsverbindlichen GLP-Einhaltungserklärung als Bestätigung für die Durchführung einer GLP-gemäßen Prüfung gilt. Die von der staatlichen Stelle ausgestellte GLP-Bescheinigung bestätigt der Prüfeinrichtung, daß die GLP-Grundsätze für eine oder auch mehrere der oben erwähnten Kategorien eingehalten werden. Die staatliche Bescheinigung ist abhängig von einer erfolgreich absolvierten Prüfung durch die im jeweiligen Bundesland bezeichnete Stelle.

11.2.3 GLP-Grundsätze

Definition der Guten Laborpraxis:

Gute Laborpraxis befaßt sich mit dem organisatorischen Ablauf und den Bedingungen, unter denen Laborprüfungen geplant, durchgeführt und überwacht werden sowie mit der Aufzeichnung und Berichterstattung der Prüfung.

Ziel und Zweck der GLP ist es, zuverlässige Daten bei den Behörden vorzulegen, die diese Daten zu bewerten haben. Diese Untersuchungsergebnisse sind die Basis für eine Zulassung der entsprechenden untersuchten Stoffe, daher müssen die Ergebnisse glaubhaft und vollständig sein. Die Studien müssen mit einem hohen Qualitätsstandard durchgeführt werden, und die Ergebnisse müssen vergleichbar und nachvollziehbar sein, was eine entsprechende Dokumentation verlangt. Hier liegt der Schwerpunkt der GLP. Durch die Vereinheitlichung wird die Qualität der Daten verbessert und eine gegenseitige Anerkennung der Daten ermöglicht, wodurch sich unnötige Tierversuche vermeiden und Handelshemmnisse abbauen lassen.

Im Abschnitt 1. der Guten Laborpraxis sind die für das Verständnis der Grundsätze wichtigen Begriffe erklärt. Der Abschnitt 2. enthält zehn verschiedene Punkte:

1. Organisation und Personal der Prüfeinrichtung
2. Qualitätssicherungsprogramm
3. Prüfeinrichtungen
4. Geräte, Materialien und Reagenzien
5. Prüfsysteme
6. Prüf- und Referenzsubstanzen
7. Standardarbeitsanweisungen
8. Prüfungsablauf
9. Berichte über die Prüfungsergebnisse
10. Archivierung und Aufbewahrung von Aufzeichnungen und Materialien.

1. Organisation und Personal der Prüfeinrichtung

Die Verantwortlichkeiten innerhalb der Prüfeinrichtung werden festgelegt und Vorgaben zu folgenden Punkten gemacht:

– Die Leitung der Prüfeinrichtung trägt nicht unmittelbar zur Durchführung der Prüfungen bei, ist aber für die Einhaltung der Grundsätze der Guten Laborpraxis Hauptverantwortlicher.

- Sie stellt sicher, daß bei der Durchführung von Prüfungen alle gesetzlichen Verordnungen befolgt werden.
- Sie sorgt für qualifiziertes Personal, die geeigneten Räumlichkeiten und für die Bereitstellung entsprechender Ausrüstung.
- Sie dokumentiert die entsprechenden Personaldaten (Aus-, Fort- und Weiterbildung sowie die Beschreibung der Aufgaben des jeweiligen Mitarbeiters).
- Die Leitung setzt den Qualitätssicherungsbeauftragten oder die Qualitätssicherungsbeauftragten ein.
- Die Leitung benennt für jede Prüfung einen Prüfleiter und einen Stellvertreter.
- Die Leitung stimmt den Prüfplänen zu und legt in einer Standardarbeitsanweisung das Verfahren für Prüfplanänderungen fest.
- Die Leitung sorgt für die Erstellung von Arbeitsanweisungen (SOP) und hat auf deren Einhaltung zu achten.

Weiterhin beschäftigt sich das erste Kapitel mit den Aufgaben des Prüfleiters, der – neben anderen Aufgaben – für die Durchführung der Prüfung und den eigentlichen Prüfbericht sowie für die Zusammenstellung des Prüfplans verantwortlich ist. Die im dritten Abschnitt beschriebenen Aufgaben des Personals sind sehr global und beziehen sich im wesentlichen auf den bewußten Umgang mit den zu untersuchenden Stoffen beziehungsweise den bei der Untersuchung angewendeten Stoffen.

2. Qualitätssicherungsprogramm

Hier ist festgelegt, daß jede Prüfeinrichtung über ein dokumentiertes Qualitätssicherungsprogramm verfügen muß. Die entsprechenden Verantwortlichkeiten sind festgelegt, wobei es sich hier im wesentlichen um die Aufgaben des Qualitätssicherungspersonals handelt. Die Mitarbeiter der Qualitätssicherung haben sich darüber zu vergewissern, daß der Prüfplan und die Standardarbeitsanweisungen dem Personal zur Verfügung stehen. Durch regelmäßige Inspektionen sollen sie sich davon überzeugen, daß Prüfplan und Standardarbeitsanweisungen befolgt werden. Über die Inspektionen sind lückenlose Aufzeichnungen zu führen.

3. Prüfeinrichtungen

Die Prüfeinrichtung muß so angelegt sein, daß sie eine entsprechende Größe, Konstruktion und Lage aufweist, um die Prüfungen durchführen zu können. Es werden dann etwas detailliertere Hinweise auf Räumlichkeiten für Prüfsysteme sowie für den Umgang mit Prüf-und Referenzsubstanzen gegeben. Besonderer Schwerpunkt wird auf ein entsprechendes Archiv gelegt. Darüber hinaus enthält dieses Kapitel einige Hinweise zu einer vorschriftsmäßigen Abfallbeseitigung.

4. Geräte, Materialien und Reagenzien

Hier wird vorgeschrieben, daß die für die Durchführung der Prüfungen benutzten Geräte geeignet sein müssen und daß die Geräte in regelmäßigen Zeitabständen gemäß entsprechenden SOPs zu überprüfen, zu reinigen, zu warten und zu kalibrieren sind. Wie bei allen anderen Kapiteln werden auch hier entsprechende Aufzeichnungen verlangt. Als wichtiger Hinweis gilt, daß die für die Prüfung verwendeten Materialien die Prüfsysteme nicht beeinträchtigen dürfen. Für die Reagenzien ist es wichtig, Herkunft, Identität, Konzentration sowie Angaben über Stabilität eindeutig aufzuzeichnen sowie Herstellungs- und Verfalldatum und – sofern nötig – besondere Lagerungsbedingungen anzugeben.

5. Prüfsysteme

Es wird unterschieden zwischen physikalisch-chemischen und biologischen Prüfsystemen. Im chemisch-analytischen Bereich deckt sich der erste Abschnitt mit dem vorherigen Abschnitt „Geräte", da es hier darum geht, physikalische und/oder chemische Daten zu gewinnen. Der Abschnitt über biologische Prüfsysteme enthält sehr detailierte Angaben über die Umgebungsbedingungen, die Unterbringung, Handhabung und Pflege von Tieren sowie über die Einfuhr, Beschaffung und Versorgung von Tieren, Pflanzen etc. und über die damit verbundenen Aufzeichnungen.

6. Prüf- und Referenzsubstanzen

Aufzeichnungen über den Eingang, die Handhabung, Entnahme und Lagerung der Prüf- und Referenzsubstanzen sind regelmäßig zu führen. Zusätzlich werden entsprechende Charakterisierungsmerkmale erwartet, das heißt die Prüf- und Referenzsubstanzen sind in geeigneter Weise zu kennzeichnen in bezug auf:

- Bezeichnung
- Chargen-Nummer
- Zusammensetzung
- Reinheit
- Homogenität
- Stabilität.

7. Standardarbeitsanweisungen

Die Standardarbeitsanweisungen sind schriftlich abzufassen, müssen von der Leitung genehmigt sein und müssen jeder einzelnen Laboreinheit für die durchgeführten Arbeiten unmittelbar zur Verfügung stehen. Für folgende Bereiche sind Standardarbeitsanweisungen vorgesehen:

- Prüf- und Referenzsubstanzen
- Geräte und Reagenzien
- Führen von Aufzeichnungen, Berichterstattung und Archivierung

- Prüfsysteme
- Qualitätssicherungsverfahren
- Gesundheits- und Sicherheitsmaßnahmen

In diesem Rahmen können auch veröffentlichte Methoden oder Bedienungsanleitungen der Hersteller für Geräte verwendet werden.

8. Prüfungsablauf

Ein weiteres wesentliches Kapitel neben den Standardarbeitsanweisungen und dem Bericht über die Prüfungsergebnisse ist der Prüfungsablauf. Vor Beginn jeder Prüfung muß ein schriftlicher Prüfplan vorliegen. Die Prüfpläne müssen entsprechend archiviert werden. Der Prüfplan enthält mindestens folgende Angaben:

- Bezeichnung der Prüf- und Referenzsubstanzen
- Angaben über den Auftraggeber und die Prüfeinrichtung
- Termine
- Prüfmethoden
- weitere Einzelangaben (Begründung für die Wahl des Prüfsystems, Charakterisierung des Prüfsystems, Applikationsmethode und Begründung für deren Wahl etc.)
- Liste der aufzubewahrenden Aufzeichnungen

Für die Durchführung der Prüfung wird geregelt, daß jede Prüfung eine unverwechselbare Bezeichnung erhalten muß, die sich durchgängig auf allen die Prüfung betreffenden Unterlagen und Materialien wiederfindet. Außerdem wird eine durchgängige Dokumentation darüber verlangt, daß die Prüfung gemäß Prüfplan durchgeführt wurde und sämtliche damit in Verbindung stehenden Daten aufgezeichnet, datiert und unterschrieben oder abgezeichnet sind.

9. Berichte über die Prüfungsergebnisse

Für jede Prüfung muß ein Abschlußbericht erstellt werden. In diesem Abschnitt werden Angaben darüber gemacht, was der Abschlußbericht enthalten soll:

- Bezeichnung der Prüfung, der Prüf- und Referenzsubstanzen
- Angaben über die Prüfeinrichtung
- Zeitpunkt für Beginn und Ende der Prüfung
- Qualitätssicherungserklärung
- Beschreibung von Materialien und Prüfmethoden
- Ergebnisse
- Aufbewahrung

**10. Archivierung und Aufbewahrung von Aufzeichnungen
   und Materialien**

Im letzten Kapitel ist geregelt, wie ein Archiv ausgestattet sein muß und was
archiviert werden muß:

- Prüfpläne
- Rohdaten
- Abschlußberichte
- Berichte über Laborinspektionen und Überprüfungen
- Muster und Proben

Weiterhin wird eine entsprechende Zugangskontrolle geregelt. Im zweiten
Abschnitt ist festgehalten, daß neben den oben erwähnten Unterlagen auch die
folgenden aufzubewahren sind: zusammenfassende Angaben über Aus-, Fort-
und Weiterbildung sowie praktische Erfahrungen des Personals, Aufgabenbe-
schreibungen sowie die Aufzeichnungen und Berichte über die Wartung und
Kalibrierung der Ausrüstung und darüber hinaus eine chronologische Ablage
der Standardarbeitsanweisungen bis zum Ablauf von 30 Jahren nach der
Unterzeichnung des Abschlußberichtes. Ausgenommen davon sind Muster
und Proben, die nur solange aufzubewahren sind, wie deren Qualität eine
Auswertung zuläßt, mindestens aber zwölf Jahre lang.

Das Archiv ist wie die Qualitätssicherungseinheit, aber unabhängig von
dieser, direkt dem Leiter der Prüfeinrichtung unterstellt.

11.2.4 GLP-Bescheinigung

Laboratorien, die Prüfungen gemäß GLP durchführen, unterliegen der
behördlichen Überwachung zur Einhaltung der Grundsätze der Guten Laborpraxis. Wie im Chemikaliengesetz bereits angedeutet, wurde am 29. 10. 1990 die
entsprechende Verwaltungsvorschrift GLP erlassen, die Leitlinien zum Durchführen von Inspektionen einer Prüfeinrichtung und die Überprüfung von
Prüfungen festlegt. Das eigentliche Inspektionsverfahren beginnt zunächst mit
einer Vorinspektion. Diese dauert maximal einen Tag lang und dient dem
erstmaligen Kennenlernen der Prüfeinrichtung und der Besprechung der zur
Vorbereitung angeforderten Unterlagen. Sofern mit dem Antrag bereits
Unterlagen eingereicht wurden, werden diese nun vorbesprochen. Für die
anschließende Hauptinspektion werden Termin, Umfang sowie die anwesen-
den Personen festgelegt. Die Hauptinspektion selbst dauert je nach Prüfeinrichtung einen oder mehrere Tage. Es soll ausführlich überprüft werden, ob die
Prüfeinrichtung in Übereinstimmung mit den Grundsätzen der GLP arbeitet.
Die Hauptinspektion unterteilt sich in verschiedene Phasen, von der Einfüh-
rungsbesprechung über die Überprüfung von Unterlagen und die Überprüfung
von Studien zur eigentlichen Laborinspektion und zur Inspektion des Archivs.
Anschließend erfolgt eine Abschlußbesprechung, in der Mängel, die im Verlauf
der Inspektion bemerkt wurden, zusammengefaßt werden. Bei kleineren
Abweichungen geschieht das mündlich, gravierende Abweichungen werden

schriftlich in einem von allen Teilnehmern unterschriebenen Kurzprotokoll festgehalten. Unter Umständen, je nach Mängelbericht, schließt sich dann eine Nachinspektion an, die feststellt, ob die gravierenden Abweichungen behoben wurden. Der Inspektionsbericht selbst enthält eine detaillierte Beschreibung der Prüfungsergebnisse zu den einzelnen Punkten mit Angabe aller Diskussionspunkte sowie das abschließende Votum des Inspektionsteams zur Ausstellung der GLP-Bescheinigung.

11.2.5 Personal

Wie mehrfach innerhalb der Grundsätze der Guten Laborpraxis festgehalten, spielt das Personal und dessen Aus-, Fort- und Weiterbildung, eine bedeutende Rolle. Zwar muß auf entsprechende Qualifikation geachtet werden, das alleine genügt jedoch nicht. Zusätzlich wird ein Mindestbedarf an Mitarbeitern notwendig zur erforderlichen Einrichtung einer hausinternen Qualitätssicherung. Neben dem Leiter der Prüfeinrichtung und dessen Vertreter werden ein Archivbeauftragter sowie dessen Vertreter, ein Beauftragter für die Qualitätssicherung sowie dessen Vertreter, ein Prüfleiter mit Vertreter und ein technischer Mitarbeiter mit Vertreter benötigt. Hier zeigt sich, daß es kleineren Instituten durchaus Probleme bereiten kann, all diese Positionen zu besetzen.

11.2.6 Zeitbedarf

Für die Einführung der Guten Laborpraxis in einem mittelgroßen Institut von 30 bis 50 Mitarbeitern ist mit ca. einem Mannjahr zu rechnen. Unter der Voraussetzung, daß ohnehin eine Reihe der im Rahmen der GLP geforderten Qualitätssicherungskriterien in modernen Laboratorien bereits vorhanden sind, läßt sich der zusätzliche Aufwand im Vergleich zu Prüfungen, die nicht unter GLP laufen, in Grenzen halten. Der zusätzliche Aufwand ist also mit Sicherheit vertretbar.

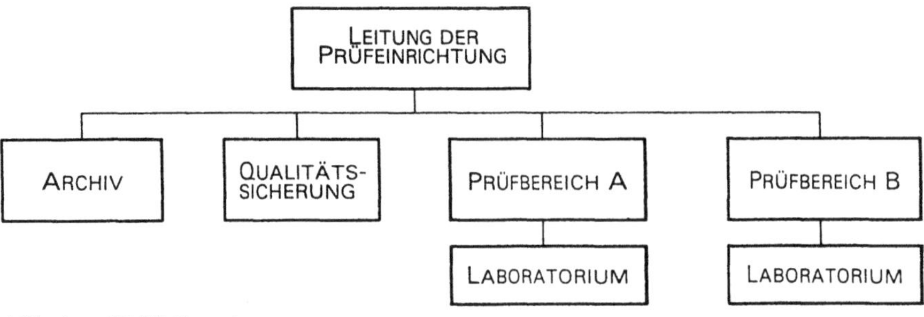

Abb. 1. „GLP"-Organigramm

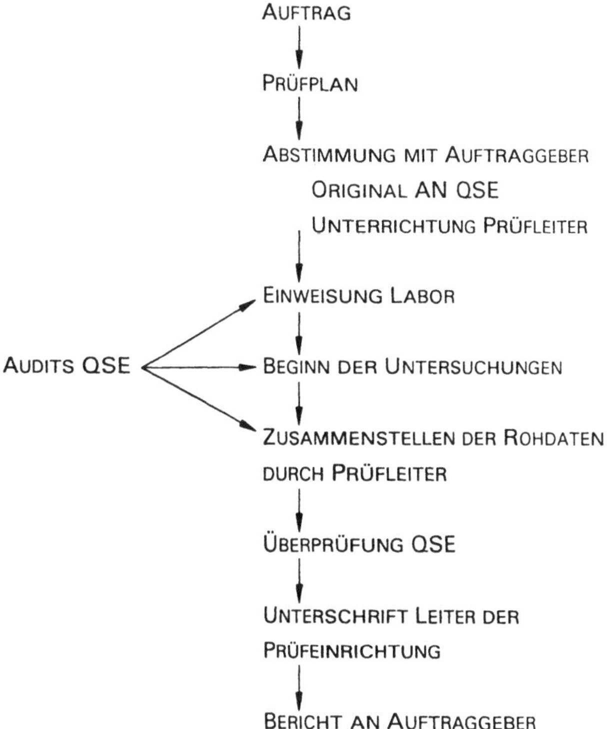

Abb. 2. Ablauf einer GLP-Prüfung

11.3 Akkreditierung

Da bei den vorausgegangenen Kapiteln dieses Buches bereits sehr ausführlich über die Akkreditierung selbst berichtet wurde, sollen hier nur einige Vor- und Nachteile der Akkreditierung dargestellt werden, bevor ein Vergleich zwischen Akkreditierung und GLP erfolgt.

Hauptvorteil der Akkreditierung ist die Tatsache, daß das gesamte Qualitätsniveau in den Laboratorien vergleichbar gemacht wird. Im geregelten Bereich sind uns sehr unterschiedliche Kriterien beziehungsweise Überprüfungen der Qualität von Laboratorien bekannt. Es fehlte ein einheitlicher Maßstab auf länderübergreifender Ebene. Erster Ansatz war hier die GLP, eine einheitliche Regelung ist aber erst jetzt mit der Akkreditierung gegeben. Ein Vergleich der Anerkennungspraxis im geregelten Bereich der einzelnen Bundesländer zeigt sehr deutlich die enormen Unterschiede, selbst bei Überprüfungen, die in einem bundeseinheitlichen Rahmen stattfinden sollten (z. B. Bekanntgabe als Meßstelle nach Gefahrstoff-Verordnung oder BIMSCHG, TVO etc.).

Ein weiterer Vorteil der Akkreditierung liegt darin, daß mit ihrer Hilfe der Zugang zum EG-Binnenmarkt sowie zum Export in Drittländer ermöglicht wurde, so daß nun auch Importeure und Exporteure auf einheitliche Grundlagen zurückgreifen können, wodurch Doppelüberprüfungen vermieden werden.

Der erste und zunächst augenfällige Nachteil einer Akkreditierung sind die Kosten für die Akkreditierung selbst sowie für die laufende Überwachung und die spätere Teilnahme an Ringversuchen. Das bleibt aber ein schwaches Argument, da sich ohnehin jedes Laboratorium an gewisse Mindestmaßstäbe in bezug auf die Qualität halten sollte. Wesentlich stärker ist das Argument, daß hier ein zusätzlicher bürokratischer Apparat aufgebaut wird mit konkurrierenden Akkreditierstellen, die ja auch unterhalten werden müssen.

11.4 Vergleich GLP/Akkreditierung

Gemeinsam ist beiden das oberste Ziel, eine vergleichbare Qualität von Laborergebnissen auf internationaler Basis zu erreichen. Dies wird versucht durch die Einführung einheitlicher Bewertungsstandards, die regeln, wie und was in einem Laboratorium zu dokumentieren ist, wie die Organisation eines Laboratoriums auszusehen hat, wie die Qualitätssicherungseinheit des Laboratoriums aufgebaut ist und welche Aufgaben sie hat.

Der Hauptunterschied ergibt sich zunächst daraus, daß die GLP gesetzlich festgelegt ist (Chemikaliengesetz). Das bedeutet, daß jeder, der in seiner Prüfeinrichtung in gesetzlichem Rahmen Prüfungen dieser Art durchführt, sich dabei an die GLP-Grundsätze halten muß. Der Prüfbericht enthält eine Bestätigung, eine rechtsverbindliche GLP-Einhaltungserklärung für jede Prüfung sowie die staatlich erteilte GLP-Bescheinigung. Hinzu kommt, daß jeder, der ein berechtigtes Interesse glaubhaft macht, einen Rechtsanspruch auf eine solche Bescheinigung geltend machen kann.

Im Gegensatz dazu kann ein Prüflaboratorium, das eine Akkreditierung nach EN 45 000 einleiten will, in dem hier gesetzlich ungeregelten Bereich keinen Rechtsanspruch ableiten. Akkreditierung ist das Ergebnis einer privatrechtlichen Vereinbarung zwischen dem Akkreditierer und dem Laboratorium. Eine Bedarfsprüfung entfällt. Beiden gemeinsam wiederum ist die Überprüfung durch die Behörde (GLP) alle zwei Jahre beziehungsweise in zeitlich durch den Akkreditierer festgelegten Abständen.

Eine Übersicht über Unterschiede beziehungsweise Gemeinsamkeiten gibt die Tabelle.

Der offensichtlichste Unterschied zwischen beiden ergibt sich aus der Tatsache der gesetzlichen beziehungsweise nicht im Gesetz verankerten Regelung. Ansonsten gibt es sehr viele Gemeinsamkeiten, die schon in der gemeinsamen Zielrichtung

- der Qualitätsverbesserung in Laboratorien und
- der Erhöhung der Transparenz der Analysenergebnisse

Ausdruck finden. So sind z. B. die Anforderungen an die Qualifikation des Personals sowie dessen Aus-, Fort- und Weiterbildung durchaus vergleichbar.

	GLP	EN 45001
GELTUNGSBEREICH	CHEMIKALIENGESETZ	GESETZLICH NICHT GEREGELT
ZIEL	NACHVOLLZIEHBARKEIT DURCH VOLLSTÄNDIGE DOKUMENTATION	VERGLEICHBARKEIT DER ANALYSENERGEBNISSE
ORGANISATION DES LABORS	UMFASSEND VORGESCHRIEBEN	
	PRÜFPLAN FÜR JEDE PRÜFUNG	DOKUMENTIERTE PRÜF-VERFAHREN
QUALITÄTS-SICHERUNG	QS-PROGRAMM MIT UNABHÄNGIGER QSE	QM-SYSTEM MIT QS-HAND-BUCH FÜR ALLE MITARBEITER
	NUR INTERNE QS	AUCH EXTERNE QS (RINGVERSUCHE)
LEITUNG DES LABORS/ DER PRÜFEINRICHTUNG	AUFGABENTEILUNG QS/LEITUNG DER PRÜFEINRICHTUNG	LEITUNG ÜBERWACHT AUCH QS-SYSTEM

Abb. 3. Unterschiede/Gemeinsamkeiten GLP/EN 45 001

Auch die Anforderungen bezüglich der Dokumentation sind vergleichbar, mit der Einschränkung, daß die Archivierung mit den extrem langen Aufbewahrungsfristen bei GLP einen wesentlich höheren Aufwand erfordert. In der Norm wird nur verlangt, daß die Dauer der Archivierung den Erfordernissen angepaßt und im Qualitätssicherungshandbuch geregelt wird.

Ähnliches gilt für die Anforderungen an Räumlichkeiten und Ausrüstung, wobei die GLP hier wegen der Ausrichtung auf toxikologische Untersuchungen (biologische Prüfsysteme) detailliertere Anforderungen stellt. Ähnliche Anforderungen stellen beide Regelwerke auch an die Handhabung von Prüfgegenständen.

Vielfach liegen die Unterschiede zwischen GLP und Norm nur im Detail der Anforderungen. So wird in der Norm z. B. sehr viel Gewicht auf die zu verwendenden Referenzmaterialien und deren Rückführbarkeit auf national und international genormte Materialien gelegt. Anforderungen dieser Art stellt GLP zwar nicht, aber es sind alle Informationen bereits vorhanden, um die Referenzsubstanzen eindeutig identifizieren und charakterisieren zu können.

Die Dokumentation von Aufzeichnungen (Norm) beziehungsweise Rohdaten (GLP), die die Rückführbarkeit beziehungsweise Nachvollziehbarkeit gewonnener Prüfdaten gewährleisten soll, wird von beiden gefordert. Im Rahmen der GLP ist allerdings die Gewinnung von Rohdaten etwas schärfer reglementiert.

Eine Vergabe von Analysen im Unterauftrag ist bei beiden Regelwerken grundsätzlich möglich, bei der GLP muß allerdings der Unterauftragnehmer GLP-zertifiziert sein. Im Rahmen der Norm muß sichergestellt werden, daß das beauftragte Laboratorium den Anforderungen entspricht, es muß aber nicht akkreditiert sein.

Der Inhalt der Berichte an den Auftraggeber wird in beiden Regelwerken umfassend beschrieben. Im Gegensatz zur GLP enthält aber die Norm einen

Passus, daß in dem Bericht an den Auftraggeber weder Bewertungen noch
Beurteilungen enthalten sein dürfen. In der GLP wiederum gilt die Besonder-
heit, daß die Einhaltungserklärung des Prüfleiters und die Qualitätssicherungserklärung der Qualitätssicherungseinheit unabdingbar gefordert werden. Zusätzlich müssen im Bericht alle weiteren Informationen enthalten sein, die die
Qualität und Integrität der Prüfung beeinflußt haben könnten. Solche strikten
Forderungen gibt es in der Norm nicht.

An zwei Punkten sind die Unterschiede zwischen Norm und GLP
besonders intensiv:

- Qualitätssicherung und
- Prüfplan.

Qualitätssicherung:

Die Forderung der GLP nach einem Qualitätssicherungsprogramm, das die
Aufgaben und die Funktion einer unabhängigen Qualitätssicherungseinheit
(QSE), die durch immer wiederkehrende Inspektionen die Einhaltung der
GLP-Grundsätze überwachen soll, detailliert beschreibt, findet sich in ähnli-
cher Form nicht in der EN 45 001 wieder.

Die Norm fordert wegen des breiteren Anwendungsbereiches ein der
jeweiligen Prüftätigkeit angemessenes Qualitätsmanagementsystem. Die Beschreibung des Qualitätsmanagementsystems erfolgt in einem Qualitätssicherungshandbuch. Dieses ist als Handlungsanweisung für alle Mitarbeiter
gedacht und nicht wie das Qualitätssicherungsprogramm der GLP als eine
Anweisung ausschließlich für das Qualitätssicherungspersonal. Das Qualitätssicherungshandbuch ist sehr detailliert beschrieben und enthält alle wesentlichen Merkmale zur Prüfung der systematischen Gewährleistung und Über-
prüfbarkeit der Zuverlässigkeit von Einzelverfahren. Ein weiterer wichtiger
Unterschied ist die bereits erwähnte Tatsache, daß kein gesondertes Qualitätssicherungspersonal benötigt wird, was sich sicherlich auch positiv auf die
Analysenkosten auswirkt.

Prüfplan:

Der Prüfplan, der den Umfang jeder Prüfung beschreibt, ist ein Spezifikum der
GLP. Ähnliche Anforderungen werden von der Norm nicht gestellt. Anknüp-
fen kann man hier aber an die im Rahmen der GLP geforderten Standardarbeitsanweisungen, die vergleichbar sind mit den dokumentierten Prüfverfahren, die im Rahmen der Norm gefordert werden. Dem Prüfplan im Rahmen der
GLP muß der Auftraggeber schriftlich zustimmen. Er bestätigt damit den
geplanten Leistungsumfang. Vergleichbar hiermit ist die Beschreibung der
Norm, die die Zusammenarbeit mit den Auftraggebern regelt. Die Forderung,
daß der Auftrag an das ausführende Laboratorium klar und präzise erteilt
werden muß und die Tatsache, daß ein dokumentiertes Beschwerdeverfahren
verlangt wird, um mögliche Unstimmigkeiten mit dem Auftraggeber zu klären,
belegt dies. Während in der Norm festgehalten ist, daß die Anwesenheit des

Auftraggebers bei der Durchführung von ihn betreffenden Prüfungen möglich ist, wird dies zwar in der GLP nicht gefordert, aber bereits seit vielen Jahren faktisch von den Auftraggebern so gehandhabt, daß sie regelmäßig Audits durchführen.

11.5 Zusammenfassung und Ausblick

Zunächst ist deutlich festzuhalten, daß sowohl der GLP als auch der Europäischen Norm gemeinsam ist, daß die Vergleichbarkeit und Zuverlässigkeit von Prüf- beziehungsweise Analysenergebnissen als Ziel im Vordergrund steht. Dazu kommt eine allgemeine Anhebung des Qualitätsniveaus, die sicherlich in vielen Fällen auch nötig gewesen ist. Und last not least zum Abbau von Handelshemmnissen die gegenseitige Anerkennung der jeweiligen Prüf- beziehungsweise Analysenergebnisse. Ausgangspunkt bei der GLP war die Regelungsnotwendigkeit im gesetzlichen Bereich. Da hier Art und Umfang von Prüfungen sehr genau vorgegeben sind und Behörden zur Bewertung der Risikoabschätzung von Chemikalien auf Mensch und Umwelt eingeschaltet sind, mußte eine auf gesetzlicher Grundlage verankerte Regelung geschaffen werden. Im Vergleich zur Norm stellt also die GLP sehr detaillierte und speziell auf die Aufgabe von toxikologischen Prüfungen ausgerichtete Regeln auf. Die GLP ist hier noch nicht am Ende, da eine Ausweitung z. B. auf Feldstudien ansteht, was ja durch entsprechende Veröffentlichungen der OECD bereits belegt wird und in einigen Fällen auch bereits angewendet wird.

Die Norm ist in fast allen Punkten deswegen wesentlich allgemeiner gehalten, da sie einen weitaus breiteren Bereich an Prüftätigkeiten abzudecken hat. Hier wurde als Ausgangspunkt ein Leitfaden festgelegt, der ein Qualitätsmanagementsystem darstellen soll, das sehr stark auf die Eigenverantwortlichkeit des Prüflabors abhebt. Das Qualitätsmanagementsystem, das im Rahmen der Norm gefordert wird, muß an die speziellen Bedürfnisse und Aufgaben des Prüflaboratoriums beziehungsweise der geforderten Prüfung angepaßt werden.

Es wird als wichtig festgehalten, daß die beiden Regelwerke, die zunächst als konkurrierende Regeln angesehen wurden, nicht als solche gezählt werden müssen, sondern sich möglichst ergänzen sollten.

Als Basis für die Verbesserung beziehungsweise Bewertung der Qualität von Prüflaboratorien kann sicherlich als oberstes Regelwerk die ISO 9000 dienen, von der sich dann Spezialformen, wie die EN 45001 und die GLP ableiten lassen. Wünschenswert ist es hier, daß die verschiedenen Normen sehr eng aufeinander abgestimmt werden, so daß sie wirklich jeweils als Ergänzung der anderen anzusehen sind und sich kaskadenförmig auf die jeweils immer spezieller werdenden Bedürfnisse des Prüflaboratoriums aufbauen lassen.

Unter Berücksichtigung der bereits seit vielen Jahren notwendigen Zulassungen im gesetzlichen Bereich und den damit verbundenen Anforderungen muß erreicht werden, daß ausgehend von z. B. ISO 9000 sämtliche ausgesprochenen Anerkennungen beziehungsweise die unterschiedlichen Zertifikate auch gegenseitig anerkannt werden. Im gesetzlichen Bereich würden dadurch Mehrfachüberprüfungen, die heute durch die Länderbehörden stattfinden, entfallen, so daß hier ein deutlicher Minderaufwand für die beteiligten Laboratorien entstünde. Entsprechende Gespräche sind bereits zwischen den verschiedenen Gremien angelaufen.

Insgesamt bleibt anzumerken, daß die GLP sicherlich einen positiven Einfluß auf die Formulierung der EN 45 001 hatte und hat. Das gleiche gilt für die Durchführung der Audits. Eine Verbesserung der subjektiven und objektiven Qualität sowie des Qualitätsbewußtseins in den Laboratorien ist bereits erreicht. Damit ist ein Hauptzweck der beiden Regelwerke bereits erfüllt.

12 EURACHEM

Organisation zur Förderung der Qualitätssicherung in der Analytik und der Akkreditierung analytischer Laboratorien in Europa

Helmut Günzler

Die Analytische Chemie spielt als diagnostizierende Wissenschaft eine entscheidende Rolle bei der Charakterisierung von Stoffen und Stoffsystemen, nicht nur in der Chemie selbst, sondern interdisziplinär in allen Bereichen der Naturwissenschaften und Technik: in den Materialwissenschaften, in den Nahrungsmittelwissenschaften, in Biologie und Medizin ebenso wie bei der Beurteilung ökologischer Systeme. Angesichts ihrer weitreichenden und steigenden Bedeutung müssen entsprechend hohe Anforderungen an die Qualität der Resultate gestellt werden. Der Qualitätssicherung analytischer Daten muß infolgedessen große Aufmerksamkeit geschenkt werden.

Die Zuverlässigkeit analytischer Ergebnisse wird durch die Einrichtung von *Qualitätsmanagementsystemen (QMS)* unterstützt, wie man sie bei der Herstellung von Produkten schon seit einer Reihe von Jahren antrifft. In einem QMS sind alle Strukturen, Verantwortlichkeiten, Verfahren, Prozesse und Mittel zur Verwirklichung des Qualitätsmanagements zusammengefaßt, die das Ziel verfolgen, die vereinbarte oder für einen bestimmten Zweck erforderliche Qualität eines Produktes bzw. einer Dienstleistung (z. B. chemische Analyse) zu erzielen (vgl. Kapitel 3). Diese Maßnahmen werden in einem Qualitätssicherungshandbuch (QSH) im Einzelnen beschrieben. QMS als System und QSH als Dokument können nach ISO 9000 bzw. EN 29 000 zertifiziert werden. In der chemischen Analytik erfolgt der Nachweis einer wirksamen Qualitätssicherung dadurch, daß sich das betreffende Laboratorium einer *Akkreditierung* unterzieht, d. h. dem *Nachweis der Kompetenz für die Durchführung bestimmter Analysenmethoden gegenüber einem unabhängigen Dritten.*

Für Analysen, z. B. im Gesundheitsbereich, an Lebensmitteln oder im Umweltschutz, kennt man in Deutschland und in anderen Ländern die Zulassung von Laboratorien durch staatliche Organe. Im Gegensatz zu diesem gesetzlich geregelten Bereich unterliegen Laboratorien der übrigen Wirtschaft keinen besonderen Auflagen. Kompetenznachweise erfolgen allenfalls aufgrund bilateraler Absprachen zwischen Auftraggeber und Auftragnehmer. In einer Reihe von Ländern konnten jedoch bereits seit längerer Zeit auch Laboratorien im nicht gesetzlich geregelten Bereich ihre Kompetenz begutachten lassen. Dafür wurden (ggf. branchenbezogene) *Akkreditierungsstellen* und (nationale) *Akkreditierungssysteme* eingerichtet.

Wie bereits im ersten Kapitel von *Berghaus* erläutert, erkannte der Rat der Europäischen Gemeinschaft im Zusammenhang mit der Einführung des freien Warenverkehrs in Europa in der Unterschiedlichkeit der Kriterien, nach denen

Günzler, H. (Hrsg.)
Akkreditierung und Qualitätssicherung
in der Analytischen Chemie
© Springer-Verlag Berlin Heidelberg 1994

Tabelle 1. Titel der Normenserie EN 45 000

	Allgemeine Kriterien für
EN 45 001:	das Betreiben von Prüflaboratorien;
EN 45 002:	die Beurteilung von Prüflaboratorien;
EN 45 003:	die Organisation von Akkreditierungsstellen;
	Allgemeine Kriterien für Zertifizierungsstellen, die
EN 45 011:	Produktzertifizierung betreiben;
EN 45 012:	Personal zertifizieren;
	Allgemeine Kriterien für
EN 45 014:	Konformitätserklärungen.

die einzelnen nationalen Akkreditierungssysteme begutachten (soweit solche überhaupt vorhanden waren), ein Handelshemmnis. Der Rat sorgte daher 1985 durch Einführung einheitlicher, allgemeiner Kriterien zur Begutachtung von Prüflaboratorien in Europa für die Harmonisierung der nationalen Akkreditierungssysteme. Er verfügte, daß die europäischen Normungsgremien CEN/CENELEC auf Basis vorhandener internationaler Normen (ISO 9000 bzw. EN 29 000, ISO Guide 25) einheitliche Kriterien für die Arbeit von Prüflaboratorien, für deren Akkreditierung und für Zertifizierungen erarbeiten sollen. Das Ergebnis war die Normenserie EN 45 000 (Tabelle 1), die von allen Mitgliedsländern der EG und EFTA als verbindlich anerkannt wurde. Akkreditierungen von Prüflaboratorien erfolgen im gemeinsamen Markt seitdem nach den gleichen Kriterien.

Die Normenserie EN 45 000 ist gültig für das gesamte Prüfwesen im Warenverkehr, wovon die Chemie, also *analytische Laboratorien*, nur *ein* Sektor neben allen anderen Bereichen der Wirtschaft ist. Jeder Wirtschaftszweig hat, soweit erforderlich, Akkreditierungstellen für seine Prüflaboratorien eingerichtet, die den jeweils speziellen Belangen der Prüfungen in ihrer Branche entsprechen (vgl. auch Kapitel 2).

Abgesehen von dem schon erwähnten gesetzlich geregelten Bereich erfolgt die Akkreditierung nach EN 45 000 auf freiwilliger Basis. Besonders die selbständigen Laboratorien haben aber rasch die Werbewirksamkeit des Kompetenznachweises durch unabhängige Begutachter erkannt und streben die Akkreditierung nach EN 45 000 an.

In Europa wird die Harmonisierung, d. h. die Einheitlichkeit der Begutachtung von Prüflaboratorien, durch die *WELAC* (*Western Europe Laboratory Accreditation Cooperation*) koordiniert, einem Zusammenschluß aller nationalen Akkreditierungssysteme der EG-Mitgliedsstaaten (siehe Anhang: *Organisationen auf dem Gebiet der Akkreditierung, Zertifizierung und des Meß- und Prüfwesens in Deutschland und Europa*). Durch die WELAC werden die Akkreditierungsstellen überprüft und *evaluiert*. Innerhalb der Mitgliedsländer wachen die nationalen Akkreditierungssysteme über die Einhaltung der durch die EN 45 000-Serie gegebenen Regeln. In Deutschland ist dies der *Deutsche Akkreditierungsrat (DAR)*, der die privaten Akkreditierungsstellen aller Wirtschaftszweige und behördlichen Zulassungsstellen der Länder koordiniert (vgl. Kapitel 2).

Die *Akkreditierung* fördert in erster Linie alle Maßnahmen, die der Zuverlässigkeit der Meßergebnisse dienen. Neben formalen Kriterien wie dem Stand der Aus- und Weiterbildung des Personals, einer klaren Organisation der Prüfstelle (des Laboratoriums), der Zweckmäßigkeit von Umfeld (Gebäude) und Einrichtung sind dies Moduln der *Qualitätssicherung in der analytischen Chemie,* insbesondere

- Anwendung *chemometrischer Methoden*;
- Anwendung von *Referenzmaterialien*;
- Anwendung *validierter Analysenmethoden*;
- Beteiligung an *Ringversuchen* (*proficiency testing*);
- Sicherung der *Vergleichbarkeit* von Analysenergebnissen durch Beachtung der Prinzipien der Rückführbarkeit (*traceability*) von Meßwerten auf die internationale Basiseinheit in der Chemie, das Mol.

Bedeutung und Inhalt dieser Begriffe und deren praktische Konsequenzen für das analytische Laboratorium bilden den Schwerpunkt dieser Monographie (Kapitel 3 bis 9).

Auch die häufig gestellte Frage nach der Existenzberechtigung der Akkreditierung nach EN 45000 neben dem schon seit etwa 20 Jahren etablierten System der *GLP* (*Good Laboratory Practice*) ist mit dem Hinweis auf eben dieses Ziel der Qualitätssicherung zu beantworten. GLP ist – wie im Einzelnen in Kap. 11 ausgeführt – vor allem darauf ausgerichtet, die *Nachvollziehbarkeit* von Untersuchungen zu gewährleisten. Durch eine lückenlose, weitgehend fälschungssichere Dokumentation aller Roh- und Ergebnisdaten von der Versuchsplanung bis zum unabhängig überprüften Bericht wird zwar weitestgehende Transparenz erzielt, für die Richtigkeit der Ergebnisse ist damit jedoch nicht alles getan, was nötig und mit moderen Mitteln der Analytischen Chemie und der Chemometrie möglich ist. Die Qualitätssicherung wird bei GLP – aufwendig, jedoch nicht entsprechend effektiver – durch eine zwingend vorgeschriebene *Qualitätssicherungseinheit* (*QSE*) eingebracht, was zusätzlichen Personalaufwand bedeutet. GLP erfordert ferner ein Mehrfaches an Aufwand für Formalien und Archivraum, so daß dieses System nur dort eingesetzt werden sollte, wo es seitens der Behörden vorgeschrieben ist (Gesundheitswesen, Toxikologie, Zulassung von Chemikalien).

Ziel der Akkreditierungssysteme ist es also, die Zuverlässigkeit von Prüf- bzw. Analysenergebnissen zu fördern, im Bereich ihres Wirkungsfeldes – das auf Dauer keineswegs auf den europäischen Markt beschränkt bleiben sollte – gegenseitiges Vertrauen in die Resultate zu schaffen und damit die Notwendigkeit kostspieliger Doppelanalysen (bei Hersteller und Empfänger von Produkten) überflüssig zu machen.

Wie aber kann *Vertrauen in das Funktionieren des Systems* geschaffen werden?

Mit dieser Frage beschäftigen sich seit 1988 Analytiker von Laboratorien, Untersuchungsanstalten, Behörden, Universitäten und der Industrie aus allen

EG- und EFTA-Staaten; sie haben sich in einem Gremium zusammengefunden, das sich 1990 als EURACHEM (Cooperation for Analytical Chemistry in Europe) konstituiert hat. Seine Ziele sind:

- Bereitstellung eines Forums für alle Fragen der Akkreditierung und Zertifizierung;
- Förderung des Qualitätsgedankens in der Analytischen Chemie;
- Interpretation der Normenserie EN 45000, deren Prüfung auf Anwendbarkeit in der analytischen Chemie und Weiterentwicklung aufgrund der Erfahrungen in der Praxis;
- Förderung der Herstellung und Verwendung zuverlässiger Referenzmaterialien und der Rückführbarkeit (traceability) von Meßwerten auf die internationale Basiseinheit in der Chemie, das Mol;
- Förderung des Wissens um die sachgerechte Projektierung, Durchführung und Auswertung von Ringversuchen;
- Einbringung des Wissens um Qualitätssicherung in der Analytischen Chemie in Lehre und Ausbildung;
- Zusammenarbeit mit allen internationalen Gremien, die auf dem Gebiet der Akkreditierung und Zertifizierung tätig sind.

EURACHEM besteht aus je zwei Delegierten von jedem EG-/EFTA-Mitgliedsland und der gemeinsamen Forschungsstelle der EG (Joint Research Center). In jedem Mitgliedsland besteht ein nationales Spiegelgremium. Nicht-EG-Länder (besonders diejenigen aus Zentral- und Osteuropa) genießen auf Antrag den Status von assoziierten Mitgliedern.

Die europaweite Förderung der Qualität analytischer Resultate ist die wichtigste Leitlinie von EURACHEM. Das Gremium bemüht sich um Kompetenzkriterien für die Qualitätssicherung in analytischen Laboratorien durch Training von Personen, die als nationale Multiplikatoren wirken, in Workshops, sowie um Kriterien zur sinnvollen Anwendung der EN 45000-Serie auf die verschiedenen Bereiche chemischer Analytik. Diese Aktivitäten haben im Sinne vertrauensbildender Maßnahmen das Ziel einer Verbesserung der Vergleichbarkeit bei der Kompetenzbeurteilung analytischer Laboratorien in Europa.

EURACHEM unterhält Arbeitsgruppen für wichtige Elemente der Qualitätssicherung wie Messen und Prüfen, Lehre und Ausbildung, Ringversuche, Kalibrierung, Meßunsicherheit sowie gemeinsame EURACHEM/WELAC-Arbeitsgruppen zur Ausarbeitung von Interpretationen zur EN 45001 für Mikrobiologische Labors und für solche Laboratorien, die vorwiegend oder ausschließlich nicht-Routine-Analytik betreiben.

Enge Beziehungen bestehen zwischen EURACHEM und EUROLAB, einem europäischen Gremium, das dieselben Ziele verfolgt, jedoch in der ganzen Breite aller Wirtschaftszweige (vgl. Anhang). EURACHEM verhält sich so, als sei es ein Sektor von EUROLAB, ohne diesem organisatorisch anzugehören.

Als nationales Spiegelgremium zu EURACHEM wurde EURACHEM/ Deutschland (EURACHEM/D) geschaffen. Dieses versteht sich als Forum für alle Fragen, die im Zusammenhang mit der Qualitätssicherung von analytischen Laboratorien, deren Prüfungen, deren Akkreditierung sowie der Akkreditierung von Zertifizierstellen für chemische Produkte stehen. Es wurde im Jahre 1990 als Arbeitskreis in der GESELLSCHAFT DEUTSCHER CHEMIKER gegründet. EURACHEM/D hat sich die Aufgabe gestellt, alle an dieser Thematik interessierten Laboratorien, Unternehmen, Verbände und Institutionen zusammenzuführen und die Umsetzung gefaßter Beschlüsse unter dem nationalen Blickwinkel sowie die weitere Vorgehensweise zu beraten. Die deutschen Vertreter in EURACHEM erhalten somit gegenüber ihren Kollegen aus EG und EFTA die fachliche Legitimation zur Durch- und Umsetzung deutscher Vorstellungen im Bereich der Analytischen Chemie.

Aus den Zielen von EURACHEM leiten sich die wichtigsten Aufgaben von EURACHEM/D ab:

Information der Mitglieder des Arbeitskreises über die Vorgänge um die Akkreditierung und Zertifizierung in Deutschland und in Europa;

Vertretung der deutschen Interessen beim europäischen Gremium in allen Fragen der Akkreditierung und Zertifizierung analytischer Laboratorien und Entsendung sachkundiger Wissenschaftler zur Mitarbeit in relevante internationale Arbeitsgruppen;

Förderung der Aus- und Weiterbildung auf allen Gebieten, die zur Akkreditierung und Zertifizierung analytischer Laboratorien von Bedeutung sind, insbesondere auf dem der Qualitätssicherung in der Analytischen Chemie.

In Übereinstimmung mit EURACHEM fördert der Arbeitskreis EURACHEM/D die Entwicklung der Akkreditierung und die Harmonisierung der Akkreditierungssysteme in Europa auf der Basis der Normenserie EN 45 000. In Verfolgung dieses Zieles wurden folgende Ausschüsse eingerichtet:

Der *Ausschuß „EN 45 000"* prüft die Realisierbarkeit der Normenserie EN 45 000 bei deren Anwendung auf alle Typen analytischer Laboratorien in Deutschland (privatwirtschaftliche, industrielle, behördliche und universitäre Laboratorien). Eine deutsche Übersetzung der „Guidance on the Interpretation of the EN 45 000 Series of Standards and ISO Guide 25", an deren Erarbeitung durch eine EURACHEM/WELAC-Arbeitsgruppe ein Ausschuß-Mitglied beteiligt war, wurde von EURACHEM/D herausgegeben.

Der *Ausschuß „Akkreditierungsstellen"* erarbeitet eine Zusammenstellung der in Deutschland tätigen Akkreditierungsstellen für analytische Laboratorien und ermittelt deren Arbeitsregeln.

Der *Ausschuß „Zusammenarbeit"* hat die Aufgabe übernommen, in Abstimmung mit dem DAR und anderen damit befaßten Institutionen und Behörden nach Wegen zu suchen und Vorschläge zu erarbeiten, wie die Verfahrensweise von Akkreditierungsstellen im gesetzlich geregelten bzw. im gesetzlich nicht geregelten Bereich einander angenähert werden können.

Der *Ausschuß „Referenzmaterialien"* fördert die Diskussion über Qualitätssicherungsmaßnahmen bei der Produktion von Referenzmaterialien zwischen Herstellern und Benutzern und pflegt Kontakte mit den auf diesem Gebiet tätigen Gremien im internationalen Raum.

Schließlich strebt der *Ausschuß „Lehre und Ausbildung"* die Einbringung des Wissens um Qualitätssicherung in der Analytischen Chemie in die Lehre und die Ausbildung des Chemikernachwuchses an den Universitäten an, in engem Kontakt mit der entsprechenden Arbeitsgruppe im europäischen Gremium.

Dem wichtigsten Ziel, der Information betroffener und interessierter Fachkreise, gilt die Einrichtung von *Informationstagen.* Inhalt dieser eintägigen Veranstaltungen sind aktuelle Fragen über die Akkreditierung analytischer Laboratorien in Deutschland und in Europa wie die Zertifizierungspolitik der Europäischen Gemeinschaft, die Struktur des deutschen Akkreditierungssystems und die Aufgabe einer Akkreditierungsstelle, Inhalt und Bedeutung der Norm und deren Vergleich mit GLP, Qualitätssicherung im analytischen Laboratorium, Akkreditierung aus der Sicht der chemischen Industrie und der eines akkreditierten Laboratoriums, Bedeutung von Ringversuchen sowie Vergleichbarkeit und Rückführbarkeit der Meßwerte auf die SI-Einheit in der Chemie, das Mol.

Zur Harmonisierung der nationalen Akkreditierungssysteme wird die Anwendung der Normenserie EN 45000 hilfreich sein. Die europaweite *Harmonisierung einer hohen Qualität und Zuverlässigkeit analytischer Ergebnisse* ist aber damit noch nicht zwangsläufig verbunden. EURACHEM versucht, durch Förderung des Qualitätsgedankens in der Analytik und durch Verbreitung der dafür erforderlichen Kenntnisse die Voraussetzungen zu schaffen, daß die Akkreditierung nicht zur lästigen Formalie wird, sondern daß deren angestrebtes Ziel auch wirklich erreicht werden kann.

13 Die Akkreditierung umweltanalytischer Laboratorien in den Vereinigten Staaten

E. Ramona Trovato

13.1 Einleitung

13.1.1 Monitoring-Systeme

Die U.S.-Umweltschutzbehörde EPA ist bei Entscheidungsprozessen in großem Maße auf analytische Daten angewiesen, um ihrer Aufgabe, die Umwelt und die Volksgesundheit zu schützen, nachzukommen. Diese Daten sind das Ergebnis vieler Analysen, und man schätzt, daß das Geschäft mit der Umweltanalytik im Jahre 1993 eine Bruttoeinnahme von über 2 Milliarden US-Dollar verzeichnet hat [1, 2].

Die Monitoring-Systeme, aus denen die von der EPA verwendeten analytischen Daten stammen, können in zwei Hauptkategorien eingeteilt werden: in das Überwachungs-Monitoring und das Hintergrund-Monitoring. Beim Überwachungs-Monitoring werden die Probennahme und die Analysen unter Beachtung der Vorschriften durchgeführt, die für die betreffenden Verschmutzungsquellen aufgestellt worden sind. Das Hintergrund-Monitoring umfaßt die Probennahme und die Analyse von Umweltproben mit dem Ziel, Basis- oder Bezugswerte zu erhalten und Trends festzustellen. Im allgemeinen werden diese Daten dazu verwendet, die Qualität der Umwelt zu erfassen.

Das Überwachungs-Monitoring umfaßt Analysen, die sowohl direkt von der EPA sowie staatlichen Labors als auch von der kontrollierten Einrichtung selbst durchgeführt werden. Tatsächlich basieren die meisten Daten auf der Selbstüberwachung durch die kontrollierte Einrichtung [3]. Im Rahmen dieser Programme werden den verschiedenen Einrichtungen (Industrieanlagen, Kläranlagen, Trinkwasseraufbereitungsanlagen, Sondermülldeponien, Luftverschmutzungsquellen usw.) Genehmigungen erteilt und Grenzwerte in Bezug auf verschiedene Schadstoffe festgelegt. Die erforderliche Häufigkeit der Analyse und die einzusetzende Analysenmethode sowie die erlaubten Emissionsgrenzwerte werden in der Regel in der Genehmigung beschrieben. Die Genehmigung dient als gesetzlich verbindliche Abmachung zwischen der kontrollierten Einrichtung und dem Kontrolleur. Probennahme und Analyse werden von der kontrollierten Einrichtung so durchgeführt, wie sie in der Genehmigung vorgeschrieben sind. Die obligatorischen Probennahme- und Analysenmethoden sind im *Code of Federal Regulations* (CFR) genauestens beschrieben. Das Überwachungs-Monitoring kann entweder von befugtem

Günzler, H. (Hrsg.)
Akkreditierung und Qualitätssicherung
in der Analytischen Chemie
© Springer-Verlag Berlin Heidelberg 1994

Personal der entsprechenden Einrichtung oder von kommerziellen Beraterfirmen und Laboratorien durchgeführt werden, die von dieser beauftragt wurden. Die EPA sowie der betreffende Bundesstaat sind für die Beaufsichtigung der Qualität und Effektivität der Überwachungs-Monitoring-Aktivitäten verantwortlich. Die Daten aus den Überwachungs-Untersuchungen werden durch programmspezifische Aufsichtsgremien routinemäßig auf Übereinstimmung mit den ausgestellten Genehmigungen überprüft. Darüberhinaus werden auch Inspektionen außerhalb der festgelegten Termine routinemäßig durchgeführt, um die Einhaltung der Vorschriften zur Probennahme und Analyse sowie die erforderliche Berichterstattung während der Selbstüberwachung sicherzustellen.

Zusätzlich zu den Überwachungs-Monitoring-Programmen werden eine große Zahl von Analysen im Rahmen von Hintergrund-Monitoring-Programmen durchgeführt, um die Gesundheit der Bevölkerung und die Qualität der Umwelt sicherzustellen. Programme zur Überwachung der allgemeinen Wasserqualität (Grund- und Oberflächenwasser) und der Luftqualität werden von den meisten Bundesstaaten durchgeführt, wobei sie häufig mit Geldern der EPA subventioniert werden. Zahlreiche Überwachungsprogramme konzentrieren sich auf ökologisch besonders wichtige Gebiete wie z. B. einer Flußmündung wie der Chesapeake-Bay oder einer geographischen Region von stark erhöhtem ökologischem oder gesundheitlichem Risiko. Solch konzentrierte Hintergrund-Monitoring-Projekte sind häufig sehr umfangreich und komplex und umfassen tausende von Proben und Analysen, was einen finanziellen Aufwand in Millionen Dollar Höhe zur Folge haben kann. Die Verantwortung der Aufsicht über Qualität und Effektivität des Hintergrund-Monitoring teilen sich der betreffende Bundesstaat und die EPA. Umfangreiche konzentrierte Langzeitmonitoring-Projekte werden häufig von ausgewähltem Personal des betreffenden Staates und/oder der EPA beaufsichtigt. Im Gegensatz zu den streng vorgeschriebenen und restriktiven Auflagen, die den Probennahme- und Analysenverfahren beim Überwachungs-Monitoring zugrunde liegen, unterliegt das Hintergrund-Monitoring in der Regel allgemeineren Richtlinien. Diese Richtlinien werden durch das Programm bestimmt, das die Gelder für das Projekt zur Verfügung stellt, und schließen die Prüfung der Vorschläge mit ein, die sich mit dem Umfang und den Zielen der Studie befassen.

Viele Überwachungs- und Hintergrund-Monitoring-Programme sind auf die Analyse von *Performance Evaluation-* (PE-) oder Leistungstestproben angewiesen, um die Leistungsfähigkeit eines Labors zu ermitteln und die Qualität seiner Daten einzuschätzen. Leistungstestproben haben im allgemeinen einen bekannten „wahren" oder theoretischen Gehalt, der durch wiederholte Untersuchungen und Analysen gesichert und dokumentiert ist. Diese werden als Proben mit unbekannter Konzentration in verschmolzenen Glasgefäßen an die Labors verteilt. Obwohl es sich nicht um Doppelblindproben handelt, haben sich diese Proben als sehr gut geeignet erwiesen, um die Leistungsfähigkeit des Labors und die Qualität der Daten im Rahmen der verschiedenen Monitoring-Programme einzuschätzen. So liefern solche Analysen z. B. zuverlässige Werte der geschätzten Präzision und des systematischen

Fehlers, der mit der Messung eines bestimmten Schadstoffes einhergeht. Dabei geht man davon aus, daß das Ergebnis unter solchen Testbedingungen die bestmögliche Leistung des Labors widerspiegelt.

13.1.2 Herausforderungen

Die verschiedenen Überwachungs- und Hintergrund-Monitoring-Programme werden durch ebenso komplexe Aufsichtssysteme der Staaten und der EPA kontrolliert. Jedes EPA-Programm (z.B. Wasser, Luft, fester Abfall und Sondermüll, Umweltüberwachung) sowie die entsprechenden Programme in den verschiedenen staatlichen Organisationen haben ihre eigene spezielle Organisationseinheit zur Überwachung der analytischen Qualität. Außerdem unterscheiden sich die Programme der EPA und der Staaten beträchtlich in Bezug auf die Einzelheiten, die bei der Inspektion eines Labors zu beachten sind. Dies gibt Grund zur Sorge, was die einheitliche Qualität der Umweltdaten aus verschiedenen Quellen anbelangt. Desweiteren wurden einige Labors niemals überprüft, wohingegen andere viele Male im Rahmen eines jeden Programmes inspiziert wurden. Labors können im Rahmen folgender Programme überprüft werden:

- Abwasseranalysen nach dem *National Pollutant Discharge Elimination System* (NPDES) des *Clean Water Act* (CWA),
- Trinkwasseranalysen (Laborzertifizierung nach der *Safe Drinking Water Act* (SDWA)),
- Analyse von festem Abfall und Sondermüll nach dem *Resource Conservation and Recovery Act* (RCRA) und dem *Comprehensive Environmental Response, Compensation and Liability Act* (CERCLA),
- Luftanalysen nach dem *Clean Air Act* (CAA),
- Radonanalysen nach dem *Superfund Amendments and Reauthorization Act* und die
- Analyse toxischer Substanzen wie Pestiziden, Fungiziden, Asbest und Blei nach dem *Toxic Substance Control Act* (TSCA) und dem *Federal Insecticide, Fungicide and Rodenticide Act* (FIFRA).

Wegen der Verschiedenartigkeit der Anforderungen ist die gegenseitige Akzeptanz der Laborinspektionen zwischen den Bundesstaaten und den EPA-Behörden eher gering. Bestimmte Anforderungen im Rahmen des CERCLA *Contact Laboratory*-Programmes (häufig als *Superfund* bezeichnet) unterscheiden sich stark von den RCRA-Anforderungen, obwohl beide Programme zum gleichen EPA-Büro gehören. Diese Anforderungen unterscheiden sich wiederum stark von denen, die als Gute Laborpraxis bei TSCA und FIFRA beschrieben sind, die die Bedeutung einer vollständigen Dokumentation betonen. Diese Anforderungen unterscheiden sich weiterhin von den Anforderungen an die Laborzertifizierung unter SDWA, die sich schließlich von den Verfahren unterscheiden, die für das Überwachungs-Monitoring von Abwasser und die Einleitung von Abwasser in die Kanalisation nach dem NPDES des *Clean Water Act* verlangt werden.

Die Komplexität und Vielfältigkeit innerhalb der EPA spiegelt sich in den einzelnen Büros der Bundesstaaten wieder [4] und wird durch die Tatsache, daß es 50 Staaten gibt, weiter verstärkt. Jedes staatliche Programm hat sein eigenes Schwergewicht und seinen eigenen Charakter und interpretiert die Satzung und Richtlinien der EPA anders. Zudem hat jeder Bundesstaat die Möglichkeit, restriktiver und anspruchsvoller zu sein, als es die entsprechende Behördenrichtlinie oder das Gesetz vorschreibt. Die voneinander abweichenden Anforderungen der verschiedenen Bundesstaaten erschweren häufig die gegenseitige Vergleichbarkeit oder machen sie gar unmöglich. Ein kommerzielles Labor, das eine Analyse im Rahmen eines bestimmten Programmbereiches (z. B. Trinkwasser) durchführen will, muß von jedem Bundesstaat geprüft werden, in dem es Kunden hat, es sei denn, die betreffenden Staaten haben eine Abmachung getroffen, die Beurteilung der Labor- und Datenqualität gegenseitig anzuerkennen. Dieses System kann verwirrend sein. Selbst der Verlust des Akkreditierungsstatus eines Labors in einem Bundesstaat kann anderen Staaten, für die das Labor die Zertifizierung noch innehalt, unbekannt bleiben.

Zusätzlich zu diesem bereits komplexen und verwirrenden Aufsichtssystem über die Monitoring-Programme verleihen zahlreiche Regierungsprogramme auf lokaler, staatlicher und Bundesebene Akkreditierungen. Die Akkreditierung ist definiert als die Zusammenstellung der Kriterien, nach denen die Arbeitsweise von Laboratorien eingeschätzt werden soll, und bedeutet die formelle Anerkennung, daß ein Labor kompetent ist, bestimmte Tests oder Testarten durchzuführen [5]. Über 70 staatliche Akkreditierungsprogramme beurteilen schätzungsweise Trinkwasser, nicht trinkbares Wasser, Luftverschmutzungen sowie festen Abfall und Sondermüll [6]. Beispiele solcher Programme sind: das *National Voluntary Laboratory Accreditation Program* (NVLAP) des *National Institut of Science and Technology* (NIST) [7], das *Environmental Laboratory Approval Program* des *New York Health Department* und das *Water, Testing Laboratories Accreditation, Quality Assurance Program* des *New Jersey Department of Environmental Protection.*

Mit den Leistungstestproben verhält es sich wie mit den Beaufsichtigungssystemen für Datenqualität: sie werden im Rahmen eines jeden Programms getrennt ausgegeben. Dies führt zu einem vorhersehbaren Alptraum für die Umweltlaboratorien: die Analysen und Analysenprotokolle sind häufig überflüssig, wodurch viel Zeit und Geld verschwendet wird. Die meisten Leistungstestprogramme sehen mehrere Tests im Laufe des Jahres vor; so schreibt z. B. das Leistungstestprogramm der *Safe Drinking Water Act* Proben mit zwei unterschiedlichen Konzentrationen pro Untersuchung und zwei Untersuchungen pro Jahr vor. Ein „nicht akzeptables" Ergebnis für eine der beiden Konzentrationen wird als nicht zufriedenstellend betrachtet, und die Teilnahme an der nächsten Leistungsteststudie im selben Jahr ist Pflicht. Laboratorien werden innerhalb eines bestimmten Jahres bezüglich derselben Analyten im Rahmen mehrerer Programme mehrmals geprüft. Dagegen wird die Analyse anderer Schadstoffe überhaupt nicht mit Leistungstestproben beurteilt. So sind z. B. halbflüchtige organische Verbindungen in der Leistungstest-Überwachung von Abwasser nicht inbegriffen.

13.1.3 Fragen der Datenqualität

Ein weiteres Problem bezüglich der Datenqualität ergibt sich aus der Tatsache, daß die meisten staatlichen Organisationen nicht für alle Umweltprogramme Akkreditierungen erstellen und sich häufig auf die Zertifizierung von Trinkwasser beschränken. (New York und Kalifornien sind erwähnenswerte Ausnahmen.) Dies führt nicht nur dazu, daß kommerzielle Labors nach Akkreditierung durch andere Bundesstaaten, sondern auch durch private, nichtstaatliche Organisationen streben. In beiden Fällen ist die Akkreditierung teuer. Das Labor muß dazu in der Lage sein, hohe Gebühren zu zahlen, Leistungstestproben zu kaufen und für die Reisekosten der Inspektoren aufzukommen. Beispiele privater Akkreditierungsorganisationen sind: die *American Association for Laboratory Accreditation* AALA) [8], das *American National Standards Institute* (ANSI) [9], die *American Industrial Hygiene Association* (AIHA), die *American Society of Quality Control* (ASQC) und die *National Sanitation Foundation* (NSF).

Aufgrund der Tatsache, daß die EPA, die Bundesstaaten und die kommerziellen Akkreditierungsorganisationen verschiedene Anforderungen stellen, opfert ein kommerzielles labor in den Vereinigten Staaten einen großen Teil seiner Zeit und Anstrengung, um an zahlreichen Inspektionen und an Leistungsteststudien teilzunehmen. Viele dieser Labors beschäftigen Angestellte, die nur darauf spezialisiert sind, mit den verschiedenen Inspektoren zusammenzuarbeiten. Diese Angestellten stellen die notwendigen Informationen vor der Inspektion zur Verfügung, stimmen alle speziellen Wünsche, wie z. B. eine bestimmte Analyse an einem bestimmten Tag während der Inspektion durchzuführen ist, aufeinander ab, begleiten die Inspektoren bei einer Begutachtung vor Ort, nehmen an der sich einer Inspektion anschließenden Besprechung teil und kümmern sich um jegliche Art des Informationsaustausches im Anschluß an die Inspektion, bei dem es in der Regel um die Aufklärung über erforderliche und vorgeschlagene Änderungen in der Arbeitsweise geht, die das Labor zukünftig befolgen sollte.

Trotz vieler überflüssiger Inspektionen mit oftmals unterschiedlichen Anforderungen werden andererseits viele Labors nur auf einen kleinen Teil ihrer Dienstleistungen hin überprüft und andere Labors überhaupt nicht [10]. Nicht geprüfte Labors haben oftmals einen Wettbewerbsvorteil, da sie kostenintensive Qualitätskontrollen und andere bei geprüften Labors erforderliche Maßnahmen vermeiden können. Dies kann dazu führen, daß ein Labor minimale oder unterdurchschnittliche Qualitätskontrollprogramme sowie eine minimale Ausrüstung oder ungenügende analytische Verfahren aufweist, was sich negativ auf die Qualität der Daten, die für ein bestimmtes Monitoring-Programm herangezogen werden, auswirkt. Desweiteren sind die Ergebnisse von Laborinspektionen anderer Kunden des Labors nicht einfach zugänglich. Ähnlich verhält es sich, wenn es zu Schwierigkeiten zwischen einer Akkreditierungsorganisation und einem Labor hinsichtlich der Analytik kommt: diese Kontroversen bleiben anderen Organisationen oftmals verborgen, selbst wenn die Analysen ähnlich oder gar identisch sind.

Die Probleme der Gemeinschaft der umweltanalytischen Labors in den USA werden weiterhin durch den Wettbewerbsdruck verstärkt, der durch den Wunsch nach Akkreditierung durch internationale Organisationen wie z. B. der *International Organisation of Standardisation* (ISO) [11, 12] hervorgerufen wird. Kommerzielle Labors, die auf ausländischen analytischen Märkten anerkannt werden wollen, müssen die Anforderungen erfüllen, die im ISO Guide 25 „Allgemeine Anforderungen an die Fähigkeit von Kalibrierungs- und Testlabors" aufgeführt sind.

13.2 Die Entwicklung von Richtlinien

13.2.1 Hintergrund

Die Notwendigkeit qualitativ hochwertiger Analysendaten und die desorganisierte Vorgehensweise bei der Laborakkreditierung veranlaßte den EPA Deputy Administrator F. Henry Habicht II im Februar 1990, das *Environmental Monotoring Management Council* (EMMC) einzurichten, um ein Programm für die Umwelt-Monitoring-Aktivitäten zu entwickeln, zu beurteilen und Richtlinien für Umwelt-Monitoring vorzuschlagen. Eine der von der EMMC untersuchten Fragen war die Machbarkeit und Ratsamkeit, ein nationales Akkreditierungsprogramm für umweltanalytische Labors aufzustellen. Die EMMC besteht aus Mitgliedern des *Senior Managements* der EPA, die die verschiedenen EPA-Programme vertreten. Von der Direktion der EMMC wurde ein *ad hoc*-Gremium gebildet, das die Machbarkeit und Ratsamkeit eines nationalen Akkreditierungsprogrammes für umweltanalytische Labors untersuchen sollte.

Der erste Bericht des *ad hoc*-Gremiums stellte zahlreiche Vorteile eines nationalen Programmes fest, einschließlich der Vorteile für die Bundesstaaten, die Laboratorien und für die Kontrolleinrichtung. Durch ein nationales Programm, das auf eine Vereinheitlichung der staatlichen Zertifizierungsprogramme abzielt, würden insbesondere Wiederholungen vermieden werden, die sich aus den derzeitigen öffentlichen und privaten Programmen für die Labors ergeben. Das EMMC schloß, daß ein nationales Programm Vorteile mit sich bringen würde und daß eine rege Beteiligung aller betreffenden Interessengruppen notwendig sei, um die Bedürfnisse der Benutzergemeinschaft am besten zu beschreiben, um einen vorläufigen Programmentwurf zu empfehlen und um breiten Konsens zu erzielen. Daher wurde im Juli 1992 das *Committee on National Accreditation of Environmental Laboratories* (CNAEL) gegründet. Das CNAEL ist zusammengesetzt aus Repräsentanten der Laborgemeinschaften, der kontrollierten Industrie, anderen Bundesbehörden, den Bundesstaaten, öffentlichen umweltpolitischen Interessengruppen, Universitäten und privaten Akkreditierungsgremien.

Die Aufgabe der EPA in Bezug auf das CNAEL war es, (1) zu bestimmen, ob ein Akkreditierungsprogramm für umweltanalytische Labors notwendig ist und welche Vorteile sich aus der Erstellung eines Programms ergeben würden, (2) die Möglichkeiten zu ermitteln, um ein nationales Programm durchzuführen, (3) Alternativen zu einem nationalen Programm aufzuzeigen, die sich nach den Bedürfnissen der betreffenden Gruppen richten, und (4) eine geeignete Rolle der EPA für die Entwicklung oder Durchführung eines Programms vorzuschlagen. Jede in der CNAEL vertretene Gruppe legte ihren Standpunkt dar, der eine Beschreibung der verschiedenen Akkreditierungs- (oder Evaluierungs-)Programme einschloß, wie sie zur Zeit von den Bundesstaaten, den Bundesbehörden, der Industrie und den privaten Akkreditierungsgremien durchgeführt werden.

13.2.2 Anfängliche Perspektiven

Viele Bundesbehörden sind sowohl Erzeuger als auch Benutzer umweltanalytischer Daten, die mit Hilfe von Monitoring-Programmen erhalten werden. Das Verteidigungsministerium z. B. ist darauf eingestellt, ohne ein nationales Programm zu arbeiten, glaubt aber, daß die Arbeit effektiver und für die Regierung kostengünstiger durchgeführt werden könnte, wenn ein nationales Programm ausgearbeitet werden würde.

Die Industrie bevorzugt die Erstellung eines nationalen Programms wegen des Fehlens leicht zugänglicher Informationen über laufende Akkreditierungsprogramme, wegen der erhöhten Kosten, die an die Verbraucher weiterzugeben sind und wegen der schlechten Erfahrungen, die die Industrie mit einigen existierenden Programmen gemacht hat.

Die Laboratorien unterstützen die nationale Akkreditierung wegen der Vorteile, die den Labors unter solch einem System erwachsen, ebenfalls: weniger, aber umfassendere Prüfungen, weniger überflüssige Leistungstestproben, Verbesserung der Programme zur Qualitätssicherung in allen Labors, wodurch sich allen Labors die gleichen Marktchancen öffnen, sowie nationale Anerkennung der Leistungsfähigkeit.

Die privaten Akkreditierungsgremien bevorzugen ein einheitliches nationales Programm für alle Bundesstaaten und privaten Gesellschaften, weil sich die existierenden Programme hinsichtlich ihrer Leistungsforderungen stark unterscheiden. Als Folge davon sind die private Industrie und andere Kunden der Labors gezwungen, sich ihr eigenes Urteil zu bilden. Der begrenzte Umfang mancher existierenden Programme verschärft das Problem weiter. Ein einheitliches nationales Programm würde außerdem sicherstellen, daß US-Labors weltweit anerkannt werden.

Ursprünglich haben die Bundesstaaten ihre Akkreditierungsprogramme deshalb unabhängig voneinander erstellt, weil es noch keine Vorleistung gab. Ein Grund für die mangelnde Übereinstimmung zwischen den staatlichen

Programmen liegt darin, daß seinerzeit noch keine Richtlinien existierten. Um ein erfolgreiches nationales Programm zu gewährleisten, ist die Zusammenarbeit der einzelnen Bundesstaaten unumgänglich.

13.2.3 Beurteilung der Notwendigkeit eines nationalen Akkreditierungsprogramms für umweltanalytische Labors

Die CNAEL untersuchte, basierend auf einer Durchsicht der vorhandenen Literatur, auf von der EPA und anderen Gruppen bereits durchgeführten Studien und einer Analyse der Kommentare und Informationen seitens CNAEL-Mitgliedern und der Öffentlichkeit, die Notwendigkeit eines nationalen Akkreditierungsprogramms für umweltanalytische Labors. Die CNAEL analysierte die Bedürfnisse, ordnete sie nach ihrer Wichtigkeit und erstellte danach eine Liste von Zielen:

- Gegenseitige Anerkennung ermöglichen
- Probennahme, analytische Methoden und Qualitätskontrolle standardisieren
- für eine objektive Beurteilung der Leistungsfähigkeit eines Labors in Bezug auf verschiedene Probenmatrices sowie für die Bereitstellung von Leistungstestproben sorgen
- ein umfangreiches und flexibles Programm aufstellen
- Redundanzen und Inkonsistenzen des bestehenden Systems beseitigen
- die Kommunikation zwischen Nutzer und Lieferant der Daten fördern
- einen Betrug schnell und richtig erkennen und strafrechtlich verfolgen
- verbesserte bzw. neue Techniken rechtzeitig zulassen
- ein Programm aufstellen, das in allen Aspekten praktisch ist
- einheitliche Inspektionen/Revisionen einführen
- Daten von bekannter und gesetzlich vertretbarer Qualität produzieren
- einheitliche Standards für alle Analytiker fordern
- den Nutzern von Daten bei der Auswahl von Labors behilflich sein
- den Labors helfen, Probleme zu erkennen und zu beheben
- für einen rechtzeitigen Technologietransfer von Methoden und Qualitätskontrollforderungen sorgen.

Alle diese Ziele lassen sich in einer einzigen Aussage zusammenfassen: *Daten der geforderten Qualität kostengünstig zu erzeugen.*

13.2.4 Die Beurteilung von Alternativen zu einer nationalen Akkreditierung umweltanalytischer Labors

Die CNAEL erkannte und beurteilte potentielle Alternativen zu einer nationalen Akkreditierung umweltanalytischer Labors. Die 15 von der CNAEL zusammengestellten Alternativen sind in der Reihenfolge ihrer Wichtigkeit:

- nationale Akkreditierung umweltanalytischer Labors
- Test zur Einschätzung der Leistungsfähigkeit
- vorrangige Stellung des Bundes
- Zertifizierung der Arbeitsabläufe eines Labors
- Zertifizierung von Qualitätsmanagementsystemen
- nationale Richtlinien
- Übereinstimmung einzelstaatlicher Richtlinien
- Ortsansässige Inspektoren
- Schulung
- Personalzertifizierung
- Produktzertifizierung
- Prüfungen auf Betrug
- Zertifizierung der Laborleitung
- Übereinkommen über die Leistungsfähigkeit
- Status Quo

Man einigte sich auf die Einteilung der Alternativen in folgende drei Gruppen:

- nationale Akkreditierung umweltanalytischer Labors (einschließlich Inspektionen vor Ort)
- Test zur Einschätzung der Leistungsfähigkeit + Zertifizierung von Qualitätsmanagementsystemen + Zertifizierung der Arbeitsabläufe eines labors (einschließlich Inspektionen vor Ort)
- Test zur Einschätzung der Leistungsfähigkeit + Zertifizierung von QM-Systemen + Produktzertifizierung.

Diese Einteilung wurde deshalb gewählt, weil die CNAEL-Mitglieder darüber einig waren, daß jede Gruppe für sich alleine als brauchbare Alternative betrachtet werden kann. Die Mitglieder stellten weiterhin fest, daß Training ein Teil eines jeden Programmes sein und als ein wesentliches Element betrachtet werden sollte. Außerdem wiesen die Mitglieder darauf hin, daß viele der oben aufgeführten Alternativen Teile von anderen sind und daß einige kombiniert werden könnten, um individuelle realisierbare Alternativen zu bilden. Die vorrangige Stellung des Bundes wurde als Alternative von der Liste gestrichen, da dies angesichts der unterschiedlichen staatlichen Gesetze keine praktische Lösung darstellt. Die Alternative „Nationale Richtlinien" wurde lediglich im Zusammenhang mit der Verwaltung des Programms in Betracht gezogen, jedoch nicht als Programmalternative. Bei der Charakterisierung der technischen Aspekte der Alternativen war sich die CNAEL einig, daß die betreffenden Alternativen in obiger Liste in der Reihenfolge abnehmender Wichtigkeit aufgeführt sind.

Die CNAEL stellte weiterhin 7 verschiedene Möglichkeiten fest, wie das Programm verwaltet werden könnte. Diese reichten von einem völlig zentralisierten, auf Bundesebene verwalteten Programm bis hin zu Programmen, die sich in privater Hand befinden und ohne Beteiligung der Staaten und des Bundes durchgeführt wrden. Die *American Association of Laboratory Accreditation* (eine private Akkreditierungsstelle) stellte zwei derzeitige Systeme vor:

das *California State Program* und die Programme für Maße und Gewichte des
National Institute of Science and Technology. Danach wurde die Liste auf drei
Möglichkeiten eingegrenzt:

- Beaufsichtigung durch die Bundesregierung, wobei das Programm nicht
  vom Bund, sondern von den Bundesstaaten oder einer privaten Organisation durchgeführt werden soll;
- Richtlinien des Bundes, die für die freiwillige Übernahme in staatliche oder
  private Programme entwickelt werden;
- Verwaltung durch eine private Organisation in Zusammenarbeit mit der
  Bundesregierung oder der Regierung des betreffenden Bundesstaates.

Bei seiner Auswahl schloß die CNAEL, daß eine zentralisierte Betreibung des
Programms auf Bundesebene – vor allem wegen der Beschränkung der Mittel –
nicht machbar sei, daß die Austauschbarkeit zwischen einzelnen Bundesstaaten ohne Einmischung des Bundes zwar schwierig, aber trotzdem möglich sei
(zur Zeit arbeiten New Jersey, New York und Kalifornien zusammen) und daß
ein Programm, das vollständig vom privaten Sektor betrieben wird, von der
Mehrzahl der Bundesstaaten nicht anerkannt werden würde und daher kaum
dazu beitragen würde, den Status Quo zu ändern. Der Status Quo wurde wegen
der mit ihm verbundenen Probleme als ungeeignet erachtet. Die CNAEL
einigte sich schließlich auf folgende Verfeinerungen der beiden ersten vorge-
stellten Möglichkeiten zur Verwaltung des Programms:

- Die Möglichkeit mittels staatlicher Richtlinien sollte eine Aufsicht des
  Bundes bei der Ausführung der Richtlinien einschließen.
- Im Falle einer Beaufsichtigung durch die Bundesregierung, ohne staatliche
  Ausführung des Programms, sollte man die Möglichkeit vorsehen, die
  Aufsichtsvollmacht an eine private Akkreditierungsorganisation zu delegie-
  ren. Die Repräsentanten der Bundesstaaten in der CNAEL zeigten sich
  jedoch hinsichtlich einer Oberaufsicht staatlicher Programme durch andere
  Organisationen anstelle des Bundes besorgt, was den kontrollierten Ge-
  brauch der Daten betrifft.
- Im Falle einer Beaufsichtigung durch die Bundesregierung, ohne staatliche
  Ausführung des Programms sollte man die Möglichkeit vorsehen, daß die
  Staaten die Akkreditierungsfunktion an eine private Akkreditierungsorganisation delegieren können.

13.2.5 Die Elemente eines Akkreditierungsprogramms
für umweltanalytische Laboratorien

Die CNAEL definierte auch die Elemente eines Akkreditierungsprogramms
für umweltanalytische Laboratorien. Dabei übernahm sie mit wenigen Änderungen die Elemente eines Programmes, das in den Akkreditierungs-Richt-
linien 25, 43, 54 und 55 der *International Standards Organization* (ISO) umrissen wird.

13.2.6 Umfang des Programms

Die CNAEL definierte weiterhin den Umfang des Programms hinsichtlich der Labortypen, der Methoden bzw. Tests und der Umweltprogramme. Das Komitee ging von den Umweltstatuten des Bundes aus, um den Sinn und Zweck der Akkreditierung zu definieren. Die Miteinbeziehung von Technologiefortschritten oder Änderungen in der Meßtechnik wurden zur Schaffung eines Systems, das flexibel genug ist, um allen Beteiligten gerecht zu werden, als zentral betrachtet. Man einigte sich darauf, daß ein nationales Program auf alle Laboratorien einschließlich der öffentlichen, privaten und Universitätslabors anwendbar sein muß, die Tests durchführen, die sich auf die Umweltgesetze des Bundes beziehen.

13.2.7 Die Schlußfolgerung und Vorchläge der CNAEL

Der Abschlußbericht der CNAEL [13] wurde im September 1992 veröffentlicht. Darin wird die Schaffung eines nationalen Akkreditierungsprogramms für umweltanalytische Labors unter Bundesaufsicht vorgeschlagen, das von den Bundesstaaten und/oder dritten Parteien durchgeführt wird.

13.2.8 Nächste Schritte

Das EPA-*ad hoc*-Gremium zur Laborakkreditierung analysierte und beurteilte die Vorschläge der CNAEL und stimmte mit ihnen überein. Die gemeinsamen Vorschläge der CNAEL und des *ad hoc*-Gremiums wurden den Verwaltungsdelegierten der EMMC und der EPA vorgestellt. Da die EPA von der Ratsamkeit und Machbarkeit eines nationalen Akkreditierungsprogramms für umweltanalytische Labors überzeugt war, wurde das *ad hoc*-Gremium damit beauftragt, einen Dokumentenentwurf vorzubereiten, der ein nationales Akkreditierungsprogramm für umweltanalytische Labors beschreibt. Da dies nur mit der vollen Unterstützung der Bundesstaaten erfolgreich sein kann, gründete die EPA zur Entwicklung der Einzelheiten eines nationalen Programms eine Gruppe, die sich aus Staats- und EPA-Beamten zusammensetzte und als *State/EPA Focus Group* bekannt ist.

13.3 Programmentwicklung

13.3.1 Die Festlegung der Standards

Um das von der CNAEL umrissene Ziel, ein nationales Akkreditierungsprogramm für umweltanalytische Labors aufzustellen, zu erreichen, müssen einheitliche Standards entwickelt und von allen Akkreditierungsgremien übernommen werden. Die *State/EPA Focus Group* hat ein System (nach dem

Modell eines Programms, das vom *National Institute of Science and Technology* für Maße und Gewichte betrieben wird) entworfen, das ein offenes Forum zur Information und zum Meinungsaustausch schaffen würde, während die Verantwortung darüber, Entscheidungen zu treffen, allein bei den Kontrollgremien liegen würde. Es würde eine jährliche nationale Konferenz zur Akkreditierung umweltanalytischer Labors (NELAC) stattfinden, bei der Überlegungen zur Entwicklung von Standards angestellt werden würden und in der Beschlüsse in Form einer Abstimmung gefaßt werden würden. Zwischen den jährlichen Konferenzen würden an verschiedenen Orten im ganzen Land Meetings abgehalten werden, die den Teilnehmern einen besseren Zugang bei geringeren Kosten ermöglichen würden.

Die zur Akkreditierung der umweltanalytischen Labors vorgeschlagenen Standards würden vor jeder Konferenz bzw. vor jedem zwischenzeitlichem Meeting im *Federal Register* veröffentlicht werden, damit die Teilnehmer genügend Zeit haben, sich ausreichend auf die Diskussionen vorzubereiten. Die anfängliche Serie von Standards, die von der *State/EPA Focus Group* vorgeschlagen wird, basiert auf den ISO Guides 25 und 58, die von der CNAEL ausgewählt wurden, um die Übereinstimmung auf internationaler Ebene zu fördern. Die Standards beinhalten bestimmte Kriterien über

- Qualitätssysteme,
- Leistungstestproben,
- Inspektionen vor Ort,
- gesetzliches Überwachungs-Monitoring,
- Öffentlichkeitsarbeit und Informationsverbreitung,
- den Akkreditierungsprozeß für das Labor, und
- die Richtlinien und Programmstruktur der Konferenz selber.

Für die Akkreditierungsgremien sind bestimmte Standards in Vorbereitung.

13.3.2 Umfang des Programms

Jedes Programm innerhalb der EPA würde entweder fordern oder zumindest wärmstens empfehlen, daß nur im Einklang mit den NELAC-Standards akkreditierte Labors Tests durchführen, die dem EPA-Monitoring, der Rechtsvollstreckung oder anderen gesetzlich geregelten Funktionen dienen. Einige der Gesetze sind die *Safe Drinking Water Act* (SDWA), die *Clean Water Act* (CWA), die *Clean Air Act* (CAA), die *Resource Conservation and Recovery Act* (RCRA), die *Comprehensive Environmental Response, Compensation and Liability Act* (CERCLA), die *Federal Insecticide, Fungicide and Rodenticide Act* (FIFRA) und die *Toxic Substances Control Act* (TSCA).

Die Akkreditierung würde auf einer Basis gewährt werden, die als „Testgebiet" bezeichnet wird. Dabei handelt es sich um ein vierstufiges System, das von allgemeinen Anforderungen an das Labor bis hin zu bestimmten Methoden oder Spezifikationen bestimmter Parameter reicht. Die erste Stufe der allgemeinen Anforderungen würde solche Kriterien wie ein angemessenes

Qualitätssystem, die Dokumentation von Personalschulung und -qualifikationen sowie Anleitungen zur Datenspeicherung und -manipulation umfassen. Die nächste Stufe der Akkreditierung würde sich auf den Bereich der Chemie, Biologie oder des entsprechenden Testgebietes beziehen. Die dritte Anforderungsstufe würde die traditionellen Kategorien innerhalb der Bereiche der zweiten Stufe betreffen. Der Bereich der Chemie würde z. B. weiter unterteilt in organische Chemie, anorganische Chemie und weitere Gebiete. Die letzte Stufe, die die verschiedenen, in den scparatcn (oben erwähnten) EPA-Statuten umrissenen Anforderungen wiederspiegelt, bezieht sich auf einen bestimmten Parameter, eine Gruppe von Parametern oder eine Methode. Ein Labor kann z. B. nur für induktiv gekoppelte Plasmamethoden zur Trinkwasseruntersuchung akkreditiert sein. Dieses Labor müßte jedoch trotzdem alle Akkreditierungskriterien erfüllen, die zusätzlich zu den spezifischen Kriterien für ICP-Analysen im Rahmen der SDWA unter der allgemeinen, chemischen und anorganischen Kategorie verlangt werden. Die vierte Anforderungsstufe ist am engsten mit den geltenden Vorschriften verknüpft und würde daher beträchtliche Änderungen bei deren Überarbeitungen erfahren.

13.3.3 Die Aufgabe und die Verantwortung des Bundes

Im Einklang mit den Empfehlungen der CNAEL würde das Programm, wenn es entwickelt ist, durch staatliche oder private Organisationen unter Aufsicht des Bundes durchgeführt werden. Die *State/Focus Group* hat vorgeschlagen, daß die EPA die Bundesaufsicht übernehmen soll. Diese Aufgabe umfaßt:

- die Überprüfung der Protokolle der Akkreditierungsgremien,
- die Herausgabe eines Schreibens, das das Einhalten aller relevanten NELAC-Standards attestiert,
- die Prüfung und Anerkennung aller staatlichen Labors und derer des Bundes,
- die Schulung der Begutachter,
- das Management des Leistungstestprogramms, und
- das Management einer zentralen Datenbank.

Das Leistungstestprogramm würde von einer zentralen Einheit übernommen werden, die für die Produktion, Verteilung und Beurteilung der Leistungstests verantwortlich ist. Um den staatlichen Programmen entgegenzukommen, würde man das Programm flexibel gestalten. Die zentrale Datenbank würde die staatlichen Akkreditierungslisten sowie Daten über Leistungstestproben, Prüfungsberichte und die Testgebiete enthalten (für Einzelheiten über Testgebiete siehe Abschn. 3.2).

Um solch ein Programm effektiv betreiben zu können, würde die EPA ein Büro zur nationalen Akkreditierung umweltanalytischer Labors (NELAP-Büro) einrichten. Dieses Büro würde die Interessen aller EPA-Büros für nationale Programme vertreten, ungeachtet des gesetzlichen Zuständigkeitsbereiches. Um die Zusammenarbeit und die Kommunikation zwischen der EPA

und der Konferenz zu vereinfachen, wären zwei Mitglieder des NELAP-
Personals *ex officio*-Mitglieder des Vorstandes der Konferenz. Die NELAP
wäre auch mit der Organisation und der Koordination der Konferenz
beauftragt.

13.3.4 Prüfungsausschuß der EPA

Die EPA würde einen unabhängigen Prüfungsausschuß gründen, der sich
aus Vertretern der Staaten und des Bundes zusammensetzt. Der Sinn des Aus-
schusses ist:

- die Prüfung der Verfahren, die von der EPA eingesetzt werden, um die
  Programme der Akkreditierungsgremien zu beurteilen,
- die Prüfung der Verfahren, die von der EPA eingesetzt werden, um die
  staatlichen Labors und die des Bundes zu beurteilen,
- die Reaktion auf Beschwerden der Akkreditierungsgremien bezüglich der
  Übereinstimmung und Konformität der EPA mit den NELAC-Standards,
  und
- die Berichterstattung der Ergebnisse an die EPA und NELAC.

Die Berichte sollen der NELAC helfen, Bereiche ausfindig zu machen, deren
Interpretation zu Unklarheiten führen kann oder die bei der Anwendung zu
Konflikten führen können. Der Ausschuß würde andererseits keine Beschwerden ansprechen, die sich zwischen einem Labor und dem Akkreditierungsgremium ergeben. Diese Beschwerden würden im Zuge der Beurteilung des
Programmes eines Akkreditierungsgremiums durch die EPA auftauchen und
daher bei der Prüfung der EPA-Verfahren durch den Ausschuß indirekt
angesprochen werden. Der Ausschuß würde jedoch nur die Aufsichtsfunktion
der EPA beurteilen und nicht die Entscheidungen des Akkreditierungsgremiums hinsichtlich eines Disputs mit einem Labor.

13.3.5 Die staatliche Durchführung des Programms

Labors würden durch staatliche Programme akkreditiert werden. Um der
Verantwortung der Staaten hinsichtlich der Kontrolle Rechnung zu tragen,
wurde beschlossen, daß nur Staaten (oder Bundesbehörden mit Akkreditie-
rungsverantwortung) die Erlaubnis erhalten, Labors zu akkreditieren. Diese
Akkreditierungsgremien haben die Wahl, eine dritte Partei heranzuziehen, um
die Labors zu prüfen, würden sich aber die Entscheidungsgewalt darüber
vorbehalten, ob die Akkreditierung gewährt wird oder nicht.

Es sind weder Anforderungen gestellt noch ist eine Organisationsstruktur
für ein Akkreditierungsgremium ausgewählt worden, um unter NELAC-
Standards anerkannt zu werden. Nicht alle Staaten wollen ein umfangreiches
Programm betreiben oder sie sind dazu nicht in der Lage wegen gesetzlicher
Einschränkungen oder der hohen Verwaltungskosten. Es wurden viele Mög-

lichkeiten vorgeschlagen, wobei einige Alternativen im folgenden beschrieben sind (der Einfachheit halber wurde der Begriff „Akkreditierungsgremium" durch „Staat" ersetzt):

- der Staat würde die Akkreditierung in allen Testgebieten anbieten, indem Staatspersonal und/oder eine unter Vertrag stehende dritte Gesellschaft herangezogen wird, um die Inspektion vor Ort zu leiten;
- der Staat würde die Akkreditierung in einer begrenzten Zahl an Testgebieten anbieten, z. B. für Trinkwasser, und das Labor könnte nach einer Akkreditierung in komplementären Testgebieten streben; oder,
- der Staat würde die Akkreditierung in einer begrenzten Zahl an Testgebieten anbieten; wenn aber ein Labor die Akkreditierung in Testgebieten verlangt, die von dem staatlichen Programm nicht abgedeckt werden, kann ein zweiter Staat das Labor in allen Testgebieten akkreditiern, einschließlich derer, die von dem Bundesstaat angeboten werden, in dem sich das Labor befindet.

Die erste Möglichkeit, die ein umfangreiches Programm erforderlich macht, hat den offenkundigen Vorteil, daß alle gewünschten Testgebiete abgedeckt werden, so daß nur eine Inspektion vor Ort durchgeführt werden muß. Der Nachteil ist der, daß einige Staaten aus gesetzlichen, verwaltungstechnischen oder technischen Gründen nicht dazu in der Lage sind, ein Programm anzubieten, das alle Testbereiche abdeckt. Dies kann vor allem zu Beginn des nationalen Programms zur Akkreditierung umweltanalytischer Labors von Bedeutung sein.

Die zweite Möglichkeit erfordert im wesentlichen, daß ein Labor in dem Staat, in dem es sich befindet (primärer Staat), auf jedem gewünschten Testgebiet akkreditiert werden kann, das von dem Staat angeboten wird. Eine zweite zusätzliche Akkreditierung durch einen zweiten Staat (sekundärer Staat) wäre für die Testgebiete erforderlich, die vom ersten Staat nicht angeboten werden. Die zweite Inspektion kann dann etwas abgekürzt werden, da die erste Inspektion die allgemeinen Kriterien schon beurteilt hätte. Es wären dann maximal zwei Inspektionen notwendig, vorausgesetzt, der zweite Staat bietet die Akkreditierung in allen zusätzlichen Testgebieten an.

Die dritte Möglichkeit würde es dem Labor erlauben, nach einer einzigen Akkreditierung in dem Staat zu streben, der seinen Bedürfnissen am besten gerecht wird. Der Nachteil dieser Möglichkeit ist der, daß der primäre Staat Schwierigkeiten bei der Durchführbarkeit seines eigenen Programms bekommen kann, wenn sich eine große Zahl von Labors für eine Akkreditierung durch einen anderen Staat entscheidet und daher den primären Staat umgeht.

Andere Möglichkeiten sowie Kombinationen aus den oben erwähnten Vorschlägen können ins Auge gefaßt werden und für die Auswahl in Frage kommen. Weitere Überlegungen werden folgen, bevor die *State/Focus Group* eine Empfehlung macht.

Jeder Staat darf Gebühren erheben, die seine eigenen finaziellen Bedürfnisse und Verpflichtungen decken. Ein Staat, der die Akkreditierung anstelle des Staates durchführt, in dem das Labor ansässig ist, könnte eine Verfahrens- oder Lizenzgebühr erheben.

13.3.6 Gegenseitige Anerkennung

Als Folge davon, daß eine Akkreditierung mit den NELAC-Standards in Einklang steht, müßte jedes Akkreditierungsgremium die Anerkennung allen Labors gewähren, die durch eine ähnlich qualifizierte Organisation akkreditiert worden sind. Jedes Akkreditierungsgremium, das die Gegenseitigkeit nicht anerkennt, würde als „nicht in Einklang mit den NELAC-Standards" beurteilt werden. In diesem Sinne würden die NELAC-Standards freiwillig bleiben und wären gleichzeitig die Grundlage für eine nationale Akzeptanz basierend auf einheitlichen Akkreditierungsstandards.

13.4 Schlußfolgerung

Die U.S.-Umweltschutzbehörde (EPA) ist damit beauftragt, die Volksgesundheit und die Umwelt in den Vereinigten Staaten zu schützen. Um dies zu tun, müssen Umweltdaten gesammelt und analysiert werden. Diese Daten beinhalten Informationen, die von vielen staatlichen und kommerziellen Labors sowie Labors des Bundes aus Analysen von Umweltproben erhalten wurden. Die Qualität der Analysendaten muß bekannt und dokumentiert sein, um einerseits den angemessenen Schutz der Volksgesundheit und der Umwelt zu gewährleisten und um andererseits sicherzustellen, daß teure Verschmutzungskontrollen und Entscheidungen über Aufreinigungen auch geeignet sind. Ein nationales Akkreditierungsprogramm umweltanalytischer Labors ist ein Schritt, die Qualität der Daten zu sichern. Die EPA plant, 1994 eine vorläufige Serie von Standards für ein nationales Akkreditierungsprogramm umweltanalytischer Labors vorzuschlagen und eine nationale Konferenz einzuberufen, um zu einem gemeinsamen Konsens hinsichtlich der Standards zu gelangen. Es hängt von dem Ausgang dieser Konferenz ab, ob das nationale Programm tatsächlich eingerichtet wird oder nicht.

Anhang

Auswahl einiger Organisationen auf dem Gebiet der Akkreditierung, Zertifizierung und des Meß- und Prüfwesens in Deutschland und Europa (nach B. Steffen, M. Wloka, S. Stobbe, BAM – Bundesanstalt für Materialforschung und -prüfung, Berlin)

Kurz-bezeichnung	Bezeichnung der Organisation Anschrift	Grün-dungs-jahr	Aufgabe
CITAC	Cooperation on Internat. Traceability in Analytical Chemistry c/o Laboratory of the Government Chemist Teddington GB-Middlesex TW 11 0NH	1993	Verbesserung der Qualität und internationale (weltweit) Vergleichbarkeit chemischer Messungen, Rückführbarkeit auf internat. anerkannte Referenzmaterialien oder Si-Einheiten, internat. Harmonisierung der analytischen Qualitätsvorgaben und -praktiken
DAR	Deutscher Akkreditierungsrat c/o BAM – Bundesanstalt für Materialforschung und -prüfung Unter den Eichen 87 D-12203 Berlin	1991	Schaffung und Unterstützung eines transparenten, einheitlichen und international anerkannten Akkreditierungssystems in Deutschland für den gesetzlich geregelten wie auch für den nicht geregelten Bereich
DINZERT	Deutscher Zertifizierungsrat Burggrafenstraße 6 D-10787 Berlin	1987	Beratung und Unterstützung des DIN in Fragen der Zertifizierung; Koordinierung von Interessen auf den Gebieten Zertifizierung, Prüfung und Nachprüfung sowie deren Geltendmachung in internationalen und europäischen Gremien
DQS	Deutsche Gesellschaft zur Zertifizierung von Qualitätssicherungssystemen mbH August-Schanz-Straße 21 A D-60433 Frankfurt/Main	1985	Prüfung von Qualitätssicherungssystemen nach einheitlichen Regeln, deren Zertifizierung, sowie Bemühung um eine weltweite Anerkennung des DQS-Zertifikates
EAC	European Accreditation of Certification c/o NACCB 19 Buckingham GB-London SW 1 P 6 LB United Kingdom	1991	Harmonisierung der Akkreditierungen von Zertifizierungsstellen in Europa mit dem Ziel einer gegenseitigen Anerkennung der Akkreditierungsstellen
EOTC	European Organization for Testing and Certification Rue de Stassart, 33, second floor B-1050 Bruxelles/Belgique	1990	Schaffung eines einheitlichen Systems zur Prüfung und Zertifizierung

Kurzbezeichnung	Bezeichnung der Organisation Anschrift	Gründungsjahr	Aufgabe
EQS	European Committee for Quality System Assessment and Certification c/o DQS – Deutsche Gesellschaft zur Zertifizierung von QS-Systemen Burggrafenstraße 6 D-10787 Berlin	1989	Koordinierung und Harmonisierung auf dem Gebiet der Beurteilungen und Zertifizierungen von Qualitätssicherungssystemen durch Dritte
EURACHEM	Co-operation for Analytical Chemistry in Europe c/o CEC-IRC Institute for Reference Materials and Measurement Steenweg op Retie B-2440 Geel	1990	Förderung der Zusammenarbeit der analytischen Laboratorien in Europa auf dem Gebiet der Akkreditierung und Qualitätssicherung
EURACHEM/D	EURACHEM/Deutschland Gesellschaft Deutscher Chemiker Varrentrappstraße 40–42 D-60486 Frankfurt/Main	1990	Bereitstellung eines Diskussionsforums für alle Fragen der Akkreditierung und Zertifizierung in Deutschland und Europa; Herstellung von Kontakten zwischen betroffenen Unternehmen, Institutionen, Gremien (Laboratorien, Akkreditierungsstellen, Behörden)
EUROLAB	Organization for Testing in Europe c/o LNE – Laboratoire National d'Essais 1, rue Gaston Boissier F-75015 Paris/France	1990	Förderung der Zusammenarbeit von Prüflaboratorien; Harmonisierung und Vertrauensbildung im Prüfwesen in Europa; Förderung der gegenseitigen Anerkennung von Prüfergebnissen und der Qualitätssicherung im Prüflaboratorium
EUROLAB/D	EUROLAB-Deutschland c/o BAM – Bundesanstalt für Materialforschung und -prüfung Unter den Eichen 87 D-12203 Berlin	1990	Förderung der gegenseitigen Anerkennung von Prüfergebnissen; Vereinheitlichung der Anforderungen an QS-Systeme von Prüflaboratorien; Förderung der Akkreditierung seiner Mitglieder; Einbringen der fachlichen Interessen seiner Mitglieder in EUROLAB
EUROMET	European Collaboration in Measurement Standards c/o PTB – Physikalisch Technische Bundesanstalt Bundesallee 100 D-38116 Braunschweig	1987	Förderung der Zusammenarbeit zwischen den metrologischen Instituten
ILAC	International Laboratory Accreditation Conference c/o Standards Council of Canada 350 Sparcs Street, Suite 1200 CAN-Ottawa Ontario KIP 6N7/Kanada	1977	Förderung des Erfahrungsaustausches zwischen Akkreditierungsstellen und Prüflaboratorien mit dem Ziel der internationalen Anerkennung von Prüfzertifikaten und Prüfzeichen und der Erleichterung des Handels (Verwirklichung der Ziele des GATT)

Kurz- bezeichnung	Bezeichnung der Organisation Anschrift	Grün- dungs- jahr	Aufgabe
WECC	Western Europe Calibration Co-operation c/o Van Swinden Laboratorium bv Postbus 654 NL-2600 AR Delft	1975	Harmonisierung der Arbeitsweise der Kalibrierdienste und grenz- überschreitende Anerkennung von Kalibrierzertifikaten
WELAC	Western Europe Laboratory Accreditation Co-operation c/o NAMAS NPL – National Physical Laboratory Queens Road, Teddington GB-Middlesex TW 11 0LW	1989	Harmonisierung der Akkreditie- rungen von Prüflaboratorien innerhalb Europas mit dem Ziel einer gegenseitigen Anerkennung
WELMEC	Western Europe Legal Metrology Co-operation c/o NWML – National Weights and Measures Laboratory Teddington GB-Middlesex TW11 JZ United Kingdom	1989	Harmonisierung und Koordinierung von nationalen und regionalen Aktivitäten in allen technischen Fragen des gesetzlichen Meßwesens in Europa

Sachverzeichnis

Abfall, fester 215
Abgrenzungsfehler 68
Abkommen mit Drittländern 9
Abwasseranalyse 215
Akkreditierung 17, 19, 207
–, Definition (US) 216
–, Entscheidung über 189
–, Geltungsbereich 189
–, Überwachung 190
–, Vergleich zu GLP 201ff.
Akkreditierungskompetenz 183
Akkreditierungspolitik 13, 184
Akkreditierungsprogramme, staatliche (US)
    216, 220
Akkreditierungsregelungen 184ff.
Akkreditierungsstellen 175, 207
–, Anforderungen 183
–, Arbeitsweise 185
–, Organisation 184
Akkreditierungssystem 5, 15, 17, 157
Akkreditierungssysteme, gegenseitige
    Anerkennung 192
–, nationale 207
Akkreditierungsverfahren 57, 185
Akkreditierungsvertrag 185
Analysenfehler 72
Analysenfunktion 94
Analysenkontrollprobe 53
Anerkennung, gegenseitige 216, 228
Anerkennungsvereinbarungen 192
Arbeitsanweisung 108
Archivierung 198
Arzneimittelgesetz 194
Attributprüfung 86
Ausreißertests 81, 178
Avogadrokonstante 132, 147

Basiseinheiten, Basisgrößen 132
Basisvalidierung 100, 106ff.
Baumusterprüfung 20
BCR 169
BDI-Modell 23
Bearbeitungsfehler 68
Bedarfsmittelgesetz 194

Begutachter, Qualifizierungsverfahren 186,
    188
Begutachtung 186ff.
Begutachtungskriterien 188
Bereich, geregelter u. nicht geregelter 31
Bereich, harmonisierter 3
Beschwerdeausschuß 184
Bestimmungsgrenze 99, 115
BIPM 138
Blindwert 96

CE-Zeichen 10
Chemikaliengesetz 45, 194
CIPM 144
CITAC 145, 229
COMAR-Datenbank 169
Cusum-Diagramm 165
Cusum-Karten 92

Deutscher Akkreditierungsrat (DAR) 15,
    17, 19, 26, 209, 229
DINZERT 229
Dokumentation der Prüfberichte 46
DQS 28, 229

EAC 229
EG-Harmonisierungsrichtlinien 1
Eichung 93
Einrichtungen 45
EN 29000 5
EN 45000 5, 17, 27
EOTC 11, 229
EPA 213
EQS 229
Erfassungsgrenze 98
EURACHEM 207, 210, 230
EURACHEM/D 211, 230
EUROLAB 210, 230
EUROLAB/D 230
EUROMET 145, 230
Europäische Akte, einheitliche 17
Evaluierung 184
Evaluierung der Akkreditierungssysteme 31

Fehlentscheidungen, Folgen von 85
Fehler, grobe 71
–, systematische 71, 72, 176
Fehlerarten 71, 80
Fehlerauflösung 78
Fehlerfortpflanzung 76
Folgetestplan 89
Freiheitsgrade 76
Fremdprüfung 20

Garantiegrenze für Reinheit 99
Garantiewert 85
Gas-Massenspektrometrie 144
Gaußverteilung 74
Genauigkeit 116
Geräteausstattung 46
Gesellschaft Deutscher Chemiker (GDCh)
  211
Gewinnungsfehler 68
Globales Konzept 1
GLP 193
GLP-Bescheinigung 195, 199
GLP-Einhaltungserklärung 195
Gute Laborpraxis 193
–, Definition 195ff.

Handelshemmnisse 195
Harmonisierte Prüfverfahren 21
Harmonisierter Bereich 3
Harmonisierung 208
Harmonisierungskonzept 1
Harmonisierungspolitik 1
Häufigkeitsverteilung 74
Hersteller 2
Herstellererklärung 19
Homogenität 64
– von Referenzmaterialien 160
Horvitz-Kurve 179

ILAC 230
Inhomogenität 64, 66
Integrationsfehler 66
ISO 9000 28
Isotopenverdünnungs-Massenspektrometrie
  144

Kalibration, Kalibrierung 93 ff., 117ff.
Kalibrationsfunktion, Kalibrierfunktion
  93
Kalibrationsstandards 53
Kalibrierverfahren 49
Kennedy-Hearing 193
Klinische Chemie, ZRM für 170
Kompetenz 3
Kompetenzbehauptung 188
Kompetenznachweis 27

Konformitätsbewertung 2
Konformitätserklärung 7
Kontrollanalysen 50
Kontrollmessungen 164
Korrelationsanalyse 95
Kurvenanpassung 95

Laboratorien, umweltanalytische 213
Laborinformationssystem 187
Laborinspektionen, Akzeptanz 215
Laborvergleichsstudie 174
–, Durchführung 180
–, Zielsetzung 175
Längenmessung 139
Lebensmittelanalytik, ZRM für 170
Lebensmittelgesetz 194
Leistungsfähigkeit, Beurteilung 176
Leistungstest 174
Leistungstestproben 214
Lenkungsausschuß 184
Luftanalyse 215

Maschinenfähigkeit 54
Massebestimmung 138
Materialisationsfehler 67
Menge 137
Meßunsicherheit 65
Meßwert, kritischer 98
Methodenvergleich 122
Methodenvergleichsstudie 174
Mittelwerte, Vergleich von -n 83
Modulbeschluß des Rates 5
Monitoring, Hintergrund- 213
Monitoring, Überwachungs- 213
Monitoring-Systeme 213

Nachvalidierung 100, 116
Nachweisgrenze 98
NAMAS 5
Neue Konzeption 1, 7
NIST 167
NOAA-Datenbank 169
Normalverteilung 74, 76, 81
Normenkonformitätszeichen 11
Normenserie EN 45000 208
Normung 191
Notifizierte Stelle 8
NRCC 169
Nullhypothese 79

OECD 194

Personalqualifikation 46
Pestizide 215
Pflanzenschutzgesetz 194
Präzision 71

Probenahme 61, 67
Probenahmeplanung 64
Problemdefinition 64
Produktnorm 4
Prozeßfähigkeit 54
Prüf- und Zertifizierungsorganisation
   11
Prüfanweisungen 50
Prüfarten 187
Prüfberichte, Dokumentation der 46
Prüfdurchführung 50
Prüfeinrichtung 195ff.
Prüfkompetenz 190
Prüflenkung 50
Prüfmittel, Rekalibration der 48
Prüfmittelbeschaffung 47
Prüfmittelüberwachung 48
Prüfnorm 191
Prüfplan 197
Prüfstelle, akkreditierte 3
Prüfsysteme 196
Prüfung 19
Prüfungen, GLP- 194
Prüfverfahren 187
–, harmonisierte 21

QS-Maßnahmen, analytische 50
Qualität 33
Qualitätsaudit, internes 53
Qualitätskosten 38
Qualitätskriterien 84
Qualitätskultur 33
Qualitätslenkung 34, 40
Qualitätsmanagement 34, 35
Qualitätsmanagementsystem 28, 35, 183,
   184
Qualitätsplanung 34, 40
Qualitätspolitik 34, 35
Qualitätsprüfung 35, 40
Qualitätsregelkarten 52, 89
Qualitätssicherung 4, 33, 35, 36, 41, 79, 157,
   209
Qualitätssicherung, statistische 84
Qualitätssicherungsaudits, interne 190
Qualitätssicherungseinheit 203
Qualitätssicherungserklärung 197
Qualitätssicherungshandbuch 42, 157,
   203
–, Änderungsdienst 191
–, Erstellung 43
Qualitätssicherungsnormen 4
Qualitätssicherungsprogramm 196, 203
Qualitätssicherungssystem (QSS) 4, 28,
   35
Qualitätssystem für Ringversuche 180

Räumlichkeiten 45
Referenzmaterial 52, 74, 141, 146, 151,
   157ff.
–, Definition 158, 203
–, Herstellung 158
–, zertifiziertes 167
Referenzmaterialien, Aufzeichnungen über
   197
–, Lieferanten von 168
Referenzwerte 161
Regelkarten 50, 89
Regressionsanalyse 95
Rekalibration der Prüfmittel 48
REMCO 169
Reproduzierbarkeit 71
Revisionsverzeichnis 44
Richtigkeit 71, 93, 117, 175
Ringuntersuchungen 53
Ringversuche 165, 190
Ringversuche, Definition 173
Robustheit 123ff.
Rückführbarkeit 131ff., 135, 175, 203
Rückführbarkeit v. Messungen 138,
   141
Rückführbarkeit, Kriterien 153

Sanktionsmöglichkeiten 190
Sektorkommittee 184, 186ff.
Sequenzanalyse 87
Shewart-Kontrolldiagramm 163
SI-System 132
Sicherheit, statistische 77
Signifikanzprüfung 79
Sondermüll 215
SOP, standard operating procedure 108
Sprengstoffgesetz 194
Stabilität von Referenzmaterialien 160
Standardabweichung 75
Standardabweichungen, Vergleich von
   82
Standardarbeitsanweisung 111, 196
Statistik 71ff.
–, robuste 178
Stoffmenge 133
STUDENT-Verteilung 76

t-Verteilung 76
Target-Standardabweichung 179
TGA 15, 17, 23
Tierversuche 195
Total Quality Management (TQM) 29, 38
Trägergemeinschaft für Akkreditierung
   (TGA) 15
Trend, Prüfung auf 81
Trinkwasseranalysen 215

Umweltanalytik 213
–, ZRM für 169
Unsicherheiten 79
Unsicherheitsbereich 77
Unterauftrag 203

Validierung 105ff.
Validierung von Kalibrationsverfahren 99ff.
Validierung von ZRM 169
Variablenprüfung 86
Varianz 178
Varianzanalyse 77, 79
Verfahrenskenngrößen 114
Vergleichbarkeit 131
Vertrauensbereich 78, 97
Vertrauensbildung 2
Vertrauensintervall 77

WECC 230
WELAC 175, 230
WELMEC 230
Wiederfindungsfunktion 94
Wiederfindungsstudien 119

Zentralstelle der Länder
   für Sicherheitstechnik (ZLS) 15
Zertifizierung 19, 174
–, europäische Infrastruktur für 4
Zertifizierungspolitik 1, 13
Zertifizierungsstelle 3
ZLS 15
Zufallsfehler 71, 74ff.
Zusammenarbeit zw. geregeltem
   u. nicht geregeltmen Bereich 31

Springer-Verlag und Umwelt

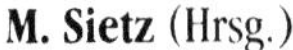

M. Sietz (Hrsg.)

Umweltbetriebsprüfung und Öko-Auditing

Anwendungen und Praxisbeispiele

1994. XII, 270 S. 79 Abb., 23 Tab. Geb. **DM 248,–**; öS 1934,40; sFr 244,–
ISBN 3-540-57328-3

Das Öko-Auditing wird in Kürze eines der wichtigsten betrieblichen Werkzeuge des professionellen Umweltschutz-Managements sein. Eine Unternehmen und Betriebe jeder Art und Größe bindende EG-Verordnung zum Öko-Auditing und zur Umweltbetriebsprüfung tritt April 1995 in Kraft. Die Unternehmer sind aber schon jetzt zum Handeln gezwungen. Das in diesem Buch publizierte Erfahrungsmaterial aus praktischen Audits bei den Firmen Dr. August Oetker Nahrungsmittel KG, Franz Schneider Brakel GmbH & Co. und Zenker-Fenster GmbH & Co. KG wird bei den Firmen, die sich einem Umweltauditing, bzw. einer Umweltbetriebsprüfung unterziehen wollen oder müssen, sowie bei Consultants und Auditoren von größtem Interesse sein. Es bietet insbesondere den Firmen eine „Hilfe zur Selbsthilfe" an.

M. Sietz, A. v. Saldern (Hrsg.)

Umweltschutz-Management und Öko-Auditing

1993. XV, 351 S. 61 Abb., 61 Tab., 1 3 1/2" Diskette
Geb. **DM 168,–**; öS 1310,40; sFr 168,–
ISBN 3-540-56911-1

Tm.BA.05.94